畜禽养殖减抗
技术丛书
Chuqin Yangzhi Jian kang
Jishu Congshu

水禽养殖减抗
技术指南

Shuiqin Yangzhi Jiankang
Jishu Zhinan

国家动物健康与食品安全创新联盟　组编

杨　华　主编

中国农业出版社
北　京

图书在版编目（CIP）数据

水禽养殖减抗技术指南／国家动物健康与食品安全创新联盟组编；杨华主编 . —北京：中国农业出版社，2021.11

（畜禽养殖减抗技术丛书）

ISBN 978-7-109-28958-1

Ⅰ.①水… Ⅱ.①国… ②杨… Ⅲ.①水禽—养禽学—指南 Ⅳ.①S83-62

中国版本图书馆 CIP 数据核字（2021）第 252336 号

中国农业出版社出版

地址：北京市朝阳区麦子店街 18 号楼

邮编：100125

责任编辑：刘　玮　尹　杭

版式设计：刘亚宁　　责任校对：吴丽婷

印刷：三河市国英印务有限公司

版次：2021 年 11 月第 1 版

印次：2021 年 11 月河北第 1 次印刷

发行：新华书店北京发行所

开本：880mm×1230mm　1/32

印张：12.75

字数：300 千字

定价：38.00 元

丛书编委会

本书编者名单

主　编　杨　华　浙江省农业科学院
副主编　卢立志　浙江省农业科学院畜牧兽医研究所
　　　　汪　雯　浙江省农业科学院农产品质量安全与
　　　　　　　　营养研究所
参　编　（按姓氏笔画排序）
　　　　刁有祥　山东农业大学动物科技学院
　　　　王小骊　浙江省农业科学院农产品质量安全与
　　　　　　　　营养研究所
　　　　韦剑成　广东南宝集团有限公司
　　　　田　勇　浙江省农业科学院畜牧兽医研究所
　　　　田宏伟　湖北周黑鸭食品工业园有限公司
　　　　吕文涛　浙江省农业科学院农产品质量安全与
　　　　　　　　营养研究所
　　　　江南松　福建省农业科学院畜牧兽医研究所
　　　　杜金平　湖北省农业科学院畜牧兽医研究所
　　　　李肖梁　浙江大学动物科学学院
　　　　李国勤　浙江省农业科学院畜牧兽医研究所
　　　　李浙烽　浙江康德权科技有限公司
　　　　肖兴宁　浙江省农业科学院农产品质量安全与
　　　　　　　　营养研究所
　　　　肖英平　浙江省农业科学院农产品质量安全与
　　　　　　　　营养研究所

张　扬　扬州大学动物科学与技术学院
张　昊　湖北省农业科学院畜牧兽医研究所
张　钰　扬州大学动物科学与技术学院
张再明　湖北神丹健康食品有限公司
张克英　四川农业大学动物营养研究所
陈国宏　扬州大学动物科学与技术学院
陈维虎　浙江省象山县农业农村局
陈斌丹　浙江国伟科技有限公司
郑肖娟　浙江大学动物科学学院
姚凯勇　澜海生态农业（杭州）有限公司
徐　琪　扬州大学动物科学与技术学院
唐　标　浙江省农业科学院农产品质量安全与
　　　　营养研究所
黄　瑜　福建省农业科学院畜牧兽医研究所
彭　伟　广东瑞生科技集团有限公司
曾　涛　浙江省农业科学院畜牧兽医研究所
曾秋凤　四川农业大学动物营养研究所

支持单位

湖北神丹健康食品有限公司
湖北周黑鸭食品工业园有限公司
广东南宝集团有限公司
广东瑞生科技集团有限公司
浙江国伟科技有限公司
浙江康德权科技有限公司
兰溪禾旺禽业专业合作社
澜海生态农业（杭州）有限公司
郑州福源动物药业有限公司

总序 Preface

改革开放以来，我国畜禽养殖业取得了长足的进步与突出的成就，生猪、蛋鸡、肉鸡、水产养殖数量已位居全球第一，肉牛和奶牛养殖数量分别位居全球第二和第五，这些成就的取得离不开兽用抗菌药物的保驾护航。兽用抗菌药物在防治动物疾病、提高养殖效益中发挥着极其重要的作用。国内外生产实践表明，现代养殖业要保障动物健康，抗菌药物的合理使用必不可少。然而，兽用抗菌药物的过度使用，尤其是长期作为抗菌药物促生长剂的使用，会导致药物残留与细菌耐药性的产生，并通过食品与环境传播给人，严重威胁人类健康。因此，欧盟于2006年全面禁用饲料药物添加剂，我国也于2020年全面退出除中药外的所有促生长类药物饲料添加剂品种。特别是，2018年以来，农业农村部推进实施兽用抗菌药使用减量化行动，2021年10月印发了"十四五"时期行动方案促进养殖业绿色发展。目前，我国正处在由传统养殖业向现代养殖业转型的关键时期，抗菌药物促生长剂的退出将给现代养殖业的发展带来严峻挑战，主要表现在动物发病率上升、死亡率升高、治疗用药大幅增加、饲养成本上升、动物源性产品品质下降等。如何科学合理地减量使用抗菌药物，已经成为一个迫切需要解决的问题。

《畜禽养殖减抗技术丛书》的编写出版，正是适应我国现代养殖业发展和广大养殖户的需要，针对兽用抗菌药物减量使用后出现的问题，系统介绍了生猪、奶牛、蛋鸡、肉鸡、水禽等畜禽养殖减抗技术。畜禽减抗养殖是一项系统性工程，其核心不是单纯减少抗菌药物使用量或者不用任何抗菌药物，需要掌握几个原则：一是要按照国家兽药使用安全规定规范使用兽用抗菌药，严格执行兽用处方药制度和休药期制度，坚决杜绝使用违禁药物；二是树立科学审慎使用兽用抗菌药的理念，建立并实施科学合理用药管理制度；三是加强养殖环境、种苗选择和动物疫病防控管理，提高健康养殖水平；四是积极发展替抗技术、研发替抗产品，综合疾病防控和相关管理措施，逐步减少兽用抗菌药的使用量。

本套丛书具有鲜明的特点：一是顺应"十四五"规划要求，紧紧围绕实施乡村振兴战略和党中央、国务院关于农业绿色发展的总体要求，引领养殖业绿色产业发展。二是组织了实力雄厚的编写队伍，既有大专院校和科研院所的专家教授，也有养殖企业的技术骨干，他们长期在教学和畜禽养殖一线工作，具有扎实的专业理论知识和实践经验。三是内容丰富实用，以国内外畜禽养殖减抗新技术新方法为着力点，对促进我国养殖业生产方式的转变，加快构建现代养殖产业体系，推动产业转型升级，促进养殖业规模化、产业化发展具有重要意义。

本套丛书内容丰富，涵盖了畜禽养殖场的选址与建筑布局、生产设施与设备、饲养管理、环境卫生与控制、饲料使用、兽药使用、疫病防控等内容，适合养殖企业和相关技术人员培训、学习和参考使用。

中国工程院院士
中国农业大学动物医学院院长
国家动物健康与食品安全创新联盟理事长

前言 Foreword

　　我国是畜禽养殖大国，也是兽用抗菌药物的生产和使用大国。长期以来，兽用抗菌药物在畜牧业生产、动物疾病防治、提高养殖生产效益、保障畜禽产品有效供应中发挥了重要作用。然而，抗菌药物的滥用造成动物源细菌耐药性形势严峻，给人类与动物的健康带来重大隐患。2018年，农业农村部发布了《农业农村部办公厅关于开展兽用抗菌药使用减量化行动试点工作的通知》，并制订了《兽用抗菌药使用减量化行动试点工作方案（2018—2021年）》，提出在2020年底以前，促生长类抗菌药物饲料添加剂不能再用在饲料生产中。这对我国畜牧业的转型升级与高质量发展、保障人民群众舌尖上的安全与畜禽水产品出口贸易走向世界都具有重要的现实意义。

　　水禽是我国畜禽产业的重要组成部分。20世纪70年代以来，我国水禽产业发展迅速，水禽出栏量基本上以每年5%～8%的速度增长。我国水禽产业以肉鸭、蛋鸭、鹅三种水禽为大宗，2008年起成为世界第一水禽生产大国，水禽产品产量占世界的80%，其中鸭占70%以上、鹅占90%以上，产品远销欧盟、东南亚、日本等地。据对全国22个水禽主产省（直辖市、自治区）2020年水禽生产情况的调查统计，全年商品肉鸭出栏46.83亿只，蛋鸭存栏1.46亿只，商品鹅出栏6.39亿只，水禽产业总产值为1 874.27亿元。目前，兽药残留超标问题是影响我国水禽产品质量安全最重要的因素之一，也是影响国际贸易的主要技术性壁垒。加强水禽产业抗菌药物的减量使用，对提高水禽产品质量安全、促进产业绿色转型升级具有重要意义。

目前，我国水禽养殖集约化、规模化程度不断提高，规模化养殖引起的动物饲养环境不佳、交叉感染、饲喂营养不平衡造成动物用药机会增多，以促进动物生长、防治动物疾病为目的造成的药物使用不合理或药物滥用，由于养殖技术落后、缺乏兽药残留控制观念造成的不遵守休药期规定等，都是当前规模化养殖中造成兽药残留超标的主要原因。因此，降低抗菌药物残留、减少抗菌药物使用，应该对养殖、种源、饲养管理、营养、生物安全、疫病防控、规范用药等环节进行综合调控，系统集成各项减抗措施，维护动物健康，最终达到兽用抗菌药使用减量化的最终目的。鉴于此，在本书的内容安排上，分别从水禽养殖场建设、水禽种源控制管理、水禽饲养管理、水禽减抗养殖中饲料营养调控、水禽养殖场生物安全管理、水禽主要疾病防控、水禽减抗养殖用药规范等七个方面，综合介绍了水禽养殖的减抗策略。本书语言通俗易懂，适合水禽企业在减抗化养殖实践中参考。

本书中的实例内容由四川铁骑力士实业有限公司（国家水禽产业体系绵阳试验站）、福建省漳州昌龙农牧有限公司、福建省龙海市顺兴金定鸭有限公司、福建省将乐温氏家禽有限公司、安徽省强英鸭业集团有限公司（国家水禽产业体系黄山试验站）、安徽省滁州市定远县民之源鹅业有限公司、安徽省蚌埠市华信禽业有限公司、山东省济宁华源畜牧养殖公司、山东省聊城市苗梵鹅业合作社、山东省济宁市祥泰禽产品有限公司、湖北省农业科学院畜牧兽医研究所（国家水禽产业体系武汉试验站）、武汉市畜牧兽医科学研究所（国家水禽产业体系江夏试验站）、山东荣达农业发展有限公司（国家水禽产业体系聊城试验站）、江苏益客食品有限公司（国家水禽产业体系宿迁试验站）等单位提供，在此表示衷心感谢。

由于作者水平的限制，本书难免会有错误和不妥之处，敬请读者批评指正，以便日后修订完善。

目录 Contents

水禽养殖减抗　Shuiqin Yangzhi Jiankang
技术指南　Jishu Zhinan

第四章　水禽减抗养殖中的饲料营养调控技术 /128

水禽养殖减抗
技术指南
Shuiqin Yangzhi Jiankang
Jishu Zhinan

第五章 水禽养殖场生物安全管理 /180

第六章 水禽主要疾病防控 /195

第一章
水禽养殖场建设

第一节　养殖场选址

一、水禽养殖场选址原则

　　水禽养殖场建设的第一步是养殖舍场的选址，这对今后养殖场的管理和运行起决定性作用。养殖场的选址不仅关系水禽生产的经济效益，还是养殖成败的关键之一。因此，场址选择一定要经过周密考虑和统筹安排。水禽养殖场选址必须符合国家畜牧业生产的规划和布局要求，符合当地农牧业总体发展规划、土地利用开发和城乡建设发展规划的用地要求。选址的一般原则是利于动物疫病预防、提高生产性能和降低生产成本。

二、选址的技术要求

　　养殖场选址的总体技术要求是地势高燥、坐北朝南、水源充足、水质优良、电力稳定和交通便利。

　　1. 地势和土质　水禽舍及运动场的地势应高燥平缓、排水良好，最好向水面倾斜 $5 \sim 10°$，地下水位应至少低于建筑场地基 0.5 米。常发洪水地区，水禽舍必须建于洪水水位线以上。水禽舍应远离生活饮用水源地、居民区、工厂、畜禽屠宰加工及交易场所、污水排放源等，并与人口密集地和其他畜禽养殖场保持1 000米以上距离。水禽舍不能建于低洼、积水等潮湿地区，否则易受水灾、有害昆虫、微生物的侵袭。场址土质要求是沙土、沙壤土或壤土，如建于黏土上，则必须在其上覆20厘米以上的沙质土，否则在雨天时会出现排水不良和泥泞，不能保持养殖舍干燥。

2. 房舍朝向　水禽舍尽量建于水源的北边，朝向为朝南或偏东南，以做到冬暖夏凉，防止冬季吃风和夏季迎西晒太阳。据调查，朝西或朝北建舍与朝南建舍相比，其饲料消耗增多，水禽死亡率提高，产蛋率下降。笼养水禽舍不考虑地表水源的问题。

3. 水源和水质　水禽养殖离不开水，除了满足水禽的饮用需求外，还需要大量冲洗用水。因此，养殖场要有充足的符合卫生要求的水源，且取用方便，以保证生产、生活用水。水质良好，且符合中华人民共和国农业行业标准：《无公害食品　畜禽饮用水水质》（NY 5027—2008），从而确保场区工作人员和水禽的健康安全。

4. 电力供应　养殖场内很多设备需要用电，如保温、照明、消毒、冲洗设备等生产过程中使用的仪器设备均需要电力供应，在选址时应考虑使养殖场有稳定的电力供应。同时，为了避免断电的情况发生，应当在养殖场内配备一套发电机组，满足电力不稳定情况下的生产生活用电。

5. 交通及通讯便捷　水禽养殖场出入有便捷的交通利于饲料、水禽产品的运输，如果周边交通不发达会给生产带来很大的困难。尤其是规模化水禽养殖场，在有利于防疫和保持环境安宁的条件下，应靠近交通主线。同时，国家相关法律规定，应保证养殖场距离交通主干线500米以上。同时需要考虑固定电话、手机和电脑网络畅通问题，以便于通讯，促进供销通讯、智能养殖、资讯获取和数据共享等。

第二节　养殖场布局

一、水禽养殖场规划布局原则

　　水禽养殖场一般分为 3 个功能区，包括生活管理区、生产区和废弃物处理区。养殖场规划布局的原则应从人和动物保健角度出发，考虑主风向和地势，合理安排各功能区位置。通常情况下，各功能区排列顺序按照主风向从上到下和地势从高到低依次为生活管理区、生产区和废弃物处理区，从而建立最佳的生产联系和卫生防疫条件。水禽养殖场的规划布局应科学适用和因地制宜，根据场地的条件，确定各功能区的位置，合理安排各类房舍、道路、供排水和供电等管线、绿化带等的相对位置，达到既能满足日常生产需求，又能有效利用土地的目的。

二、养殖场功能区划分

　　1. 生活管理区　生活管理区主要包括水禽养殖场的管理部门、饲料储存库、车库、更衣消毒室、洗澡间、配电房、水塔和职工生活场所等。生活管理区是水禽经营管理和对外联系的功能区，应设置在与外界联系方便的位置。大门应设置在靠近生活管理区最近的围墙处，并设置门卫、消毒房和车辆消毒池，人员和车辆消毒设施不应露天，以免消毒药剂被日晒、雨淋失效。由于水禽养殖场的供销运输与外界联系频繁，容易传播疾病，所以场区内外运输车辆应严格分开，负责场区外运输车辆的车库应设在生活管理区。

2. 生产区　生产区入口处设置车辆消毒池和人员更衣消毒室等。生产区与生活管理区应严格分开，两者相距50米以上，并有物理隔离设施。外来人员和车辆不得进入生产区，防止发生疫情。生产区内养殖舍之间的距离一般为房舍高度的3～5倍，利于防疫和防火。生产区最好布置为正方形或近正方形，应避免狭长形布置，这样可以减少饲料和粪污等的运输距离，同时避免管理工作联系不便、道路管线加长、养殖场建设和运行成本增加。生产区包括各种水禽舍，是养殖场的核心，其布局应进行全面细致的规划。大型综合性养殖场中各种用途的水禽舍应各自设立分场，并且分场之间保留一定的防疫距离，各个分场均实行全进全出制。专业性养殖场的水禽群体单一，管理比较简单，技术要求一致，生产过程易于实现机械化。

为了保证防疫安全，各种水禽舍的布局应根据主风向从上到下与地势从高到低，按下列顺序设置：孵化室、育雏室、育成舍、后备水禽舍和成年水禽舍等。孵化室与场外联系较多，宜建造在靠近生活管理区的入口处，大型综合性水禽养殖场可单独建造孵化场。育雏舍和成年水禽舍应间隔一定距离，防止交叉感染。综合性水禽养殖场的种禽和商品禽应分区饲养，种禽区的防疫位置应优于商品水禽区，两区的育雏、育成水禽舍的位置应优于成年水禽舍，且育雏、育成舍与成年水禽舍之间的间距应大于本群养殖舍的平均间距。各分区之间应设置物理隔离设施，且各分区的饲养管理人员、运输车辆、设备、工具等应严格控制，防止互串。同时做到各分区间既要联系方便，又要有防疫隔离。

水禽舍的合理排列关系到场区内的小气候、水禽舍的通风和采光、房舍之间的联系、道路和管线的铺设以及土地利用率等。水禽舍一般采用东西成排或南北呈列的方式排列，即水禽舍应平行整齐排列，不能相交。水禽舍的排列根据场地形状、禽舍长度和数量可设置为单列、双列或多列式。当水禽舍的排列与地形地势、气候条件、朝向选择等发生矛盾时，可将水禽舍左右错开、上下错开排列，同时注意平行原则，避免各禽舍相互交错。例如，当场地限制水禽舍长轴必须与夏季主风向垂直时，禽舍应左右错开呈"品"字形排列，与主风向形成较小角度时，禽舍左右列应前后错开，利于防疫和通风。

3. 废弃物处理区　废弃物处区是水禽养殖场污物集中的区域，主要包括兽医室和病死水禽解剖、化验、处理及隔离等房舍，还包括粪便污水贮存和处理等设施，是卫生防疫和环境保护工作的重点区域，需建在下风向和地势最低处，且与其他功能区保持一定距离，一般在 50 米以上，并且最好在四周设置隔离屏障（绿化隔离带等），防止疫情传播。

三、养殖场道路规划

场区内的道路规划与水禽疫病防控息息相关。道路应不透水，路面材料可根据条件选择柏油、混凝土、砖、石或焦渣等，路面断面坡度为 $1\sim3°$，道路宽度根据用途和车辆宽度决定。生活管理区和废弃物处理区应分别设计有通往场区外的道路，而生产区不能有与外界直通的道路，这样有利于疫病防控。生产区内分净道和污道，两者不能交叉混用。净道主要用于运输饲料、水禽产品和生产联系，污道用于运输粪便、废旧垫料和病死水禽。

四、排水设计

场区内排水设施是为排出雨雪水及保持场地的干燥卫生。一般可在道路一侧或两侧设排水沟，结合绿化固坡，防止塌陷，注意不能与生产区内排水系统的管道通用，即养殖舍污水排水沟需要单独设计，与雨雪水排水沟分开。排水是水禽养殖场的重要问题，设计时应对当地排水系统有所了解。在水禽养殖场的布局规划中，排水系统是重中之重。排水应选择在易于排放、不对周围环境造成污染、不影响居民生活的地方。排水设计应综合考虑排水方式、污水处理、纳污能力以及排水可能关联的人际关系等。一般情况下，养殖场建在空旷的地方，可充分利用水禽场的污水，变废为宝，用于灌溉林场和农田。当水禽养殖场规模较大，而周围林地或农田面积较小时，需要考虑纳污能力，采取必要的辅助措施，确保排水畅通。

第三节　生产设施建设

一、禽舍建筑

（一）传统模式禽舍建筑

我国水禽传统饲养模式为水域放牧或池塘半放养，主要包括鱼塘放养模式和地面平养模式。鱼塘放养模式一般是在鱼塘或者是水库岸边建造一个简单的开放式或半开放式鸭、鹅舍，在鸭、鹅舍和水面间建造一个运动场，并在水上围出一定范围的区域作为鸭、鹅水上活动的区域。鸭、鹅排入水中的粪便可以直接作为鱼的饵料，并且粪便中的有机物可以肥水，促进水体浮游生物生长并作为鱼的饵料，从而减少饲料消耗；鱼塘养鸭、鹅还可为鱼增氧，两者互利共同发展，符合生态规律。

地面平养是肉鸭、蛋鸭和肉鹅常用的一种养殖模式。这种养殖模式是在养殖场地建设有开放或半开放水禽舍，在运动场上开挖水池供水禽洗浴之用。该模式属于舍饲，使水禽既可以接触到阳光和新鲜空气，又能避免恶劣天气带来的影响。与水禽-鱼共养模式相比，地面平养对自然环境污染相对较少，便于卫生防疫，生物安全级别有所提高。但是，地面平养模式的环境卫生条件较差，粪便直接污染水禽的羽毛和鸭蛋，降低了产品的商品价值，同时增加了感染各种病原的机会，也存在水池面积较小，故池水易受有害菌污染的问题，需要经常换水以降低细菌密度。污染的洗浴池水未经消毒和净化处理直接排放同样会对大环境造成污染。

随着国家重视环保、民众食品安全意识增强以及水禽产业化进程的发展需要，原有的传统养殖模式因诸多局限已经不适应产业发展的需要，于是小池饲养、网养、笼养及发酵床养殖等新型养殖模式应运而生。

（二）小池饲养模式禽舍建筑

1. 小池饲养模式　小池饲养模式适用于所有水禽，在山上山下均适用，突破土地短缺的限制，扩大了水禽养殖区域。该模式在运动场上人工建造游泳池，改变了传统饲养模式对江河水流域的依赖和对环境的污染，产生的粪便和污水用于农牧结合。小池饲养投资少，易于推广，实现了生产与生态共赢。水池饲养模式中鸭舍的基本结构通常包括水禽舍、陆上运动场、水上运动场3部分（见图1.1），它们的面积之比至少设为1∶1.5∶3。在有条件的情况下，应尽量增加陆上运动场和水上运动场面积，保障鸭能够很好地运动，提高受精率。

（1）水禽舍　最基本要求是遮阴避阳、能防风霜雨雪、防止鸟

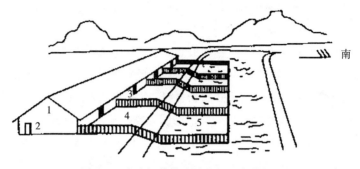

南

图1.1 小池饲养模式鸭舍的基本结构图

1. 鸭舍 2. 走廊的门 3. 通向运动场的门 4. 陆上运动场 5. 水上运动场

兽害等不良影响。禽舍宽度一般为5～10米，长度根据群体大小而定，但长度不宜超过100米，而且应分间，每间形状以接近正方形为宜，便于水禽在舍内的转圈运动，禽舍过于狭长时，鸭、鹅进舍及受惊作转圈运动时易发生拥堵、互相践踏以致对鸭、鹅造成伤害。

水禽舍采用三角形屋顶，屋顶材料要求绝缘和隔热性能良好，以利于夏季隔热和冬季保温，屋顶与水平面的角度应为25～35°，屋檐净高大于2.8米；前、后墙壁采用全敞开式或半敞开式，利于通风换气；地面结实、坚固，高出舍外地面0.3～0.5米，便于消毒和保持舍内干燥、卫生。

舍内地面可以铺稻草、锯末等垫料，也可以采用网上平养。网上平养除产蛋区外，其他区域全部采用网床。目前来看网上平养技术优势明显，现已经成为种鸭的主要养殖方式之一。网上平养的优势有：节约垫料资源；减少废弃物排放量，改善生态环境；减少种蛋的污染，提高孵化率；减少种鸭与粪便的接触，减少了许多疫病（如球虫病、白痢等肠道疾病）的传播，有利于疫病防控。

（2）陆上运动场 陆上运动场是种禽运动、梳理羽毛、采食、饮水的处所，要求地面渗透性强、排水良好，可在上面铺砂石、贝壳等物，有条件者，可铺上三合土地面或红砖地面（图1.2）。地面要求平坦，防止水禽进出时扭伤脚部。陆上运动场与水面接触的斜坡以20～30°为宜，应以块石砌好，再用水泥砂石修筑。斜坡要深入水中，比全年的最低水位还低，以免水浅时露出水面而损坏。陆上运动场上如能种植落叶树木或葡萄更好，便于禽群避热休息，葡萄架宜高过屋檐，以利通风。

图1.2　小池饲养模式陆上运动场

（3）水上运动场　水上运动场是水禽洗澡、交配、嬉戏、采食水生动植物的场所（图1.3）。有条件时，水围面积尽可能大一些，

图1.3　小池饲养模式水上运动场

以免枯水期时水面过小。水围要求水深在1米以上、浪小、水流缓慢，水如过浅，则很容易浑浊，不利水禽健康。

2. 小间饲养模式　祖代或父母代种禽在生产过程中为了系谱清晰，避免近交，一般采用小间模式饲养。每个家系一个小间，小间一般宽1米、长4米，木制围栏，网上饲养，网面高30厘米，每个小间都配有水上运动场（长宽分别为4米和1米），水深一般要求在2米左右（图1.4至图1.7），每个小间一般饲养20～25只。

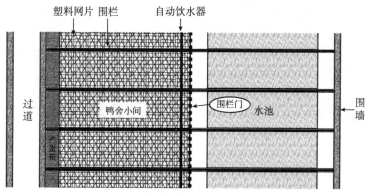

图1.4　小间饲养模式平面示意图

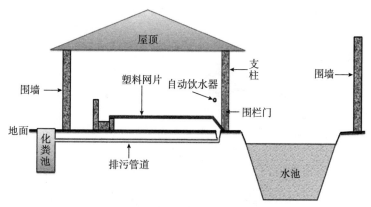

图1.5　小间饲养模式剖面示意图

图 1.6　小间饲养模式舍内图

图 1.7　小间饲养模式水上运动场

3. 育雏舍　21 日龄前的雏禽体温调节能力较差，因此，育雏舍要有良好的保温性能，舍内干燥，空气流通但不漏风；最好安装天花板，以利隔热保温。采光面积宜大，窗户面积与地面比例以 1：(10～15) 为好，屋檐高 2 米。为保持舍内干燥，舍内地面应比舍外高 25～30 厘米，用水泥或三合土制成，以利于冲洗、消毒和防止鼠害（图 1.8）。育雏室建筑面积的估算应根据所饲养禽种的类型和周

龄而不同；同一类型的水禽随日龄增长而降低饲养密度。育雏舍前
应设一运动场，场地平坦而略向沟倾斜，以防雨天积水。

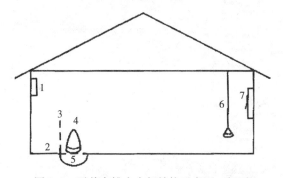

图 1.8 平养育雏舍内部结构示意图（侧面）
1. 北窗 2. 走廊 3. 栅栏 4. 饮水器 5. 排水沟 6. 保温伞 7. 南窗

4. 种禽舍 现在养种禽大多还是采用平地散养的方式，机械
化、自动化程度相对低。根据种禽舍的内部结构，可分成有窗式双
列单走廊（图 1.9）和有窗式单列单走廊两种（图 1.10）。种禽舍一
般屋檐高 2.6~2.8 米，南北两面墙上建有窗子，窗面积与地面面积

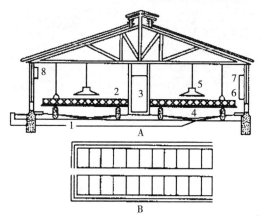

图 1.9 双列单走廊种禽舍
A. 剖面图 B. 平面图
1. 排水沟 2. 铁丝网 3. 门 4. 集粪池 5. 保温灯 6. 饮水器 7. 南窗 8. 北窗

的比例为 1∶8，南窗的面积可比北窗大 1 倍，南窗离地面高 60～70 厘米，北窗离地面高 1～1.2 米，并设气窗，为使夏季通风良好，北边可开设地脚窗，地脚窗高 50 厘米，安装铁丝网或塑料网，防止麻雀或其他兽类进入，可安装有可掀起的活动窗扇，夏天为通风可打开，也可不装窗扇，而在冬季天气较为寒冷时，可用塑料布或油毡等封严，以防漏风。双列式的种禽舍在南、北墙上都要留有供种禽进出的门；而单列式的种禽舍，可只在南面留门即可。

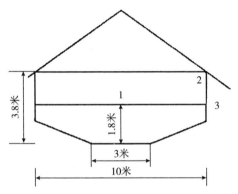

图 1.10　单列单走廊种禽舍剖面示意图
1. 底网　2. 边网　3. 通道

单列式的禽舍内，走廊位于北墙边，走廊边用木条、竹竿或铁栏杆等将走廊与种禽隔开，排水沟设在廊边或设在走廊底下，上面覆盖上铁网或带宽缝的水泥板，以利于水、粪等物排入下水道，在栅栏内，饮水器放在排水沟的上面，地面的整个走势呈南高北低，使粪水能顺势排入排水沟内。南边靠墙一侧，更要略高出地面一些，用来放置种禽晚间产蛋用的产蛋箱。产蛋箱宽 30 厘米，长 40 厘米，用木板钉成，无底，前面高 12～15 厘米，供种禽进出，其他三面高 35 厘米，箱底垫木屑或稻糠等，每只箱子可供 4 只种禽使用。我国东南沿海各省饲养蛋鸭，都不用产蛋箱，直接在南墙边垫高 40～50 厘米，再在上面铺上垫料，可供种鸭夜间产蛋用，但这种垫料必须保持清洁。种禽舍必须具备足够面积的滩地和水上运动场，供种禽活动、交配之用。

单列式种禽舍的南面要通向河道、湖泊或池塘，如果没有这个条件，就需要挖一条人工洗浴池，洗浴池的大小和深度，根据种禽的数量而定。洗浴池要建在运动场最低的地方，以利于排水。一般洗浴池宽 2.5～3 米，深 0.5～0.8 米，用石块砌壁，水泥挂面，不能漏水，洗浴池末端经沉降池连通下水道，在沉降池内的粪便、泥沙等杂物可沉淀在底部，上层的水可再进入下水道，以免杂物堵塞下水道。在水围或河道等与鸭舍之间要留出充足的运动场，在运动场内种植树木，以利于遮阳，在树木没有长成时，应搭建凉棚，凉棚的面积应与鸭舍的面积相似，可将舍外用的饲料等放于棚下，以防下雨使饲料霉烂，也防止饲料在日光下曝晒而使营养被破坏。

双列式的种禽舍内，走廊建在中间，走廊的两侧用栅栏隔成种鸭活动的地方，在走廊南、北两侧都应建有排水沟，也可将排水沟建在走廊下面并向两侧延伸，形成一个大的排水沟，在排水沟上用铁网或带缝的水泥板盖好，饮水器放在栅栏内排水沟的上面，禽舍的地势应呈"V"字形，南、北两侧要高，中间低，使污水等顺势排入排水沟，能保持种鸭舍内的清洁，在南、北墙边应放置种蛋箱，或将地面垫高后再垫上垫料以供种鸭夜间产蛋。双列式种鸭舍的外面，南、北侧均要有水浴条件，在一侧是河道的情况下，另一侧可再建上水浴池。

5. 孵化舍　当采用自然孵化时，养殖场应设置专用的孵化舍，孵化舍要求环境安静、冬暖夏凉、空气流通。孵化舍内窗离地面高 1.5 米，窗面积不要太大，舍内光线要暗淡，有利安静孵化。地面孵化时，孵化舍应满足每 100 只母禽约有 12～20 米^2 的面积，孵化舍内安放孵化巢，孵化巢在舍内一般沿墙壁平面排放，用木条做架搭成 2 层或 3 层孵化巢，则面积可相应减少。舍内地面用黏土铺平夯实，并比舍外地面高 15～20 厘米。舍前设有水陆运动场，陆地运动场应设有遮阴棚，以供雨天就巢活动与采食（饮水）之用。

6. 仔鹅肥育舍　仔鹅上市前须集中肥育一段时间，以增加肥

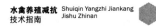

度。肥育舍要求环境安静，舍内光线暗淡，通风良好。肥育舍一般分平养肥育舍和高床肥育舍两种。

（1）平养肥育舍　舍檐高 1.8~2 米，地面大多采用夯实的泥土，将水槽设在排水沟上，以便使溢出的水能流入沟中，沟上铺铅丝网或木条。舍内分成若干小间，每间面积为 12 米²，约可容纳 50 只肉鹅。

（2）高床肥育舍　房舍建筑结构同平养肥育舍。舍内设棚架，根据排列分单列式或双列式，在气候温和地区，四面可使用竹竿围成栏棚，竹竿高 64 厘米，每根竹竿间距 5.6~6 厘米，以利鹅伸出头来采食和饮水。双列式棚架可在南北设饮水槽，两旁各设饲料槽，鹅舍中间为通道。饮水槽宽 20 厘米，高 12 厘米。饲料槽上宽 20~25 厘米，底宽 15~20 厘米，高 15 厘米。肥育棚架应离地 60~70 厘米，底部用竹片铺置，片间留空 2.5~3 厘米，以便漏粪。如用于鹅肥肝填饲，则棚架应设在房舍四周，每棚长 2.5 米，宽 1.5 米，可容纳填肥鹅 10~15 只。房舍中间设填肥机器，作填饲用。

（三）全网上养殖模式禽舍建筑

1. 禽舍建筑　禽舍为全封闭式，屋顶墙壁采用特殊材料处理，具有良好的保温隔热性能，禽舍两边墙体安装足够数量的大面积铝合金或者塑料窗户，保证水禽舍有良好的采光和通风（图 1.11）。

图 1.11　全网上养殖模式设施

禽舍内宜采用自动喂料系统、刮粪和饮水系统及通风降温系统等。

2. 舍内分区　舍内纵向分隔为"活动区"（图 1.12）和"产蛋区"（图 1.13），两个区之间设有开闭通道；横向每隔 10～20 米设立隔断，每个养殖区面积为 100～150 米^2。活动区架设养殖网床，塑料漏粪地板、塑料网或者金属网均可，距地面高度为 60～80 厘米（图 1.14 至图 1.15）；宜采用硬质塑料漏粪地板，其强度高、耐用、拆装方便。产蛋区地面高度比活动区低 15～20 厘米，宽度为 50～80 厘米，铺垫 10～15 厘米厚的稻草或者稻壳，方便母禽做窝。

图 1.12　全网上养殖模式活动区

图 1.13　全网上养殖模式产蛋区

水禽养殖减抗
技术指南
Shuiqin Yangzhi Jiankang
Jishu Zhinan

图 1.14　全网上养殖模式网片（单个）

图 1.15　全网上养殖模式网片（整体）

3. 粪便收集和处理　安装自动刮粪设备，每天刮粪一次，并清理到粪便处理区进行堆肥或者制成有机肥（图 1.16）。

图 1.16　全网上养殖模式（带刮粪板）

4. 饲喂和温度控制　安装自动喂料系统和喷雾消毒系统，配备自动控制水位水槽（图 1.17）。在鸭舍两端山墙安装足够数量的风机和湿帘，以满足高温季节降温通风的需要。

图 1.17　全网上养殖模式自动饮水系统

5. 蛋禽饲养　后备蛋禽饲养至 70～90 天，即可入舍饲养，密度为每平方米 4～5 只。每天晚上 9：00—10：00 时打开隔离门使

水禽养殖减抗 Shuiqin Yangzhi Jiankang
技术指南 Jishu Zhinan

其进入产蛋区通道，早晨 5～6 时关闭，目的是限制蛋禽在产蛋区的停留时间，保证产蛋区的干燥和清洁卫生。饲养过程中，要注意减少蛋禽的应激，并在饲料中适当强化维生素 D 和钙。

（四）笼养模式禽舍建筑

水禽传统的养殖模式比较粗放，如圈养、散养、放牧或半放牧等方式。传统养殖方式的集约化程度低，且受地域限制，管理不便，不适于规模化生产的需要。因此，为适应集约化、规模化生产，水禽笼养技术越来越受到重视。同时，随着环境压力的增加，以及种禽人工授精技术的成熟和发展，近年来水禽笼养技术得到了迅速的发展，从而为水禽生产开辟了新的养殖途径，在生产实践中具有极其重要的意义。

1. 笼养模式禽舍建筑的基本要求 笼养禽舍选址应避开水禽养殖密集区，厂址地下水水质较好。禽舍坐北朝南，长度和宽度应有利于管理并视饲养规模而定；禽舍建筑构造推荐采用全封闭式禽舍或者半封闭式禽舍、砖瓦结构或钢架结构，屋檐离地面不得低于2 米，舍内屋檐高 2.8～3.5 米，呈"人"字形；舍内设水泥地坪，在放置笼具的地面，应有适宜的斜坡（10～15°坡角），以便于粪尿的收集和处理；禽舍南北墙面设 1.2 米×1.8 米玻璃窗若干，外面设隔离网，起通风采光作用；屋顶及禽舍墙面采用保温隔热材料，厚度在 12 厘米左右，禽舍顶部安装活动窗户，窗户面积为 1～1.5 米²，每间隔 5 米安装一个；根据禽舍舍内面积大小可按照 2 列 3 过道或 3列 4 过道设计。笼养禽舍内部和外部结构见图 1.18 和图 1.19。

以下是 912 米² 笼养蛋鸭舍的设计参数（图 1.20）。

鸭舍长 114 米，包含储料间 3 米，前过道 2 米，后过道 1.5米，单列笼长 107.5 米；舍宽 8 米，舍内净宽 7.2 米，其中粪沟宽1.8 米，中间过道宽 1.5 米，两边过道宽各 1.05 米，鸭舍内粪道前部深 0.25 米，后部深 0.4 米；鸭舍侧墙每隔 3.5 米安装上下两

图 1.18 水禽笼养禽舍内部结构

图 1.19 水禽笼养禽舍外部结构

个窗户，窗户采用双层玻璃，分上下 2 层，下窗下沿高 0.8 米，上窗下沿高出鸭笼顶部 10 厘米，窗户总高 1.8 米，宽 1.5 米；鸭舍内出粪端山墙安装 4 台风机，风机的风叶直径为 1.5 米，风机中心（轴心）与第二层鸭笼的高度持平；在鸭舍前端及前端两侧安装降温水帘，水帘高 2.2 米，宽 2 米，水帘总宽度 12 米；每个单笼设

水禽养殖减抗 *Shuiqin Yangzhi Jiankang*
技术指南 *Jishu Zhinan*

图 1.20　整体笼养设施设备

鸭用饮水乳头 1 个，笼前设料槽，笼底挂 30 厘米宽度的防腐挡粪板（图 1.21），下接粪池。通过以上设计，蛋鸭舍内常年温度可基本控制在 10～30℃，湿度为 70%～80%，可以满足 7 920 只笼养蛋

图 1.21　自动刮粪机

鸭的生产需要。

笼养禽舍需配置相关的饲喂、饮水、刮粪及通风降温系统，具体的参数如下表1.1。

表1.1　笼养蛋鸭设备选型

设备名称	安装要求	标准
鸭笼	每栋3组4列笼架，三层阶梯式，下层笼底距地面10厘米	
机械喂料系统	行车式自动喂料系统	
自动饮水系统	鸭用乳头饮水器，水箱自动控制	2只鸭/个
光照系统	节能灯；定时开关系统	20～30勒克斯
通风降温系统	风机水帘；自动开关系统	按照鸭舍体积设计数量
清粪系统	机械清粪装置（刮粪板、钢丝绳、减速机等）；或者采用卷帘刮粪，配备罐车每天转运粪便	减速机2台，刮粪板3个

2. 笼具的设计　笼具的大小视单笼饲养禽数的多少而定。笼壁材料应采用光滑的材料，不宜采用粗糙而摩擦阻力大的材料。推荐采用直径为0.2厘米的镀锌铁丝喷塑。以蛋鸭笼为例，笼具大小为38厘米×32厘米×35厘米（图1.22、图1.23），每列6个一

图1.22　蛋鸭笼整体图

水禽养殖减抗技术指南　Shuiqin Yangzhi Jiankang Jishu Zhinan

层，3层叠加，2列共36个笼，按每笼2只蛋鸭计算，一组可养蛋鸭72只。笼子前面安装活动式移门，移门的移动方向为由下向上或横向开门，移门大小为20厘米×20厘米，铁丝直径为0.28～0.30厘米，间距5.0厘米。集蛋筐由笼底后端按比较平缓的坡度向外延伸而成，坡角为10～15°，向外延伸15～20厘米，集蛋筐前端高5厘米。笼具呈阶梯式放置，最低层笼具底离地面高度不低于50厘米。笼具结构图见图1.24。

图1.23　蛋鸭笼（截面）

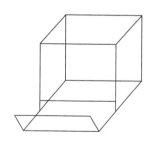

单位：厘米
正前：总长38，7个格，间距5.4
侧面：总长38.5，12个格，间距3.2
前高：40
后高：33
底面：总宽39，15个格，间距2.6
　　　总长39，5个格，间距7.8
料盘与蛋盘最小间距：5.5
托蛋盘最短：14
托蛋盘最长（加上上卷）：17

图1.24　鸭笼结构图

3. 光照设计　舍内光照灯线应高出顶层笼具50厘米，且不妨碍上料机运行，位于过道中间和两侧走道，灯泡间距2.5～3.0米。每隔3.5米安装1.8米×1.2米窗户1扇，分上下2层，保证采光和通风。

4. 舍内小气候调控　房子顶部安装隔热材料，顶部外面安装喷淋龙头，每隔 5 米安装一个。舍内安装喷雾龙头，雾滴直径在 0.1 毫米以下，每隔 2 米安装一个。鸭舍侧壁安装换气扇，顶部安装电风扇，以便在炎热的夏季使用；或采用湿帘降温系统（图 1.25），按厂方提供的设计方案进行安装，降温效果更好，但运行成本较高。

图 1.25　笼养湿帘降温系统

二、饲喂和饮水设施

（一）地面平养模式饲喂和饮水设施

1. 饲喂设施　饲喂的工具种类很多，可以因地制宜，自己制作或选购，最简单的如塑料薄膜、竹席、草席等，适用于饲喂雏禽。青年禽和种禽可用塑料盆、金属盆、陶瓷钵等容器，也可用饲槽，饲槽可选购成品，也可用木、薄铝片、塑料板等材料自己制作，或用水泥砌成。饲槽的形状有多种，其横断面有长方形、半圆形、倒梯形、倒三角形等。选择时应从实际出发，以不浪费饲料、清理方便为原则。还有一种较为复杂的喂料器——桶式喂料器，一般由金属或塑料做成，由上面的圆筒和下面的浅盘2部分组成（图1.26）。圆筒呈圆柱形或圆台形，无底，下缘与浅盘的底之间有3～5厘米的缝隙，浅盘的面积比圆筒大，中间设有一圆锥体，使圆筒内的饲料能随浅盘中饲料的减少而自动从缝隙中流出，从而使浅盘中的饲料不会过多，也不会停止供料。

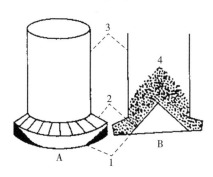

图1.26　喂料器

A. 立体图　B. 剖面图

1. 料盘　2. 采食栅　3. 圆桶壁　4. 饲料

2. 饮水设施　饮水器的种类、式样很多，如水槽、真空饮水器、对开的大竹管、水盆等，养殖户可以因地制宜自制饮水器（图1.27），也可以购买比较先进的饮水器（图1.28）。下面介绍使用最多的水槽和真空饮水器。

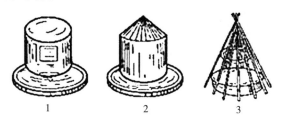

图1.27　自制饮水器

1. 广口瓶和瓶子　2. 铁皮饮水器　3. 陶钵加竹圈

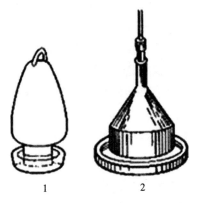

图 1.28　饮水器

1. 塑料饮水器　2. 吊塔式饮水器

　　（1）水槽　水槽的材料和结构与饲槽大致相同，但槽口不需有曲进的盘，且稍窄而浅（图 1.29）。一般每条水槽由一个水龙头供水即可，水龙头连续开放，让其细水长流，基本上以水槽内保持 1/3～2/3 的水深为宜，另外在水槽末端槽壁上缘开一小缺口，让槽内水过多时由此流出。

图 1.29　饮水槽

　　（2）真空饮水器　真空饮水器，主要供雏禽饮水用（图 1.30）。制作材料有塑料的（已成大规模生产的规格化产品），也有铁皮的，

水禽养殖减抗
技术指南
Shuiqin Yangzhi Jiankang
Jishu Zhinan

这种饮水器的外形及构造与桶式喂料器相似，不同的是饮水器圆筒的上端是密封的，上端和侧壁不能漏气，在靠近圆盘处有 1～2 个小圆孔，孔的位置约处于圆盘高度的 1/2 处，使用时先将筒倒置装水，罩上圆盘，通过特制的栓销把圆盘与筒吻合固定，然后整个饮水器翻转过来就可供水，当雏禽饮水盘中水位低于小圆孔时，就有空气进入筒内，水就又流出来，直到重新盖住小圆孔。根据这一原理，可用广口瓶、饭碗等容器倒扣在圆盆上构成自己真空饮水器，但容器口上应开 1～2 个小缺口。

图 1.30　真空饮水器

（二）笼养模式饲喂和饮水设施

料槽采用塑料材料制作即可，长度视笼具长度而定。考虑到蛋鸭采食习惯和鸭嘴饮水问题，应适当加高近端料槽边沿高度和调整饮水位置。具体参数如下：料槽前沿高 7.5 厘米，后沿高 8 厘米，槽底上宽 9 厘米，下宽 5 厘米，料槽底部距溜蛋槽底网 10～12 厘米（图 1.31）。鸭子专用饮水乳头每个单笼 1 个，高度为 35 厘米，设在笼子顶部，距笼门 10 厘米，饮水乳头与地面保持 45°夹角（图 1.32）。

图 1.31　笼养模式料槽

图 1.32　笼养模式乳头式饮水器

第四节　禽舍环境数字化控制设施

在水禽养殖中，禽舍的环境对水禽的生长、生产等有着重要的影响。基于物联网的数字化作为新兴的技术，通过在禽舍里安装各

水禽养殖减抗　*Shuiqin Yangzhi Jiankang*
技术指南　*Jishu Zhinan*

种传感器及其他网络设施组建禽舍环境监控的局域网，对禽舍中的温度、湿度、空气质量、光照时长和强度等情况进行实时监测，并将监测信息通过 GPRS（通用分组无线业务）网络途径发送至养殖户的电脑或手机上，养殖户根据这些信息对禽舍的环境进行调控，从而达到对禽舍环境合理的调节，促进水禽的快速、健康生长。

以水禽舍为单位，布设禽舍环境监控传感器，在禽舍内形成区域多跳网络，监测网络中心的传感器节点负责采集禽舍内环境因子参数，并将所监测的参数数据发送给其直接隶属的路由节点；整个网络的协调器节点负责 WSN（无线传感器网络）网络的初始化与启动整个网络工作，并协调沟通与管理网络之间的通讯，能够把节点数据通过串口 RS-232 上传到监测平台；监测平台是 WSN 网络的后台管理平台，是数据汇聚中心与网络系统的管理中心，实现数据的接收、存储、显示功能，同时平台能够对数据进行分析，对出现异常的环境因子数据进行报警或以短信形式通知管理员，并将分析结果传达到生产管理系统，实现禽舍环境的自动控制（图 1.33）。

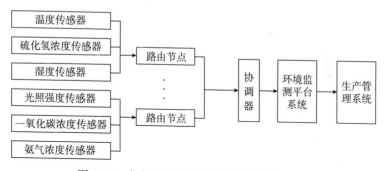

图 1.33　水禽舍自动化环境数字化控制拓扑图

禽舍环境数字化控制系统建设包含舍内外硬件设备布设与软件系统建设两部分。

1. 舍外环境监控　在养殖区外安装外界气象信息监测系统，包括大气温度、湿度、风速、风向、气压、雨量、辐射、土壤湿度、土壤温度等气象环境传感器（图 1.34）。气象站软件平台能够根据需求进行定制化服务，针对性强，灵活性好，具备数据接收、基本管理功能以及预警服务、远程控制等定制功能；监测项目可根据用户需求在项目不同阶段、不同时期扩增；所有传感器监测采用间隔性供电超低功耗设计，避免常供电导致监测对象性质变异、测量结果误差增大；整个系统都采用太阳能供电，每个设备都有配套的小太阳能供电设备，方便室外安装。

图1.34　舍外小型气象站

2. 舍内环境监控　水禽舍内小环境监控主要包括运用传感器和数据采集模块对舍内空气温度、空气湿度、气流、光合辐射、二氧化碳、硫化氢、氨气、一氧化碳等数据进行采集，能够全天候实时监测舍内的环境信息，以上信息通过数据采集模块进行数据统一传输。

3. 环境监控系统集成方案　搭建水禽舍环境监控系统，实现对舍内外环境的气象信息的监测与内环境的视频信息与有害气体信息的监测，通过综合控制软件结合决策模型，实现对风机、照明、水帘等环境控制设备的智能调控（图1.35）。

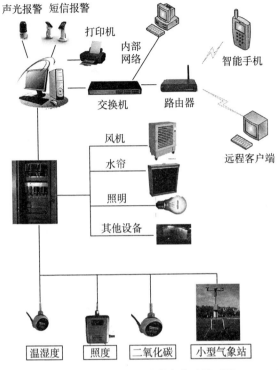

声光报警 短信报警

打印机

内部
网络

智能手机

交换机   路由器

远程客户端

风机

水帘

照明

其他设备

温湿度   照度   二氧化碳   小型气象站

图 1.35 水鸭舍环境数字化监控系统

4. 设备选型及估算 设备选型及参数见表1.2。

表 1.2 水禽舍环境数字化控制系统设备选型及参数

编号	建设内容	参数
1	舍外环境因子采集设备	采集舍外界环境信息：大气环境，其中包括室外分体温湿度、防辐射罩、防雨型照度、土壤温度、土壤湿度、二氧化碳传感器、光合总辐射、大气压力、风速、风向、雨量计等传感器及其配套的不锈钢支架、系统主机、避雷针、接地棒、软件狗、电源线、无线网桥、网线、机箱、辅材辅料等

编号	建设内容	参数
2	舍内环境因子采集设备	采集舍内小气候环境信息：空气温湿度传感器、光合总辐射、二氧化碳传感器、土壤温度、土壤湿度、氨气传感器、硫化氢传感器、一氧化碳传感器等传感器及其配套的采集系统主机、数据采集模块、设备控制模块、交换机、网线、电源线、电控柜、无线网桥、辅材辅料等各 1 套
3	禽舍环境控制系统	系统集成环境内外因子采集设备，实现对风机、照明、水帘等环境控制设备的智能调控

第五节　养殖场饲料仓库与贮存设施

一、饲料仓库

　　水禽养殖场饲料仓库的建设应当遵循安全、卫生、保证生产、加速周转、合理贮备的原则，应当布置在生产区入口处，分别设置对外接受饲料和对内取料的出入口，场外饲料车不能进入生产区内卸料。建筑面积应与设计生产能力相匹配，牢固安全，不漏雨、不潮湿，门窗齐全、能通风、能密闭；有防潮、防虫、防鼠、防鸟、防火设施；有一定空间，便于机械作业；库内不准堆放化肥、农药及易腐蚀、有毒有害等物资。

二、器具、仪器设备

　　养殖场饲料仓库配备清扫、运输、整理等仓用工具和材料；配备测温设备、测湿设备、通风设备及准确的衡器；配备抽样工具。

第六节　养殖场进场消毒设施

水禽养殖场区大门口、生活区通往生产区门口、生产区通往废弃物处理区门口以及各幢禽舍门口均应设消毒设施，这是水禽防疫要求的基本设施。

一、场区大门口消毒设施

水禽养殖场区（生活管理区）大门口必须建设车辆消毒设施和人员消毒设施，其中车辆消毒设施用于进出水禽养殖场车辆的消毒，人员消毒设施作为进入场区的员工和来访人员的消毒设施。

1. 车辆消毒设施　车辆消毒设施包括消毒池和顶棚。消毒池为防渗硬质水泥结构，池长度要根据车辆进出情况而定，应以进场大型机动车车轮的 1.5 倍周长为宜，一般不小于 6 米；池宽度与大门宽度基本等同，一般要达到宽 2.5～3.0 米；深度为 0.2～0.3 米，池边应高出消毒液液面 0.10～0.15 米，进出口处为 1：（5～8）的坡度与地面相连，池底有 0.5% 的坡降朝向排水孔（排水孔平时能关闭），池四周地面应低于池沿。消毒池上方设置顶棚，并配备喷雾消毒设备为车身消毒。

2. 人员消毒设施　在车辆消毒池的两侧（或一侧）应设置有人员消毒设施，如放置消毒液浸泡的消毒垫的脚踏消毒池供进场人员消毒，脚踏消毒池长度不小于 1.5 米，深度不小于 0.1 米，使鞋子全面接触消毒液。

二、生产区入口消毒设施

生活管理区和生产区必须严格隔开,仅留一个通道进出,通道口必须设有人员更衣消毒设施和车辆消毒设施。

1. 人员更衣消毒设施 人员消毒设施包括更衣室、淋浴间、洗手池和消毒通道。人员消毒通道应开两个门,一侧通向生活管理区,一侧通向生产区。人员消毒通道内应设置迂回通道,并安装紫外线灯管,或设喷淋消毒设施、臭氧消毒机、自动喷雾消毒系统/通道等;更衣室内设有更衣柜、洗手池(盆),地面有脚踏消毒池、消毒垫、更衣换鞋设施等;有条件的水禽养殖场可设沐浴室,供员工沐浴后换穿场内专用工作服、鞋。在消毒更衣室出口可设人员消毒池,长度不小于1.5米,深度不小于0.1米,使鞋子全面接触消毒液。

2. 车辆消毒设施 生产区入口车辆消毒设施建设与场区大门口车辆消毒设施基本相同,消毒池长度要根据进出生产区车辆情况而定,宽度与大门宽度基本等同,消毒池上方设置顶棚,并设置高压消毒水枪或者车体喷雾消毒装置。

三、禽舍消毒设施

1. 水禽舍入口处消毒设施 各幢水禽舍入口处均应设置消毒池,并放置消毒垫。消毒池以门口宽度为准,池深0.15~0.2米,长1.5~3.0米。

2. 水禽舍内消毒设施 水禽舍内应配备常规清洗消毒设备,如高压冲洗机、紫外线杀菌灯、喷雾消毒器、火焰喷射器等。

水禽养殖减抗
技术指南
Shuiqin Yangzhi Jiankang
Jishu Zhinan

第七节 兽医实验室建设

随着我国水禽养殖业规模化和集约化的快速发展，水禽疫病日趋复杂，依靠临床经验的传统兽医诊疗模式已远不能适应现代水禽养殖业发展的要求，大型规模水禽养殖场必须借助兽医实验室的检测手段，定时检测动物群体的抗体水平，指导养殖场制定合理的免疫程序，确保动物免疫抗体水平符合要求，并通过开展动物剖检、病理切片镜检、病原分离和分子生物学检测等各种实验室检测，确诊动物疾病。对确诊的动物进行药敏试验，指导使用高效杀菌药，避免乱投药造成的动物耐药性变强和药品成本高等负面影响，从而保障水禽养殖业健康、有序地发展。

一、选址

兽医实验室应建立在离生产区较远的下风向，相对独立或封闭的区域，一般位于建筑物的一端，有利于隔离和处理。通常要求与生产区保持 300 米以上的距离。

二、设计与建设

兽医实验室面积一般为 50～60 米²，分为大小两间，小间面积为 10～20 米²，作为临床诊断室，主要用于病死水禽的剖检、病料

的采集、器皿的清洗和试验材料的高压灭菌等。大间面积为 40～
50 米²，作为试验检测室，用于存放仪器设备、药品试剂、工作
台，开展病原检测、抗体检测、药敏试验等（图 1.36）。大小房间
均安装紫外线灯。

图 1.36　试验检测室布局

三、室内基础硬件条件

实验室内应设有水管和下水道。地面铺设防滑、防渗漏地板
砖，不得铺设地毯。墙面用瓷砖砌成 1.5 米高的墙围，墙壁和天花
板平整、易清洁、不渗水、耐化学品和消毒剂的腐蚀，窗户设置纱
窗。实验操作台防水、耐腐蚀、耐热，其高低、大小适合工作需要
且便于操作和清洁（图 1.37）。

此外，实验室应安装控温和照明设备，保证室温稳定和工作照
明，避免反光和强光。临床诊断室、试验检测室分别安装 30 瓦紫
外线灯和日光灯各 1～2 盏，其中试验检测室紫外线灯安装在工作
台正上方 1.5 米处，电源开关均设在实验室入口处。

图 1.37　兽医实验室内装饰

四、室内设施

临床诊断室、试验检测室均设洗手池，设置在靠近出口处，安装感应水龙头和干手器，并在实验室门口处设置挂衣装置，个人便装与实验室工作服分开设置。

五、主要器具、用品及试剂

（一）临床诊断室

1. 器械　解剖盘、手术剪、家用剪、镊子、解剖盘、手术手套、数码照相机等。

2. 药品　75％酒精、3％～5％碘酊、新洁尔灭等。

（二）试验检测室

1. 仪器设备　电子天平（0.01 克）、普通离心机、微量振荡器、普通光学显微镜、体视显微镜、电热干燥箱、恒温培养箱、干热灭菌箱、手提式高压蒸汽灭菌器、电冰箱、－20℃冰柜、超净工作台、蒸馏水器、酸度计、酶标检测仪、单道微量移液器、多道微量移液器、移液器枪头、96孔微量反应板（Ⅴ形）、玻璃板、注射器、针头、记号笔等。

2. 玻璃器皿　培养皿、试管、三角烧瓶、吸管、烧杯、量筒、容量杯、玻璃水槽、玻璃缸、染色架、玻璃棒、载玻片和盖玻片、试剂瓶、研钵、酒精灯、漏斗、离心管等，根据试验需要准备不同规格。

3. 试剂及用品

（1）培养基　普通营养琼脂、麦康凯琼脂、伊红-美蓝琼脂、SS琼脂（沙门志贺菌属琼脂）、高盐甘露醇琼脂、血液琼脂、营养肉汤、亚硒酸盐胱氨酸增菌液、细菌生化微量鉴定管等。

（2）染色试剂　美蓝染色液、革兰氏染色液、瑞氏染色液、姬姆萨染色液、抗酸染色液、结晶紫、95％酒精、沙黄复染液等。

（3）指示剂　酚酞、甲基红、中性红、溴麝香草酚蓝、pH试纸等。

（4）缓冲溶液　磷酸盐缓冲液、枸橼酸盐缓冲液、醋酸盐缓冲液、巴比妥盐缓冲液、硼酸盐缓冲液等。

（5）镜检用品　香柏油、二甲苯、擦镜纸、滤纸等。

（6）检测用品　禽流感、A型鸭甲肝、鸭坦布苏病毒病、鸭瘟、新城疫、番鸭呼肠孤病毒病、番鸭细小病毒病、小鹅瘟和鹅副黏病毒病等检测相关的阳性抗原、阳性血清、阴性血清（根据水禽种类而定）等。

（7）防护及消毒用品　白大褂、一次性手套、乳胶手套、口罩、帽、鞋套、75％酒精棉球、3％～5％碘酊棉球、新洁尔灭、来苏儿等。

第八节　废弃物运输与处理

养殖场的废弃物主要包括粪尿排泄物、垫料混合物、污水及病死水禽。笼养方式产生的粪尿排泄物，需要运输至田间贮存池，经自然发酵，达到循环利用标准或排放标准。因此，应配套建造田间贮存池，总容量不低于当地林场和农田生产用肥的最大间隔时间内水禽养殖场排放粪污的总量。网上平养方式产生的粪污废弃物主要为粪尿排泄物，而垫料平养方式形成的主要是粪尿和垫料混合物，由于这两种养殖方式形成的粪污废弃物，已经过长时间的发酵处理，达到相关要求后可直接作农田施肥用。养殖过程中产生的污水处理应根据养殖循环、养殖规模和污水净化处理流程的技术原则，尽可能采用自然生物发酵的方法，经无害化处理后尽量充分还田，实现废弃物资源化利用。水禽养殖场与粪污水还田利用的林场和农田之间应建立有效的输送网络，通过车载或管道形式将粪污输送至目的地，运输过程需要加强管理，严格控制输送粪污水沿途的泄漏和泼洒。病死水禽无害化处理对保障生产安全、环境安全和食品安全均十分重要，其处理方式主要有焚烧法、化制法、高温法和深埋法等。

第九节　病死水禽无害化处理设施

一、焚烧炉（焚烧法）

焚烧法适用对象为国家规定的染疫动物及其产品、病死或者死因不明的动物尸体、屠宰前确认的病害动物、屠宰过程中经检疫或肉品品质检验确认为不可食用的动物产品以及其他应当进行无害化处理的动物及动物产品。焚烧法是最安全、彻底的处理方法，即将动物尸体投入到焚烧炉中，经过 $700\sim1100℃$ 的高温焚烧为灰烬以杀灭病原微生物，实现减量化、无害化的目的。其基本操作流程一般为人工或自动进料、焚烧炉内焚烧、喷淋洗涤，烟气经高温烟气管或其他处理后排放和灰烬掩埋。燃烧过程中产生大量的灰尘、氮氧化物、酸性气体等污染物，因此焚烧炉需配有烟气净化系统，将焚烧过程中产生的污染物进行处理后才能排放。

二、湿化机（化制法）

化制法适用对象同焚烧法，但不得用于患有炭疽等芽孢杆菌类疫病的水禽及产品、组织的处理。湿化机是使高压饱和蒸汽直接与病死水禽尸体组织接触，当蒸汽遇到水禽尸体而凝结为水时，放出大量热能，可使油脂溶化和蛋白质凝固，同时借助于高温与高压，将病原体完全杀灭。化制法不会像焚烧那样污染空气，也不会污染地下水，真正做到无害化处理，达到资源化利用的目的。湿化机设备价格较高，需要专业化公司运作，适用于国家或地区集中定点的病死畜禽无害化处理场所。

三、高温加热设备（高温法）

高温法适用对象同化制法，将病死水禽和相关产品或破碎产物输送入容器内，与油脂混合。首先，视情况对病死水禽和相关产品进行破碎等预处理，使处理物或破碎产物体积（长×宽×高）≤125

厘米³（5厘米×5厘米×5厘米）。之后，向容器内输入油脂，容器夹层经导热油或其他介质加热；常压状态下，维持容器内部温度≥180℃，持续时间≥2.5小时，具体处理时间根据处理的动物种类和体积大小设定。最后，加热产生的热蒸汽经废气处理系统后排出，加热产生的水禽尸体残渣传输至压榨系统处理。

四、深埋坑（深埋法）

深埋法适用于发生动物疫情或自然灾害等突发事件时对病死和病害水禽的应急处理，以及对边远和交通不便地区零星病死动物的处理。不得用于患有炭疽等芽孢杆菌类疫病的染疫水禽及产品、组织等的处理。深埋坑应选择在地势高燥、处于主风向下方的地点，同时远离学校、公共场所、居民区、生活饮用水源地、工厂、河流、动物饲养和屠宰加工交易场所等地区。深埋坑容积根据实际处理动物尸体和相关动物产品的数量确定，坑深至少在2米以上，且坑底应高出地下水位1.5米以上，需要防渗、防漏。深埋坑挖掘好以后，需要在坑底洒一层厚度为2～5厘米的生石灰或漂白粉等消毒药，将动物尸体及相关动物产品投入坑内，最上层距离地表1.5米以上，再用生石灰或漂白粉等消毒药消毒并覆盖20～30厘米，再铺设厚度不少于1米的覆土。深埋完成后需要设置警示标识，并在2个月内进行不间断的巡查和消毒工作。如深埋坑塌陷应及时加盖覆土。深埋后需要用氯制剂、漂白粉或生石灰等消毒药对深埋场所进行彻底消毒。

第二章
水禽种源控制管理

第一节　抗病（逆）育种技术与新品种培育

　　长期以来，家禽育种的目标主要集中在提高经济性状上，各种资源被最大限度地用在增强与经济利益相关的生产性能上，与此同时却牺牲了其他生理功能（包括免疫应答功能），致使家禽在生产性能提高的同时，对疾病也越来越敏感，给家禽业乃至整个畜牧业带来了较大的威胁。尽管预防接种和药物治疗在疫病防治方面发挥了重要作用，但仍未能完全控制和消灭疾病的发生与流行。从长远来看，采用遗传学方法从遗传本质上提高畜禽对病原的抗性，开展抗病育种，具有治本的功效。

　　随着家禽遗传育种研究的不断深入，以及分了生物学、分子遗传学和转基因技术的发展，抗病育种已经引起了人们的广泛关注。抗病育种开始于 1932 年，英国人 Roberts 给雏鸡口服白痢杆菌，将存活的鸡传至第 4 代，到 1935 年做攻毒试验，试验组的存活率为 70%，而对照组为 28%，证明了抗病育种的可行性，自此人们开始了抗病育种的研究。

一、抗病（逆）性的遗传基础

　　1. 抗病性的遗传　　抗病性一般有广义与狭义之分。广义的抗

病性是指一般所称的抗逆性，即在现有饲养条件下，畜禽抵抗不良外界环境（如缺乏饲料、不适气候）及抵御寄生虫和病原微生物的能力；而狭义的抗病性则是指畜禽对寄生虫和传染病的抗病力。

抗病力属于低到中等遗传力水平的数量性状。按遗传基础的不同，抗病力可分为特殊抗病力和一般抗病力。

一般抗病力不限于抗某一种病原体，它受多基因及环境的综合影响。病原体的抗原性差异对一般抗病力影响极小，甚至根本没有影响。这种抗病力体现了机体对疾病的防御功能，它主要受多基因控制，而很少受传染因子的来源、类型和侵入方式的影响。如鸡的主要组织相容性复合体与马立克氏病、白血病、球虫病及罗斯肉瘤等病的抗性和敏感性有关。

特殊抗病力是指畜禽对某种特定疾病或病原体的抗性，这种抗性或易感性主要受一个主基因位点控制，也在一定程度上受其他未知位点（包括调控子）及环境因素的影响。研究表明，特殊抗病力的内在机理是由于寄主体内存在或缺少某种分子或其受体，如鸭体内因存在 $RIG-I$ 基因，而表现出比鸡对禽流感更高的耐受性。

在疾病的发生上，大多数抗病力都或多或少受遗传因素的控制或影响，即使是由特定病原体侵袭所致的传染或寄生虫病，在不同种群和不同个体中的易感性或抗性也不同，这种易感性或抗性的高低受遗传因素或遗传与环境的共同影响。

2. 抗性基因及其来源　抗性基因是指能使动物体内产生抗体，在外来环境的刺激下能抵御疾病的侵袭，使动物对疾病产生抗性的基因。抗性基因按效应大小可分为 3 类：①单一主基因，这种基因主要控制抗性性状的表达；②微效多基因，这种基因所控制的抗病力性状由多个基因共同作用，单个基因效应小；③独立的多基因，与微效多基因不同的是基因数量少，且每个基因的作用大，可以相互区别。

抗性基因是在长期选择的进化历程中通过自然选择由以下途径

产生：①基因代换，即在生物群体内存在大量的中性基因，在正常条件下不对生物产生直接影响，但当环境剧烈变化时，其中一部分中性基因被激活成为抗性基因；②基因转换，以前具有某种生理作用的基因，在不良环境条件下，转化为生物的抗性基因；③基因突变，在不良环境的作用下，正常基因发生突变，产生抗性基因。通过这些途径产生的抗性基因，提高了动物适应环境变化的能力，在恶劣环境中，具有抗性基因的个体被保留，反之被淘汰。这样，自然选择加快了抗性基因在群体中的扩散。

现代化家禽生产主要通过防疫良好的生产环境来减少家禽与病原的接触机会，但这也减少了在育种过程中选择抗病性的潜在可能。

二、抗病力性状的品种间差异

一些研究发现，不同物种、同种动物的不同品种或品系甚至个体之间，对于同一病原往往表现出不同的抵抗力或敏感性，很多呼吸道、消化道类疾病都存在加性遗传方差，这表明多数疾病的发生都在某种程度上受遗传因素的控制。

截至 2021 年 8 月，联合国粮农组织家畜多样性信息系统记录了全球 404 个鸭品种，257 个鹅品种，其中包括中国鸭品种 37 个、鹅品种 33 个。根据联合国粮农组织网站报告，现已证实一些家禽地方品种的一般抗病力比较强，主要有：马来西亚的萨拉提鸭（Serati Duck），蒙古地方鹅（Mongolian Local Goose），赞比亚的马达达鸭（Madada Duck）等。另外有一些品种对某些疾病具有抗性：①对新城疫有抗性的品种，如格雷达亚和马萨科里地方鸭（Local Duck of Gredaya and Massakory）、莫克-波格地方鸭（Local Duck of Moulkou and Bongor）、卡拉尔和马萨科里番鸭（Local

水禽养殖减抗 Shuiqin Yangzhi Jiankang
技术指南 Jishu Zhinan

Muscovy Duck of Karal and Massakory）等；②对鸭瘟和腿部瘫痪有抗性的品种，如菲律宾的菲律宾鸭（Philippine Duck）；对病毒性肝炎和肠炎有抗性的品种，马来西亚的提克-甘榜鹅（Itik Kampong）；对鸭病毒性肝炎（DVH）有抗性的品种，中国台湾的黑番鸭（Black Muscovy）。

三、抗病（逆）育种的途径

抗病育种是一项复杂的系统工程，通过定向选择或改变某些基因型来培育对某些疾病产生较强抵抗力的家畜新品种（系）的方法。由于家畜因畜种、品种、个体差异对疾病的敏感程度不同，抗病育种一般包含两部分：一是抵抗常见病、传染病的育种，如来航鸡抗马立克氏病新品系的培育；二是针对某些遗传缺陷的选育。随着分子生物学、分子遗传学及转基因技术的发展，我们可以从以下几个方面选择以提高家禽对疾病的抗性（图 2.1），实现抗病育种。

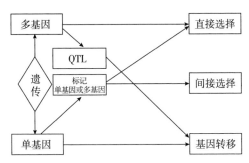

图 2.1　家禽抗病育种的途径

1. 直接选择法　抗病育种直接选择法主要包括观察种禽法、攻击种禽选择法及种禽的后裔和同胞法等。

（1）观察种禽法　根据禽场疾病记录，当有病原攻击家禽时，在相同感染条件下有的个体不发病，有的个体发病。不发病的个体具有抗性遗传基因，将这些个体选出进行大量繁殖，久而久之，可使抗病个体增多、抗病基因频率增加。这种传统的表型选择法具有直接、简便、准确等优点，而且可以提高一般抗病力。

（2）攻击种禽选择法　在群体感染病原体的情况下将不发病或存活个体留为种用，经多代选择即可提高群体的抗病力。这是传统的表型选择方法，可以顾及所有抗性或易感性的遗传因子，但该方法要求大量的基础群和进行攻毒所需的专门环境条件，同时还需进行后裔测定，增加世代间隔，育种成本高。在家禽抗病育种上较成功的例子是对鸡卡氏住白细胞原虫病的研究，利用该法对鸡的卡氏住白细胞原虫病抵抗力进行选择，发现随着选择代次的增加，抗体滴度最大值和最小值之间的差异越来越大。在夏季，当90%以上的鸡感染卡氏住白细胞原虫病时，低滴度抗体鸡的产蛋量显著高于高滴度抗体鸡，表明低滴度抗体鸡对卡氏住白细胞原虫的抗性比高滴度抗体鸡强，通过对低滴度抗体鸡的选择及扩群繁殖，就可以培育出抗卡氏住白细胞原虫病的鸡群。

2. 间接选择法　间接选择的关键是要找到与疾病或抗病性状相关联的标记基因或标记性状，实行标记辅助选择。这些标记可以是与疾病有关的候选基因或数量性状基因座（QTL），也可以是与免疫关系极其密切的主要组织相容性复合体（MHC）单倍型。

（1）与疾病相关的 QTL　Yonash N 等利用 78 个微卫星标记研究了 273 羽 F_2 代白来航蛋鸡对马立克氏病的抗性，发现 7 个显著影响抗性的 QTL。Calenge F 等证实有 2 个 QTL 可用于定位鸡对沙门氏菌的抵抗，它们分别位于鸡的 2 号和 16 号染色体上，该结果可用于抗马立克氏病、沙门氏菌病商品鸡品系的选育。

（2）与免疫相关 MHC 单倍型　马立克氏病（MD）抗性基因存在于鸡 MHC 的 BF、BL 区，B^{21} 具有高抗性，其 BF/BL 区控制马立克氏抗性；B^2、B^6、B^{14} 具中等抗性；而 B^1、B^3、B^5、B^{13}、B^{15} 对 MD 敏感。对 MD 高抗性的基因进行选择培育，将成为控制 MD

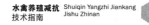

的重要途径。

3. 基因工程抗病育种　基因转移是降低家禽疾病易感性的免疫策略之一。首先获得抗病基因并克隆，再将克隆的抗病基因导入动物胚胎细胞，使其在染色体中正确整合后获得能遗传的抗病个体，然后通过常规育种技术扩群，最终育成抗病品系。

目前，制备转基因鸡有如下几种方法：

（1）显微注射法　从鸡输卵管壶腹部收集注射用卵，直接将外源基因注入新受精的鸡卵胞质内，然后孵化培育。

（2）胚胎干细胞法　把囊胚细胞从卵黄上分离出来，或者体外培养获得 ES 细胞（胚胎干细胞）系，通过转移、感染等形式导入外源 DNA，再将它注入鸡胚盘中去，以获得嵌合体转基因鸡。

（3）精子载体介导法　精子载体介导法指直接采用外源基因或用阳离子脂质体包裹外源基因与成熟精子共同孵育后进行人工授精，对种蛋孵化从而获得转基因鸡。

（4）原始生殖细胞（primordial germ cell，PGC）载体介导法　对 PGC 进行体外培养并导入外源基因，将其注入早期胚胎即可使其成为胚胎的一部分并发育为性腺的一部分。性腺中的生殖细胞一旦携带外源基因即有可能遗传给后代。

（5）病毒载体介导法　把病毒载体注射到未孵化种蛋的胚盘附近，从而感染胚盘细胞，若感染胚盘中的原始生殖细胞，则有可能遗传给下一代。2011 年，Lyall 等利用该方法成功制备了抗 H5N1 型禽流感的转基因鸡。

常规选择、遗传标记辅助选择和基因工程等技术可以加速抗病育种的进程，但抗病育种仍存在一些不确定因素。例如抗病性的遗传机制极其复杂、病原体易发生变异形成多种不同的抗原型，并与血清型、抗性性状及生产性状之间存在遗传拮抗，两者表现为负相关，增加了抗病育种的难度，对一种疾病的抗性选择可能导致另一种疾病的易感性增高等，在某种程度上制约了抗病育种的进展。但随着动物基因组计划研究的深入，有关疾病的致因基因、候选基因、QTL不断被揭示，抗病育种将从遗传本质上提高家禽的抗病力，加强免疫功能，筛选出抗病动物，从而生产出无公害食品。

第二节　种源疾病净化

由于沙门氏菌病等垂直传播疾病很难通过治疗根除，不仅在治疗过程中需要更多的调理和营养供给，增加养殖成本，后期还容易在条件、管理等诱因下发病，或与其他疾病继发感染，从而增加用药，不利于疫病防控。一个健康的种源对于畜禽养殖的重要性不言而喻，但垂直传播疾病的根除只能通过种源净化。好的种源其禽苗成活率高，饲料报酬高，反映在养殖户中便是"好养"。

一、鸭瘟的免疫性控制与净化

1. 卫生防疫　种鸭场应根据本场制定的免疫制度，结合各病种特点、疫苗情况及本场净化工作进程，制订合理的免疫程序，建立免疫档案。同时根据周边及本场疫病流行情况、净化工作效果、实验室检测结果，适时调整免疫程序。

种鸭场应有无害化处理设施及相应操作规程，并有相应的实施记录。对发病鸭群及时隔离治疗，限制流动；病鸭、死鸭及其污染的禽产品应按《病死及病害动物无害化处理技术规范》的要求采用焚烧法、化制法、掩埋法和发酵法进行无害化处理。

2. 净化监测　种鸭场可以根据本场实际情况，采取免疫净化

或非免疫净化，主要对不同种群的鸭进行血清学、病原学监测，对病死鸭进行病原检测。实施免疫净化的种鸭场，可选用相对应的疫苗，制定鸭瘟免疫程序和血清学、病原学监测计划，采取分群饲养、隔离、淘汰、扑杀等措施，逐步达到免疫净化目的。

实施非免疫净化的种鸭场，可在保障养殖管理科学有效、生物安全措施得力的情况下，制定本场病原学监测计划，通过对全场不进行免疫，直接采取分群饲养，淘汰、扑杀病原学阳性群体等措施，逐步达到净化目的。

实施免疫净化的种鸭场在达到净化的条件后，也可进一步实施非免疫净化。

对免疫抗体进行监测，不合格的种鸭群加强免疫一次，3～4周后重新采血检测，按照鸭场制定的淘汰计划，淘汰加强免疫后抗体仍然不合格的种鸭。对于病原学监测阳性的禽场，依据《中华人民共和国动物防疫法》《无公害农产品　畜禽防疫准则》（NY/T 5339—2017）要求对阳性个体进行无害化处置，对禽群进行隔离、消毒、免疫或淘汰。符合规范要求后，按照净化监测程序重新开展全场鸭瘟净化监测。

3. 净化标准

（1）祖代场（原种场）　在免疫鸭瘟疫苗的前提下，种鸭无一例鸭瘟发生；种鸭鸭瘟抗体阳性率为100％；每年至少两次对种鸭、种蛋及在场内任何一处采样进行鸭瘟病毒核酸监测，结果均为阴性。

（2）父母代场（扩繁场）　在免疫鸭瘟疫苗的前提下，种鸭无一例鸭瘟发生；种鸭鸭瘟抗体阳性率为100％。

二、小鹅瘟的免疫性控制与净化

1. 卫生防疫　污染过的育雏舍清洁消毒按照《畜禽养殖场消

毒技术》（NY/T 3075—2017）规定执行。清洁消毒后，空置至少90 天方可再次育雏。安装防鸟网，隔绝野鸟与种鹅群的接触，定期开展灭鼠、灭蝇和灭蚊虫工作。病死鹅无害化处理按照《病死及病害动物无害化处理技术规范》规定执行。鹅粪和蛋壳等废弃物无害化处理按照《畜禽粪便无害化处理技术规范》（NY/T 1168—2006）规定执行。雏鹅销售出场，离开净化范围后，应在 1 日龄和7 日龄注射小鹅瘟高免血清或蛋黄抗体。

2. 净化监测

（1）留种监测　青年鹅群不使用小鹅瘟疫苗免疫接种，对全群青年鹅采集血清，按照《小鹅瘟诊断技术》（NY/T 560—2018）的琼脂扩散试验方法检测小鹅瘟抗体，只准许检测阴性的青年鹅留作种用，阳性鹅予以淘汰。

（2）排查监测　每年春季产蛋期开始前开展排查监测。达到净化标准前，种鹅群未使用小鹅瘟疫苗免疫接种的，对全群种鹅采集血清，按照 NY/T 560—2018 的琼脂扩散试验方法检测小鹅瘟抗体。

达到净化标准前，种鹅群使用小鹅瘟疫苗免疫接种的，对全群种鹅采集咽喉和泄殖腔拭子，按照 NY/T 560—2018 的 PCR 方法检测小鹅瘟病毒核酸。达到净化标准后，种鹅群不使用小鹅瘟疫苗免疫接种，对全群种鹅进行抽检，随机采集群体总数 10% 的种鹅血清，按照 NY/T 560—2018 的琼脂扩散试验方法检测小鹅瘟抗体，只准许检测阴性的种鹅继续留作种用，阳性种鹅予以淘汰。

（3）环境监测　每年春季产蛋期开始前开展环境监测。对养殖环节和孵化环节的每个功能区随机采集环境拭子 10 份，按照 NY/T 560—2018 的 PCR 方法检测小鹅瘟病毒核酸，检测出阳性则封锁该功能区，清洁消毒按照 NY/T 3075—2017 规定执行。清洁消毒后，空置至少 90 天方可再次使用。

3. 净化标准

（1）祖代场（原种场）　在免疫小鹅瘟疫苗的前提下，种鹅无一例小鹅瘟发生；种鹅小鹅瘟抗体阳性率为100%；每年至少两次对种鹅、种蛋及在场内任何一处采样进行小鹅瘟病毒核酸监测，结果均为阴性。

（2）父母代场（扩繁场）　在免疫小鹅瘟疫苗的前提下，种鹅无一例小鹅瘟发生；种鹅小鹅瘟抗体阳性率为100%。

三、鸭（鹅）沙门氏菌病的控制与净化

1. 防疫措施　沙门氏菌属肠杆菌科，革兰氏阴性肠道杆菌，对环境的抵抗力较强，在粪便中可存活1～2个月，在水中可存活2～3周，在养殖环节和孵化环节进行清洁消毒可有效切断其传播途径。在鸭（鹅）舍存放间对种蛋消毒，避免不同鸭（鹅）舍带来的交叉污染，通过甲醛熏蒸消毒，杀灭蛋壳表面病原，避免污染孵化环节的场所和设备用具；孵化室地面和墙面平整时，5%的氢氧化钠溶液喷洒消毒可有效杀灭病原；室内空气和孵化箱通过甲醛熏蒸消毒可有效杀灭病原；使用后的塑料蛋箱和出雏箱使用5%的氢氧化钠溶液浸泡消毒可有效杀灭病原，清水冲洗去除污渍和消毒剂，干燥后备用。

野鸟、蚊蝇、鼠是沙门氏菌病的传染源和传播媒介，通过驱防和杀灭来隔绝其与种禽群的接触，有效切断传播途径。

2. 净化监测

（1）留种监测　留种前开展留种监测，对全群留种禽采集泄殖腔拭子进行普检，避免带菌禽进入种蛋生产环节。按《禽沙门氏菌病诊断技术》（NY/T 2838—2015）规定执行检测。只准许留种监测阴性的留种禽留作种用，阳性予以淘汰，同时监测种禽场是否处于净化达标状态。

（2）排查监测　每年春季产蛋期开始前开展排查监测，净化达标前，对全群种禽采集泄殖腔拭子进行普检，避免带菌禽留在种蛋生产环节；净化达标后，对全群种禽随机采集群体总数10％的泄殖腔拭子进行抽检，保证随机性的前提下，利用统计学原理，通过抽检避免带菌禽留在种蛋生产环节。只准许排查监测阴性的种禽继续留作种用，阳性种禽予以淘汰，同时监测种禽场是否处于净化达标状态。净化达标后，若排查监测检出阳性禽，说明种禽场被再次污染，应按照净化达标前程序重新开展排查监测。

（3）环境监测　每月开展一次，对养殖环节和孵化环节的每个功能区随机采集10份地面、墙面、器具表面等环境拭子。在保证随机性的前提下，利用统计学原理，通过抽检验证环境当中是否有沙门氏菌。只准许使用环境监测阴性的功能区，检出阳性则封锁该功能区，消毒按照 NY/T 3075—2017 规定执行，而后重新开展环境监测，同时监测种禽场是否处于净化达标状态。

3. 净化标准

（1）祖代场（原种场）　无一例禽沙门氏菌病发生；种禽沙门氏菌抗体阳性率为 0；每年至少两次对种禽、种蛋及在场内任何一处采样进行禽沙门氏菌核酸监测，结果均为阴性。

（2）父母代场（扩繁场）　无一例禽沙门氏菌病发生；种禽沙门氏菌抗体阳性率低于8％。

第三节　引种种源管理

引种是指将动植物的优良品种、品系或具有某些特性的类群引进本地作为育种素材或直接推广利用的一种育种措施，具有简便易行、见效快的优点。引入的品种一定要做适应性观察、疫病监测、性能测定，确实掌握引入品种的生产性能、抗逆性、适应性等。

一、引种执行的法律法规

鸭、鹅的引种可分为国内引种和国外引种两类。国内引种要按我国政府颁布的《中华人民共和国动物防疫法》以及当地种畜禽管理相关条例执行，国内引种相对于国外引种手续比较简单。这里主要叙述国外引种要求，从国外的引种要求必须根据国家《进境动植物检疫审批管理办法》和《中华人民共和国畜牧法》执行。《中华人民共和国畜牧法》第十五条规定从境外引进畜禽遗传资源的，应当向省级人民政府畜牧兽医行政主管部门提出申请；受理申请的畜牧兽医行政主管部门经审核，报国务院畜牧兽医行政主管部门评估论证后批准。经批准的，依照《中华人民共和国进出境动植物检疫法》的规定办理相关手续并实施检疫。从境外引进的畜禽遗传资源被发现对境内畜禽遗传资源、生态环境有危害或者可能产生危害的，国务院畜牧兽医行政主管部门应当会同有关主管部门，采取相应的安全控制措施。首次进口的种畜禽还应当由国家畜禽遗传资源委员会进行种用性能的评估。

二、从国外引种的引种原则

从国外引种时要求做到：按照生产目标，根据世界有关国家的鸭、鹅育种公司所提供的资料及向同行的了解，选择合适的育种公司，选定鸭、鹅的品种或配套系，选择引入品种的代次（是曾祖代、祖代，还是父母代），并考虑是纯种还是商品配套系、是否是该公司生产性能较高的核心群后代等。引种时还要考虑被引进品种的生产性能，要有被引进品种的血缘关系及亲本生产性能记录。严格按我国政府规定的引种要求，不到国外疫区引进鸭、鹅种，对所引种鸭、种鹅育种场必须要求对方出示权威部门提供的种鸭、种鹅生产经营许可证。在确定引入品种及代次后，要考虑鸭、鹅育种公司所在国和我国引种地间的环境差异，妥善安排调动季节。要严格按品种或配套系要求，慎重选择个体，保证所选个体符合品种要求，且品质良好。严格执行我国的动植物检疫制度，对引入品种要有专门的隔离观察区，一般在独立的隔离区隔离 40 天以上，确保临床健康、净化病种感染阴性后，经彻底消毒后方可进入生产线，以保证所引品种的疫病安全。

1. 确定引种方向　在引进种鸭、种鹅前选择合适的品种或配套系，必须对筹建地周围的养鸭、养鹅情况，鸭、鹅产品的销售渠道及去向，国内外鸭、鹅产品的消费市场，特别是对周围大中城市居民对鸭、鹅产品的消费喜好有准确的了解，在此基础上确定引种方向。

2. 正确选择引入品种　引种时除考虑市场消费因素外，还应考虑引进品种所具有的生产技术指标、经济价值和育种价值及该品种对引入地的适应性、对疾病的抵抗力等因素。适应性和抗病力包括抗寒、耐热、耐粗放管理、抗病力性能及产品安全等，这些将直接影响该品种的生产性能是否能在引入地正常发挥。

3. 慎重选择个体　为了保证引种的成功，在引种时应对个体进行慎重选择。引入的个体间不宜有亲缘关系，公鸭（鹅）与母鸭（鹅）最好来自不同家系，尤其是引入曾祖代时，各配套系内的公母鸭（鹅）间不应有血缘关系。引入种鸭（鹅）的年龄也是需要考虑的因素。由于幼年有机体在其发育的过程中比较容易对新环境适应，因此选择幼年健壮个体或种蛋，有利于引种的成功。

4. 严格执行国家防疫法规、不从疫区引进鸭（鹅）种　从国外引种时必须要了解被引品种产地区域内相关畜禽的疫病发生情况。因为有些传染病在不同禽种的禽类中均能相互感染，如禽流感等；有的传染病在家禽中虽不会发生，如疯牛病、口蹄疫等，但禽可作为中间宿主，引回后会传染给其他家畜。所以，不能在任何畜禽发病的疫区引进任何畜禽品种。

5. 严格检验检疫制度　所有鸭（鹅）种必须有检疫证书，严格实行隔离观察制度，防止疾病传入，是引种工作中必须高度重视的一环。根据《中华人民共和国动物防疫法》要求，国外或国内异地引种用动物及其精液、胚胎、种蛋，应当先到当地动物防疫监督机构办理检疫审批手续并检疫合格。确保所引鸭（鹅）种健康无病，且已按要求实施过异地引种时的消毒防疫工作。

6. 要保证引进品种是原种和商品配套系　从国外引进的品种必须为经国家畜牧行政主管部门批准引进的国外优良畜禽原种（纯系）和曾祖代配套系。

7. 要考虑品种原产地与引入地间的环境差异　一个再好的品种，要保持其生产性能的正常发挥，最关键的是引入地的饲养环境条件是否适合被引入者的生存。引种前必须要对品种原产地的饲养方式、饲养条件等有所了解。如果畜禽品种的引入地与原产地环境及饲养方式差异很大，该品种引入后就有可能发生疾病，或生产性能达不到原产地的实际生产水平。因而在引入种鸭（鹅）时，必须考虑引入地与原产地的环境气候条件是否相似，如两地环境差异大则不宜考虑。

8. 要考虑被引进品种的生产性能　品种引入的主要目的是使该品种发挥出与原产地同样的生产水平，以达到获得较高经济效益的目的。因而必须切实了解引入品种的生产性能指标，尤其是品种引进后作为繁殖用时，必须要有被引进品种的血缘关系及亲本生产性能记录。

三、国内引种的要求

国内引种应来源于有《种畜禽生产经营许可证》的种鸭（鹅）场，引进种鸭（鹅）应具有"三证"[种畜禽合格证、动物检疫证明、种鸭（鹅）系谱证]。鸭（鹅）场所用种蛋、后备种鸭（鹅）和引入种鸭（鹅）应进行检疫，确认开展净化的特定病种为阴性。

第四节　减抗养殖推荐水禽品种

要实施水禽减抗生产，无论是种禽场还是商品禽场，都应选择优质、高产、抗逆的禽品种或配套系，以获取最大经济效益。不同的品种，其生产性能不一样，投入产出不一样，产品规格亦不同。饲养什么样的品种，一定要从实际出发，根据市场需求、品种的生产性能和自身的经济条件加以选择。

一、减抗养殖品种选择原则

1. 根据市场需求进行选择　不同地区对禽产品的需求不一样，只有选择适销对路的产品，才能取得较好的经济效益。如当地有消费烤鸭的习惯，且需求量较大，则要选择饲养大型肉鸭，如北京鸭、天府肉鸭等；在一些鸭肉屠宰加工基地附近，则应饲养配套品

水禽养殖减抗 *Shuiqin Yangzhi Jiankang*
技术指南 *Jishu Zhinan*

系杂交鸭，才能达到屠体品质的要求，如樱桃谷鸭、中畜草原白羽肉鸭、中新白羽肉鸭等；制作传统的卤鸭、板鸭、熏鸭的地区，则宜选择中型杂交肉鸭及本地麻鸭；而在一些有鸭蛋消费习惯且鸭蛋加工方式多样的地区，则宜选择饲养蛋鸭，如绍兴鸭、山麻鸭、国绍1号蛋鸭、神丹2号蛋鸭等。

2. 根据生产性能进行选择　优良的生产性能是取得良好经济效益的基础。因此，在同一类型的品种中，要选择生产性能好的品种。肉禽要看其生长速度、料肉比；蛋禽要看其产蛋量、蛋重、料蛋比；其次，要看禽的适应性和生活力，看哪个禽种抗病强、发病少。

3. 根据当地的自然环境和经济条件进行选择　如大型肉鸭具有饲养周期短、生长速度快、饲料报酬高、宜规模饲养的特点，但饲养大型肉鸭需要一定技术设备和相应的资金，因而，大型企业可采用肉鸭多层笼养等集约化、现代化的饲养方式。

当确定饲养哪一个品种禽时要把上述几个因素综合起来考察，不能片面地只注意某一方面，要全面衡量算细账。

二、减抗养殖推荐水禽品种介绍

1. 蛋鸭品种（配套系）

（1）绍兴鸭　国家级保护品种，原产地为浙江省绍兴市，中心产区为绍兴、上虞、诸暨、萧山、余姚等市（区），主要分布于浙江省、上海市郊县、江苏省南部，河北、天津、辽宁、黑龙江等地也有分布。绍兴鸭体型小巧、体躯狭长，嘴长，颈细，背平直，腹大，腹部丰满、下垂，站立或行走时躯体向前昂展，倾斜呈45°角，似琵琶状。根据毛色特点不同，可分为红毛绿翼梢系、带圈白翼梢系、白羽系。成年公母鸭平均体重分别为1.51千克和1.55千克，母鸭平均在 104 日龄开产，年产蛋量为 307 枚，平均蛋重为 67 克，种蛋受精率为 95％，受精蛋孵化率为 89％。母鸭无就巢性。绍兴鸭具有体型小、产蛋多、耗料少、成熟早和适应性强等特点，是我国优良的蛋用型鸭种。其中带圈白翼梢系觅食力强，放牧或圈养皆适宜，因此饲养面广、量大，饲养效益好，产业优势明显。浙江省绍兴市绍兴鸭原种场承担保种任务。

（2）攸县麻鸭　国家级保护品种，原产地为湖南省攸县境内的洣水和沙河流域一带，中心产区为攸县的网岭、丫江桥、鸭塘铺、大同桥、新市、石羊塘、上云桥等乡镇，邻近的醴陵、茶陵、安仁、衡东等市（县）均有分布；重庆、江西、河南、广东、广西、贵州、湖北等省（直辖市、自治区）也有饲养。攸县麻鸭体形狭长，结构匀称，颈细短，羽毛紧密；虹膜呈浅褐色，皮肤呈白色，胫、蹼呈橙黄色，爪呈黑色。公鸭喙呈青绿色，喙豆呈黑色；头颈上部羽毛呈翠绿色、富光泽，颈中下部有一圈白环，颈下部和前胸羽毛呈赤褐色；翼羽呈灰褐色，腹羽呈黄白色，镜羽、尾羽和性羽呈墨绿色；性羽 3～4 根并向前上方卷曲。母鸭喙呈黄色，全身羽毛呈黄褐色、有黑色斑块。雏鸭绒毛呈黄色。成年公母鸭平均体重分别为 1.20 千克和 1.23 千克。母鸭 84 天见蛋，50％开产日龄：春鸭 130 天，夏鸭 150 天，秋鸭 180 天。500 日龄产蛋量为 284 枚，平均蛋重 62 克，种蛋受精率为 93％，受精蛋孵化率为 85％。母鸭无就巢性。攸县麻鸭体型小、产蛋多、饲料报酬高、适应性强、遗传性能稳定，是优良蛋用型地方品种，可作为优良的蛋鸭配套系母本。湖南省攸县麻鸭原种场承担保种任务。

（3）山麻鸭　国家级保护品种，原产地为福建省龙岩市新罗区，中心产区为新罗区的龙门、小池、大池、曹溪、适中、铁山、雁石、红坊、白沙、苏坂等乡镇，主要分布于龙岩、三明、南平和宁德等市，广东、广西、江西、湖南、浙江等省、自治区也有饲养。山麻鸭喙豆呈黑色，虹膜呈褐色，皮肤呈黄色，胫、蹼呈橙黄色，爪呈黑褐色。公鸭喙呈青黄色；头及颈部上段的羽毛呈光亮的孔雀绿且有一条白颈环，胸羽呈赤棕色，腹羽呈白色。母鸭喙呈黄色；羽色多为浅麻色，少数为褐麻色、杂色。雏鸭绒毛呈灰黄色，背颈至尾部羽毛呈黑色。成年公母鸭平均体重分别为1.27千克和1.44千克，母鸭84天见蛋，50％开产日龄为108天，500日龄产蛋量为299枚，平均蛋重为66克，种蛋受精率为85％～88％，受精蛋孵化率为86％～89％。母鸭无就巢性。山麻鸭具有体型小、早熟、产蛋多、蛋重适中、饲料报酬高和适应性强等优点，是一个极具开发利用潜力的优良蛋用鸭品种。福建省龙岩市山麻鸭原种场承担保种任务，国家水禽基因库（泰州）和国家水禽基因库（石狮）两个基因库均引入了该品种的保存。

（4）金定鸭　国家级保护品种，金定鸭原产地为福建省漳州市龙海区紫泥镇金定村，中心产区为龙海、芗城、同安、石狮、晋江、南安、惠安、漳浦、云霄、诏安等市（县、区）。国内除海南、新疆、西藏、台湾外各地均有分布。金定鸭皮肤呈白色，虹膜呈褐色，胫、蹼呈橘红色，爪呈黑色。公鸭头大、颈粗，胸宽、背阔、腹平，身体略呈长方形；腿粗大、有力，喙呈黄绿色；头颈上部羽毛呈深孔雀绿色、具金属光泽，腹羽及臀羽呈灰白色，主翼羽呈黑褐色，副翼羽有紫蓝色的镜羽，主尾羽呈黑褐色，性羽3～4根。母鸭身体窄长，腹部深厚钝圆，身躯丰满；羽毛为赤麻色，主翼羽有黑褐色斑块，副翼羽有紫蓝色的镜羽，头顶部、眼前部羽毛有明显的黑褐色斑块，羽缘为棕黄色；喙呈古铜色。雏鸭绒羽呈黑橄榄色，有光泽。成年公母鸭平均体重分别为1.61千克和1.80千克，母鸭84天见蛋，50％开产日龄为139天，年产蛋量为288枚，平均蛋重为72克，种蛋受精率为91％，受精蛋孵化率为90％。母鸭无就巢性。金定鸭具有抗病力、繁殖力强，产蛋多、蛋大、蛋品质好等优点。适应于半咸水生活，多以海滩放牧为主，也适合水稻田、河渠、湖沼放牧或舍饲。福建省石狮市金定鸭原种场、国家水禽基因库（泰州）和国家水禽基因库（石狮）均保有该品种。

（5）国绍1号蛋鸭　由浙江省诸暨市国伟禽业发展有限公司和浙江省农业科学院共同培育，也是我国通过审定的第一个三系蛋鸭新配套系。商品代蛋鸭具有养殖周期短、开产早、饲料消耗少、育成成本低、产蛋高峰持续时间长、产蛋量大、青壳率高、蛋壳质量好、破损率低等优点，深受加工企业的欢迎。商品代蛋鸭108天开产，500日龄平均产蛋数为327个，平均蛋重为69.6克，产蛋期料蛋比为2.65∶1，青壳率为98.2%，育成期成活率为97.6%，入舍母鸭成活率为97.5%。该品种与合适的饲养模式相配套，适合于不同环境气候条件地区饲养，还适用于各种养殖方式，放养、圈养、笼养都可，尤其是笼养性能良好。浙江省诸暨市国伟禽业发展有限公司现有国绍1号蛋鸭商品代苗鸭出售。

（6）苏邮1号蛋鸭　由江苏高邮鸭集团与江苏省家禽科学研究所等单位联合培育的我国第一个蛋鸭配套系。苏邮1号蛋鸭为三系杂交配套系。商品代蛋鸭（母鸭）全身羽毛呈浅麻色，喙呈黄色，喙豆呈黑色，胫和蹼呈橘黄色，爪呈黑色。具有产蛋量高、青壳率高、抗病力强、耐粗饲等特点。商品代蛋鸭117天开产，500日龄平均产蛋数为323个，平均蛋重为74.6克，产蛋期料蛋比为2.73∶1，青壳率为95.3%，产蛋期成活率为97.7%。江苏高邮鸭集团现有苏邮1号蛋鸭商品代苗鸭出售。

（7）神丹2号蛋鸭　由湖北神丹健康食品有限公司与浙江省农业科学研究院共同选育的蛋鸭新型配套系，神丹2号蛋鸭配套系为三系杂交配套系，商品代鸭体型适中、耗料少、早熟高产、青壳率高、蛋个适中、蛋壳厚、破损率低、抗病力强，适合高温高湿地区饲养，抗应激性强，适合不同的饲养方式。商品代蛋鸭105天开产，500日龄平均产蛋数为331个，平均蛋重为68.1克，产蛋期料蛋比为2.55∶1，青壳率为95.5%，产蛋期成活率为97.1%。湖北神丹健康食品有限公司现有神丹2号蛋鸭商品代苗鸭出售。

2. 肉鸭品种（配套系）

（1）北京鸭　国家级保护品种，原产地为北京西郊玉泉山一带，中心产区为北京市，主要分布于上海、广东、天津、辽宁等地，国内其他地区和国外亦有分布。北京鸭体型较大，呈长方形，体态丰满，前部昂起，与地面呈 30°～40°角；颈粗短，背宽平，两翅紧贴；全身羽毛呈白色；喙扁平，呈橘黄色，喙豆呈粉色，虹膜呈藏灰色，皮肤呈白色，胫、蹼呈橘黄色或橘红色。母鸭开产后喙、胫和膜颜色逐渐变浅，蹼上出现黑色斑点。公鸭尾部带有 3～4 根卷起的性羽。母鸭腹部丰满，前躯仰角较大。雏鸭绒毛呈金黄色。北京鸭 49 日龄公、母鸭平均体重为 3 500 克，饲料转化率（饲料/增重）为 2.57：1。母鸭 165～170 日龄开产，年产蛋数为 220～240 个，平均蛋重为 90 克。公、母鸭配种比例一般为 1：（4～6），种蛋受精率为 93%，受精蛋孵化率为 87%～88%。母鸭无就巢性。北京鸭是世界著名的肉用鸭品种，是现代饲养肉鸭的主导品种。北京鸭的综合肉用性能优势明显，适应性和抗病力强，可以在世界范围内饲养。北京鸭的繁殖性能卓越，生长速度快，饲料报酬高，肉质细嫩，口感和风味好。在北京鸭的基础上，培育出多个肉鸭新品种（配套系），如 Z 型北京鸭、南口 1 号北京鸭、草原白羽肉鸭配套系、中新白羽肉鸭配套系等。北京金星鸭业中心和中国农业科学院北京畜牧兽医研究所承担保种任务。

（2）中畜草原白羽肉鸭配套系　是中国农业科学院北京畜牧兽医研究所与内蒙古塞飞亚农业科技发展股份有限公司合作，集多项国内、国际尖端肉鸭育种技术于一身，经过 6 个世代的精心选育培育出的优质瘦肉型鸭新品种。草原鸭父母代种鸭的生产性能：25 周龄种鸭体重，公鸭为 4.28 千克，母鸭为 3.22 千克；产蛋周期为 50 周（26～75 周龄）或更长；每只鸭可产蛋 302 枚以上，蛋重为 85～92 克，受精率为 95% 以上；产蛋利用率为 96%，入孵出雏率达到 85%。商品代草原鸭 42 天体重可达到 3.4 千克以上，耗料增重比仅为 1.9∶1，皮脂率低于 22％，胸腿肉率达 25％。草原鸭抗逆性强，在我国可各地饲养。内蒙古塞飞亚农业科技发展股份有限公司有中畜草原白羽肉鸭配套系父母代和商品代苗鸭出售。

（3）中新白羽肉鸭配套系　由中国农业科学院北京畜牧兽医研究所联合新希望六和股份有限公司共同选育而来。该配套系由 4 个专门化品系组成，中新白羽肉鸭配套系具有生长速度快、饲料转化率和瘦肉率高、生活力强的特点，其皮脂率低、肉质好，更加适合中国人的消费习惯。商品代 42 日龄体重为 3.36 千克，瘦肉率为 28.5％，皮脂率为 18.4％。新希望六和股份有限公司有新白羽肉鸭配套系父母代和商品代苗鸭出售。

（4）南口 1 号肉鸭配套系　由北京金星鸭业中心培育成功，南口 1 号北京鸭配套系为三系配套。商品代雏鸭的绒毛为金黄色，随年龄增长羽色变浅并换羽，一般 28 天时羽毛换为白色；体型较大且丰满，体躯呈长方形，前部昂起，与地面约呈 35°角，背宽平，胸部发育良好，两翅紧缩在背部；头部呈卵圆形，颈较粗，长度适中，眼明亮，虹膜呈蓝灰色，皮肤呈白色，喙为橙黄色，喙豆为肉粉色，胫和脚蹼为橙黄色或橘红色。父母代 50％开产日龄为 174 天，平均蛋重为 91.4 克，种蛋受精率为 92.4％，受精蛋孵化率为 89.4％。商品代 35 日龄体重为 2.7 千克，饲料转化率为 2.10∶1；42 日龄体重为 3.2 千克，饲料转化率为 2.22∶1；该品种在生产中，易育肥，皮肤细腻，肉质鲜美，口感好，深受烤鸭店的欢迎，是烤炙型肉鸭最好的原料鸭。北京金星鸭业中心有该品种商品代苗鸭出售。

（5）强英鸭配套系　强英鸭配套系是由黄山强英鸭业有限公司和安徽农业大学共同培育，以美系北京鸭、英系北京鸭和北京鸭为育种素材，采用现代家禽育种方法培育而成的四系杂交肉鸭配套系。父母代种鸭出雏时绒毛呈金黄色，成年后全身羽毛呈白色。成年鸭体型较大，体态丰满，前部昂起；颈粗短，背宽平；喙扁平，呈橘黄色；胫、蹼呈橘黄色或橘红色。公鸭尾部带有 3～4 根卷起的性羽。母鸭腹部丰满，前躯仰角较大。父母代种鸭体型紧凑，繁殖性能好，母鸭开产日龄（5％产蛋率）为 168 天；66 周龄母鸭产蛋数达 251 个，43 周龄种蛋受精率为 96.0％。商品代鸭全身羽毛呈白色，头大额宽，颈粗短；胸部宽而深，胸肌发达；喙呈橙黄色，胫、蹼呈橘红色。商品代鸭均匀度好，早期生长速度快，成活率高。商品代肉鸭 6 周龄成活率为 98.7％；6 周龄平均体重为 3 861.9 克，饲料转化率为 1.92∶1。强英鸭配套系具有早期生长速度快、饲料转化率高、成活率高和综合效益好等优点。父母代和商品代肉鸭均具有良好的生产性能，具有较强的市场竞争力。黄山强英鸭业有限公司现有该配套系父母代和商品代苗鸭出售。

（6）樱桃谷北京鸭配套系　樱桃谷北京鸭是英国樱桃谷农场有限公司培育的配套系肉用鸭，分樱桃谷 SM 型、樱桃谷 SM2i 型和樱桃谷 SM3 型。樱桃谷鸭的外形与北京鸭大致相同，雏鸭羽毛呈淡黄色，成年鸭全身羽毛呈白色；喙呈黄色，少数呈肉红色；胫、蹼呈橘红色。樱桃谷鸭体型大，体躯呈长方形；公鸭头大，颈粗短，脚较短；体躯倾斜度小，几乎与地面平行。樱桃谷鸭适应性广、抗病力强，可适应不同的环境。商品肉鸭早期增重快，饲料转化率高，屠宰率高，瘦肉率高，群体个体种蛋性能表现"三高"（合格率高、受精蛋孵化率高和受精蛋健雏率高）。樱桃谷 SM 型父母代种鸭平均开产日龄为 182 天，平均开产体重为 3.1 千克；40 周龄平均产蛋 220 枚，平均产雏 178 只，平均蛋重为 83 克；商品鸭 49 日龄平均体重为 3.3 千克，料肉比为（2.5～2.6）∶1。樱桃谷 SM2i 型父母代种鸭平均开产日龄为 168 天，平均开产体重为 3.25 千克；42 周龄平均产蛋 235 枚；商品鸭 47 日龄平均体重为 3 400克，料肉比 2.32∶1；成活率为 99％。樱桃谷 SM3 型父母代种鸭体型大而丰满，挺拔强健是理想的种鸭；平均开产日龄为 175 天，50 周龄平均产蛋 296 枚，种蛋平均重为 86～90 克，种蛋受精率达93%，种蛋孵出的鸭苗成活率达98%；商品鸭47日龄平均体重为3.4千克，料肉比为2.28∶1，成活率为98%。2017年首农股份与中信农业联合收购了英国樱桃谷农场有限公司100%股权。促成前身为"北京鸭"的英国"樱桃谷鸭"重新回归中国。

3. 肉鹅品种（配套系）

（1）四川白鹅　属中型鹅种，国家级保护品种，主产区为四川省宜宾、成都、达州、德阳、乐山、眉山、内江等市，广泛分布于四川盆地的平坝、丘陵水稻产区，在重庆市也有分布。全身羽毛洁白，喙、肉瘤、胫、蹼呈橘红色，虹膜呈蓝灰色。公鹅体型较大，头颈稍粗，额部有一呈半圆形的肉瘤；母鹅头清秀，颈细长，肉瘤不明显。成年公母鹅平均体重分别为4.36千克和4.21千克，一般年产蛋量为60～80枚，平均蛋重为149.92克。部分母鹅有就巢性。四川白鹅具有产蛋量高、适应性强、一般配合力高、肉质及产绒性能好等特点，全国20多个省、市、区都有引进饲养或用于杂交母本。扬州鹅、江南白鹅配套系和天府肉鹅配套系都是以四川白鹅为素材育成的新品种或配套系。国家级保种场四川省宜宾市南溪区四川白鹅育种场现有四川白鹅纯种鹅苗出售。

（2）浙东白鹅　属中型鹅种，国家级保护品种，原产地为浙江省宁波市的象山县、宁海县、奉化区、余姚市、慈溪市及绍兴市等浙东地区，中心产区为象山县，在浙江省其他地区亦有分布。浙东白鹅体态匀称，呈船形，喙呈橘黄色；随着年龄增长突起明显，呈橘黄色；全身羽毛呈白色，虹膜呈蓝灰色，皮肤呈白色，胫、蹼呈橘黄色，爪呈白色。公鹅体大雄伟，颈粗长，肉瘤高突、耸立于头顶，行走时昂首挺胸。母鹅颈细长，肉瘤较小，腹部大而下垂，尾羽平伸。成年公母鹅平均体重分别为5.96千克和4.75千克，母鹅在130～150日龄开产，母鹅就巢性强，年产蛋3～4窝，每窝产蛋8～12个，年产蛋数为28～40个，平均蛋重为169.1克，公、母鹅配比为1∶（8～10），采用人工辅助交配，受精率达85%左右（自然交配为 70%），受精蛋孵化率为 80%～90%。采用人工孵化，结合醒抱技术，每只母鹅一年可多产蛋 8～13 个。浙东白鹅具有早期生长速度快、屠宰率高、肉质好等特点。浙江象山县浙东白鹅研究所为国家级畜禽遗传资源保种场，该场现有浙东白鹅纯种鹅苗出售。

（3）马岗鹅　属中型鹅种，原产地及中心产区为广东省江门市开平市马冈镇，主要分布于开平市及周边佛山、肇庆、湛江、广州等地，在广西壮族自治区也有少量分布。马岗鹅胸宽、腹平，体躯呈长方形，头、背、翼羽呈灰黑色，颈背有条黑色鬃状羽带，胸羽呈灰棕色，腹羽呈白色，喙、肉瘤、胫、蹼均呈黑色，虹膜呈棕黄色。公鹅颈粗、直而长，羽面宽大而有光泽，尾羽开张平展。母鹅颈细长，前躯较浅窄，后躯深而宽、并向上翘起，臀部宽广。成年公母鹅平均体重分别为 5.21 千克和 3.37 千克，母鹅于 140～150日龄开产，母鹅就巢性强，年产蛋数为 34～37 个，平均蛋重为148.4 克，受精率为 82%，受精蛋孵化率为 89%。具有生长快、耐粗饲、早熟易肥、肉质鲜嫩等特点。开平市马冈镇建有马岗鹅原种场，承担保种任务。

（4）狮头鹅　属大型鹅种，国家级保护品种，原产地为广东省潮州市饶平县浮滨乡，多分布于澄海、潮安等地。狮头鹅羽毛呈灰褐色或银灰色，腹部羽毛呈白色；头大而眼小，头部顶端和两侧具有较大黑肉瘤，鹅的肉瘤可随年龄而增大，形似狮头。公鹅头部前额肉瘤发达，向前突出，覆盖于喙上，两颊有左右对称的肉瘤 1～2 对，肉瘤黑色。公鹅和两岁以上母鹅的善肉瘤特征更为显著，喙短、质坚、呈黑色，与口腔交接处有角质锯齿。成年公母鹅平均体重分别为 8.33 千克和 8.13 千克，母鹅平均于 235 日龄开产，一般年产蛋量为 26～29 枚，平均蛋重为 212 克。母鹅就巢性强，就巢期为 25～30 天。2 岁以上母鹅年产蛋数为 30 个左右，种蛋受精率为 85%，受精蛋孵化率为 88.2%。狮头鹅体型大、生长快、饲养期短、耐粗饲、饲料转化效率高、适应性强，已广泛用于改良其他地方鹅种生长性能，也可利用狮头鹅培育我国肥肝生产专用品种。国家级保种场汕头市白沙禽畜原种研究所承担狮头鹅的保种任务。

（5）扬州鹅　由扬州大学和扬州市农业农村局（原农林局）以太湖鹅、四川白鹅、皖西白鹅3个鹅种作为育种素材共同培育的我国第一个肉鹅新品种。扬州鹅体型中等，体躯方圆紧凑，全身羽毛呈白色，偶见在眼梢或腰背部有少量灰黑色羽毛的个体，肉瘤明显，公鹅肉瘤大于母鹅，雏鹅全身呈乳黄色。母鹅产蛋性能高，年产蛋75～80枚，受精率在94％以上，入孵蛋孵化率在85％以上，可利用1～2年，以第一年产蛋性能最高。母鹅成年体重为4.2～4.6千克，公鹅体重为5.4～5.8千克，开产日龄为185～200天，平均蛋重为135～150克。商品鹅全身羽毛洁白，部分个体带有"三朵花"灰羽，适合活鹅上市和屠宰加工，加工出成率高，肉质鲜美，圈养放牧均可。圈养条件下上市日龄为70天，上市体重为3.7～4.0千克，饲料转化率为（3.1～3.3）∶1。扬州鹅生产性能稳定，市场欢迎度高，推广量大，深受养殖户欢迎。扬州五亭食品集团天歌鹅业有限公司扬州鹅育种中心可提供父母代和商品代鹅苗。

（6）江南白鹅配套系　由江苏立华牧业股份有限公司以浙东白鹅、扬州鹅和四川白鹅为素材，培育出的第一个中型白鹅三系配套系。父母代种鹅羽毛均为白色，颈细长，体型紧凑，肉瘤突出。江南白鹅适合不同区域和季节饲养，在反季节技术下，同样可保持较高的生产水平。母鹅产蛋性能高，年产蛋70～78枚，受精率在94％以上，入孵蛋孵化率在83％以上，可利用2～3年，以第二年产蛋性能最高。母鹅成年体重为4.2～4.4千克，公鹅体重为5.5～5.8千克，开产日龄为210天，平均蛋重为140克。商品鹅全身羽毛洁白，适合活鹅上市和屠宰加工，肉质鲜美，耐粗饲，圈养放牧均可。圈养条件下上市日龄为64天，上市体重为3.6～3.75千克，上市率为 94.5%，饲料转化率为（3.2~3.5）：1。江南白鹅的生产性能既可满足养殖户的需求，也符合盐水鹅、风鹅和卤鹅的加工要求。江苏立华牧业股份有限公司鹅育种场和种鹅繁育基地可提供父母代和商品代鹅苗。

（7）天府肉鹅配套系　由四川农业大学、四川省畜牧总站及四川德阳景程禽业有限责任公司利用白羽朗德鹅和四川白鹅共同培育的我国第一个肉鹅配套系。父母代公鹅出壳时全身绒羽呈黄色，成年后羽毛洁白，颈部羽毛呈簇状，体型较大且丰满，颈较短粗，额上基本无肉瘤，体重为 5.3~5.5 千克。母鹅出壳时全身绒羽为黄色，成年后全身羽毛呈白色，额上有较小的橙黄色肉瘤，体重为 3.9~4.1 千克，开产日龄为 200~210 天，初产期年产蛋 85~90 枚，种蛋受精率在 88% 以上。商品代 6 周龄成活率在 95% 以上，10 周龄体重为 3.6~3.8 千克，10 周龄补饲料肉比为 2.1：1，肉质优良，具有很好的肉用价值。天府肉鹅配套系综合生产性能领先于国内外主要鹅种，且能适应我国广大肉鹅生产地区的养殖环境和生产条件，目前已在国内西南、华南、华中、东南及西北各省、直辖市、自治区均进行了推广应用。四川德阳景程禽业有限责任公司可提供父母代和商品代鹅苗。

（8）匈牙利鹅　主要由埃姆登鹅、巴墨鹅和意大利奥拉斯鹅杂交选育而成，广泛分布于多瑙河域和玛加尔平原，是匈牙利肉鹅和肥肝生产的主要品种。匈牙利鹅羽毛呈白色，喙、蹼及胫呈橘黄色。成年公鹅体重为 6.0~8.0 千克，母鹅为 5.0~6.0 千克。仔鹅早期生长速度快，8 周龄可达 4.0 千克。母鹅年产蛋 35~50 个，蛋重为 160~190 克，公母配种比例为 1：3，种蛋受精率和孵化率中等。该鹅产肥肝性能良好，肥肝重达 500~600 克，质量较好；羽绒质量很好，一般一年可以采集羽绒 3 次，产绒 400~450 克。

（9）朗德鹅　原产于法国西南部的朗德省，该鹅种是在大体型的图卢兹鹅和体型较小的玛瑟布鹅杂交后代的基础上，经过长期选育而成。雏鹅全身大部分羽毛深灰，少量颈部、腹部羽毛较浅，喙和脚呈棕色，少量为黑色，喙尖呈白色，脚粗短，头浑圆，个别的也会出现带白斑或全身羽毛为浅黄色。成年鹅背部毛色灰褐，颈背部接近黑色；胸部毛色浅，呈银灰色；腹部毛色更浅，呈银灰色到白色；颈粗大，较直；体躯呈方块形，胸深，背阔，脚和喙呈橘红色，稍带乌。母鹅一般在2—6月产蛋，年平均产蛋35～40个，平均蛋重为180～200克。成年公鹅体重为7.0～8.0千克，成年母鹅体重为6.0～7.0千克。8周龄仔鹅活重可达4.5千克左右。肉用仔鹅经填肥后，活重可达到10～11千克，肥肝重为700～800克。朗德鹅对人工拔毛耐受性强，羽绒产量在每年拔毛2次的情况下可达350～450克。性成熟期为180天。种蛋受精率为65%左右。母鹅有较强的就巢性。我国已多次引进朗德鹅，主要用于肥肝生产。在我国吉林、山东、浙江以及江苏等地均有朗德鹅种鹅场。

第三章
水禽饲养管理

为实现水禽养殖过程的整体减抗，除了要关注禽舍布局、生物安全、饲料等方面外，水禽健康养殖也十分重要，通过科学的饲养管理方式提高商品代肉鸭、蛋鸭、鹅的健康水平，能够更有效地减少抗生素用量，实现安全生产，提升养殖收益。

第一节 肉鸭饲养管理

一、商品肉鸭饲养管理

（一）肉鸭育雏期饲养管理

1. 接雏准备

（1）空栏清洗消毒检修 ①清理鸭舍内外。上批肉鸭出栏后，清扫料槽和垫网、清除鸭粪及垫料，运至远离鸭舍的地方发酵处理，尽可能地将棚内地面、墙面、屋顶等表面的污物清理干净。②检查维修棚舍及设备。详细检查鸭棚门窗、墙壁、通风孔、供水供电系统，清除鸭棚外杂草杂物，清理棚外排水沟。③喷洒消毒。用3％~5％的氢氧化钠溶液将鸭棚内外及运动场彻底喷洒一遍，火碱水温控制在70℃以上效果较好。待舍内地面、墙壁等干燥后进行后续准备工作。④安装笼具栏网。安装好消毒好的笼具和垫网等，挂好温度计，育雏期间使用的料桶平均分配在每个隔栏中；调好舍内通风和光照设备；根据饲养面积，确定合理的育雏密度和所需育雏舍面积，并隔出小栏和弱雏栏；鸭棚门口要设消毒盆，人员每次进入鸭舍前都要注意消毒（包括鞋子、帽子、衣服、用具等）。⑤熏蒸消毒。关闭门窗和所有通风口，将棚内温度提高到20～25℃，相对湿度控制为70%～75%，如温度不够要用炉子提温；新棚或发病少的鸭舍每立方米可用福尔马林14毫升、高锰酸钾7克熏蒸；每两间可放一个熏蒸瓷盆，盆中先放入高锰酸钾再放少许水，最后从离舍门远端的盆开始依次倒入福尔马林，速度要快，倒好后人员离开并立即将门封严；熏蒸时间应不少于24小时。⑥通风。打开门窗及通气孔，自然通风1～2天，至舍内熏蒸气味完全散去无刺鼻的甲醛味为止，然后关闭门窗及通风孔待用。⑦其他准备。做好育雏期药品、饲料、器具等储备，避免不足；准备好相应的记录表，便于对鸭群的健康和生长发育情况进行监控。

（2）雏鸭的选择　初生雏鸭品质的好坏，直接关系到育雏率、雏鸭的生长发育和日后的生产性能，养殖户在挑选鸭苗时应从以下几个方面选择：①对供雏者的选择。首先应了解种蛋的来源，了解种鸭的饲养情况。肉鸭生产需要有规范的良种繁育体系和严格的制种要求。饲养商品肉鸭，需到父母代肉种鸭场孵化场购买鸭苗。②对孵化情况的选择。孵化场要规划布局合理、配套设施齐备、孵化操作规范、技术水平高、孵化日常管理和卫生管理较好，以减少雏鸭在孵化期间的感染。只有条件良好的孵化厂才有可能孵化出优质的雏鸭。了解雏鸭的出雏情况，选择出雏率高、按时出壳的雏鸭（在正常孵化条件下，28天出壳，并在24小时之内出壳完毕）。③对雏鸭个体的选择。要选择出雏日期正常且一致的雏鸭。观察雏鸭的外形，应选腹部柔软、卵黄充分吸收、肛门清洁的雏鸭；选择绒毛粗、均匀、柔软致密、光泽度好的雏鸭，不可选择绒毛太细、太稀、潮湿、相互黏附的雏鸭。雏鸭腿应结实，站立平稳，行走姿势正直有力，蹼胫油亮，富有光泽，对周围环境反应敏感，两眼有神，瞎眼、歪头、跛脚的雏鸭不要。用手抓雏鸭，健雏应该体态匀称、大小均匀，体重符合品种标准；大小不一，过重或过大的一般为弱雏。

（3）雏鸭的运输　雏鸭的运输是一项技术性很强的细致工作，也是育好雏鸭的关键。刚出生的雏鸭还没有对抗外界不良环境的能力，运送应在雏鸭羽毛干燥后开始，至出壳后 36 小时结束，如为远途运雏也不应超过 48 小时，以减少雏鸭在中途的死亡。若是运输环节出现问题，容易造成到达目的地后雏鸭体质虚弱、难饲养，进而导致饲养成本加大，甚至雏鸭死亡等情况的发生。初生雏鸭的运输原则是迅速及时、舒适安全、注意卫生。

雏鸭的运输应注意以下几点：①注意天气预报。在运输雏鸭之前，留意看运输雏鸭沿线地区的天气预报，防止雏鸭在调运的过程中遇到恶劣的天气，给运输带来不便。②安排车辆及雏箱。雏鸭运输最好选用专业运输人员驾驶专门的运输车辆，在运输前，运雏车要做好检修，防止中途停歇。运雏最好有专用的运雏箱（如硬纸箱、塑料箱、木箱等）。③做好防疫工作。一方面做好运输车辆及运雏箱的清洁、消毒工作；另一方面运输雏鸭要了解沿途有无疫区，尽量不要经过疫区。运输车辆到达养殖棚舍时，要对车辆车体、轮胎等进行严格的消毒。切断可能存在的传播途径。④强化途中管理。尽量使用孵化场配备的运输车辆，按要求调节厢内温度和通风，给雏鸭提供一个舒适安全、无应激的运输环境。

（4）接雏过程　安装好取暖设备。进雏前 12～24 小时提前升温，使舍内温度保持在 28～32℃。同时，将饮水器中装入洁净的饮水，使水温逐渐与舍内温度一致，减少凉水刺激。

雏鸭运到目的地后，将全部运雏箱移入舍内，分放在每个育雏笼附近，保持箱笼之间的空气流通，把雏鸭取出放入指定的笼内，再把所有的运雏箱移出舍外。接雏完成后，对一次性用的纸盒要烧掉，对重复使用的塑料盒、木箱等应清除箱底的垫料且烧毁，并对雏箱进行彻底的清洗和消毒。

2. 育雏期饲养管理技术 育雏是商品肉鸭养殖成功与否的关键，育雏期是否有较高的成活率和较高的均匀度是整体养殖成功与否的衡量指标。育雏的好坏，不但直接影响雏鸭的成活率，还关系着整个商品肉鸭的生长过程。因此，养好鸭必须从育雏抓起，掌握好科学的育雏技术是确保养殖成功的关键。

（1）育雏期饮水与开食 "开水"又被称为"试水""点水""放水""开饮"，是指雏鸭第一次饮水。"开水"时，水线高度调整到乳头距离网面约 10 厘米，使雏鸭抬头即可饮水；水线调节到 12～15 厘米水柱；水中加入电解多维或者葡萄糖，打开出水端的阀门，使水线内的水换成带有维生素的水；先供饮水 6～8 小时后再开始喂料。由于雏鸭较小并且身体柔软，4 日龄以内建议使用小料槽，既方便鸭子采食，又方便观察雏鸭的生长情况；饲料添加每天 2～3 次，少喂勤添，减少积压，防止饲料霉变。

随着鸭子日龄的增加，可完全自由采食。笼养棚的喂料采用播种机式加料，少喂勤添，每天 3～4 次。肉鸭不同的生长阶段应给予相应营养水平的饲料。换料时，不同大小、不同料号的饲料按一定比例掺匀，一般经过 3～5 天过渡期，完成换料程序。

注意点：通常选择乳头饮水器作为笼养的饮水设备。低流量的饮水器每个乳头不超过 5 只鸭子，高流量的每个乳头不超过 7 只鸭子。为了保证充足的饮水量和雏鸭健康，建议在育雏第一周保持水温在 26～30℃，在高温季节，建议水温在 20℃左右。同时，为了保证鸭子的饮水卫生，建议水源必须合格和进行定期的水线消毒，并且做好鸭群饮水的管理工作。如果条件允许，一定要对养殖场的井水进行提前检测，确保水质的 pH、细菌总数、大肠杆菌数合格。在养殖的过程中，也要保证鸭子喝到的水是合格的。

（2）温湿度管理 根据不同季节、不同棚舍条件和地理位置的差异，控制温度的标准要有所差异，总之要让鸭处于最舒适的状态。1～3 日龄建议舍温为 33～30℃，温度一定要均匀，温差控制在 2℃之内。7 日龄以内的雏鸭体温调节能力差，对温度变化敏感，育雏期间一定要注意掌握好温度，切忌忽冷忽热，每天的温差波动不宜超过 2℃。育雏期保持棚舍内温度适宜，尤其注意夜间温度，加强夜间值班，避免鸭群聚堆；肉鸭育肥期（21 日龄至出栏）的温度要求相对较低，温度控制在 18～20℃即可，温差在 4℃以内。

1～4 日龄，舍内温度较高，须加湿，可以喷雾加湿，以免雏鸭脱水。此时要求湿度达到 65%～70%。5 日龄之后，一般不需要再加湿，舍内湿度一般符合要求。10 日龄以后尽可能降低湿度，此时要求湿度达到 55%～65%。当舍温低于 24℃且进入育肥期时，要求相对干燥，相对湿度控制在 50%～55%即可。

（3）密度控制　目前由于鸭棚结构的不同，棚内的肉鸭养殖密度也不同。原则上，每平方米的出栏体重≤40 千克。以 2.9～3.1 千克鸭为例：养殖密度控制在 16 只/米² 以内，夏季由于温度升高，密度可以根据情况适当降低。

在 7～10 日龄，根据温度情况，对鸭进行一次性分笼。分笼时可将强弱雏分开，弱雏单独饲养，提高鸭群终末整齐度。分笼前应提前将空舍温度升至适宜温度（比原舍温高 2℃左右），降低因饲养密度降低引起的体感温度下降，检查好料槽和饮水器。分群时要注意防止应激，提前控料，水中加复合多维。

"密度"的完整概念应包括三方面的内容，一是每平方米养多少只鸭子，二是每只鸭子吃料的位置够不够，三是每只鸭子饮水位置够不够。该扩群时，适时扩群，可根据饲养方式、季节、舍内通风条件、鸭子生长日龄、天气情况等灵活实行。采食饮水的位置一定要充足有余，保证每只鸭子都能充分采食饮水。

（4）饲养批次的合理安排　肉鸭养殖的批次是根据合同鸭的规格和食品厂的要求来确定的，饲养周期从 26 天到 42 天不等。鸭场施行"全进全出"制，在一个鸭场一定时间段内，可单批、分批、分区进行，严禁不同品种、不同年龄的鸭群混养，以场为单位"全进全出"。正常鸭子出栏后的清理期和空舍期为7～10天，若空舍期过短，不利于下一批次的养殖。

（二）肉鸭育肥饲养管理

商品肉鸭生长发育迅速，对各种营养物质需求高，食欲旺盛，采食量大，对外界环境的适应性较强，容易管理。但同时，也因商品肉鸭生长迅速而造成机体抗病能力下降，要特别加强消毒防疫工作。

1. 过渡期的饲养　商品肉鸭在饲养期内通常要面临着两个过渡时期，即转群和换料两个时期。转群即由雏鸭舍转到成鸭舍，环境的改变是造成商品鸭应激的一个因素。一般在12日龄左右将雏鸭转入成鸭舍。应注意的是雏鸭在转群之前必须做好对成鸭舍进行"清理、除尘、冲刷、消毒、空舍"等处理，以达到彻底消毒。在此期间，一般不需加温，但在寒冷季节，鸭舍温度特别低的情况下，可在开始几天适当增加温度。雏鸭在转群之前需空腹，刚转群时成鸭舍面积不要使用过大，应适当圈小些，待2～3天后再逐渐扩大。换料是指由育雏鸭饲料转换为中成鸭饲料、中成鸭饲料转换为成鸭饲料。因为不同饲料营养成分不同，所以换料应有过渡期。通常于14～18日龄第一次换料，一般要求3天换完，换料期间，中鸭料与小鸭料的比例是第一天为1∶2；第二天为1∶1；第三天为2∶1，千万不能采用一步到位的方法，那样会对鸭子消化系统造成较大的应激，严重影响鸭的生长。第二次换料通常在42日龄左右进行，方法和第一次换料一样。

2. 育肥饲养管理技术

（1）饲喂与饮水　商品肉鸭喜水、好干燥，较湿的垫草环境（采用网上养殖可以避免此情况）会对鸭的生长带来不利影响。因此对饮水的基本要求是"始终供给清洁充足的饮水"。鸭群饮水应充足清洁，不含任何悬浮物和杂质，更不能含有来源于排泄物的细菌。同时水的温度也至关重要，理想水温应为 25℃左右，如果水温过低或过高，都会降低鸭子的饮水量。

饲料的饲喂方法对鸭群的生长有着决定性的作用。同时饲料成本约占总成本的 75%～80%，如何通过降低饲料消耗来提高经济效益，在目前饲料价格坚挺而肉鸭市场销价时高时低的情况下，就显得尤为重要了。中成鸭期，每 250 只中成鸭合用一个 2 米长的双边料槽，槽下铺一层比料槽宽大的塑料袋（或砌一饲料台），以保证饲料损耗和浪费在 0.5%以内。

（2）温度和通风　商品肉鸭要求环境最适宜的温度为 20～25℃；若环境温度超过 30℃，肉鸭的采食量降低，低于 10℃，用于维持的饲料消耗增加；在理想温度范围内，可有效节约饲料。因此，要尽可能地创造有利温度条件，如夏季搭建荫棚，冬季适当加温等，以降温或保温，提高饲料报酬；通风的好坏取决于鸭舍内卫生状况和通风量的大小，此问题在寒冷的冬季与温度的矛盾显得尤为突出。

（3）光照　鸭子的视力较差，必须保证足够的光照强度，才能满足商品鸭自由采食饮水的要求，饲养区内光源应集中在饲料和饮水的上方，并要时常检查灯泡或电棒是否损坏，并要经常擦拭。

（4）鸭舍的环境和密度　密度合理可保证鸭高的成活率，充分利用鸭舍面积和设备，提高鸭群均匀度。同一鸭舍实行全进全出制。由于网上养鸭应激大，应注意分栏，一般 100～200 只/栏。且必须设置隔离栏，将弱小鸭隔离饲养，并加以标识。

（三）商品肉鸭典型养殖模式

商品肉鸭养殖主要采用两种模式，一种为两段式，即集中育雏＋育肥模式；另一种为一段式，育肥育雏一体化模式，两种养殖模式各有特点，本部分根据大型企业的典型案例进行介绍。

1. 集中育雏＋育肥模式

（1）模式优缺点　7日龄前育雏的重要性占商品肉鸭饲养全期重要性的50%，主要体现在：①能够促进卵黄吸收，增强雏鸭对疾病的抵抗力、提高成活率；②为提高均匀度打下基础；③可以减少弱雏的出现，为后期养殖打下基础。

由于育雏是一项综合性的工作，育雏期间鸭舍的温度、湿度、通风及密度、光照、料位、水位、开饮、开食等因素对育雏均有一定的影响。只有掌握好各方面的技术要点，对各方面进行综合考虑，才能搞好育雏工作。但是在商品肉鸭养殖的生产实践中经常会出现诸如温度偏低或忽高忽低、湿度偏低、通风换气不及时、光照不足、密度过大等问题，这些问题的存在会在商品肉鸭养殖过程中埋下隐患，极有可能导致养殖失败。

（2）集中育雏方式　以山东荣达农业发展有限公司（以下简称为"山东荣达"）为代表，通过肉鸭集中育雏＋育肥模式，利用集中育雏因其具有恒定的温湿度、良好的通风及光照系统、适宜的饲养密度、充足的料位和水位等优势条件，在解决了养殖户育雏存在的问题、提高棚舍周转率、增加养殖户收益的同时，也有效应对了历年来严峻的环保形势。山东荣达主要采用笼养集中育雏、育雏器集中育雏和平养集中育雏三种主要模式进行集中育雏。

①笼养集中育雏　采用舍内纵向排列4列笼具，高度为4层，单个笼子长3米、宽1.5米，升温方式为地暖，通风方式为纵向负压通风，单批次育雏规模为4.5万只，饲养天数为5天，年育雏规模为220万只。

②育雏器育雏　设备制造公司提供有育雏器集中育雏设备，每台育雏器可育雏鸭27 720只，年育雏规模为300万只，每台育雏器由单独的环境控制系统对内部的温度、湿度、通风、光照等进行控制，并配备与育雏器相配套的自动加料系统、自动清洗系统等设备，饲养天数为3天，节约人力、提高工作效率。

③平养集中育雏　育雏舍为全封闭式，每栋育雏舍长 126 米、宽 12 米，通风方式也为纵向负压通风，每栋育雏舍单批次育雏规模为 4 万只，饲养天数为 6 天，每栋育雏舍年育雏规模为 200 余万只。

（3）育肥方式

①肉鸭种养结合养殖技术　山东荣达推广以种养结合为指导理念的家庭农场生产方式，实现畜禽粪便的资源化利用；粪尿无害化处理还田进行牧草高效种植。

商品肉鸭养殖的家庭农场的标准配置如下：每个农场占地 100 亩*；建设 4 栋商品肉鸭舍，每个鸭舍可以养殖 7 500 只商品肉鸭；每栋鸭舍间距 20 米；鸭舍及道路合计占地 20 亩，其余 80 亩用于优质高产牧草种植：杂交狼尾草＋冬牧 70 黑麦 40 亩，获 20 亩，柳枝稷 20 亩。商品肉鸭舍长 126 米，宽 13 米，中间走道宽 1.4 米，两边是养殖网架；鸭舍内共有四条水线，两侧网架各两条，水线上饮水乳头间距 20 厘米，水线高度可以根据鸭子大小调节；鸭舍两侧网架各有 40 条下料管（间距为 2.8 米），每个料管下配备一个料桶；每个鸭舍配置 8 台风机（功率为 1.1 千瓦），风量为 36 000 米³/小时；鸭舍配备低压和高压两套照明线路。每两个鸭舍配备 1 个料塔，每个料塔标准容积为 10 吨，可供两个鸭舍的商品肉鸭采食 3～4 天。

商品肉鸭粪便的处理方式主要是发酵处理后，就近就地作为有机肥还田进行优质高产牧草的高效种植与利用，使单位土地面积的牧草在生长季内所能消纳的氮磷量大于或等于所施用到该地块鸭粪的氮磷含量，做到匹配利用，确保商品肉鸭的养殖环境健康。

②肉鸭封闭棚舍养殖技术　为使商品肉鸭的生存环境更加稳定，减少外界气候因素的改变对商品肉鸭的影响，山东荣达在现有

---

　　* 亩为非法定计量单位，1 亩≈666.7 米².

家庭农场模式的基础上，对现有棚舍进一步升级改造，将开放棚舍升级为密闭棚舍，为棚舍加装了风机、湿帘、通风小窗等配套设施，使商品肉鸭生存的小环境可控性更强，保证了棚舍内具有恒定的温湿度及充足的新鲜空气。商品肉鸭生活环境的大幅改善提高了商品肉鸭的成活率和饲料转化效率，从而提高了养殖户的经济效益。该模式以鸭粪为肥料种植高产牧草，以牧草为饲料进行鹅的养殖，形成了一个高效的生态循环链，有效处理了肉鸭粪便，改善了养殖环境，提高了养殖户的收益；在实现商品肉鸭绿色养殖的同时，又提升了整个商品肉鸭产业链的价值。

2. 育雏育肥一体化模式

（1）肉鸭多层立体养殖模式　以益客集团为代表的设施化肉鸭多层立体养殖模式，如图3.1、图3.2所示，肉鸭饲养的基本设施是设施化肉鸭养殖笼具，单个笼具纵向三到四层组成一个笼组，多个笼组并列延伸形成一列，根据舍内宽度排列成多列。多层立体养殖模式配套设施先进，自动化智能化程度高，配置自动喂料行车、乳头式自动饮水线、智能环境控制设备等。

图3.1　多层立体养殖模式舍内实景

水禽养殖减抗
技术指南
Shuiqin Yangzhi Jiankang
Jishu Zhinan

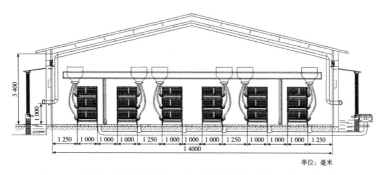

单位: 毫米

图 3.2　多层立体养殖模式舍内笼具排布示意图（纵向剖面图）

①模式优缺点　该模式鸭舍全密闭，自动化、机械化程度高，设备设施配备齐全，配备风机湿帘及自动喂料、自动饮水、自动清粪设备，棚舍内环境条件完全依靠设备自动调节，受外部影响小，饲养密度高，省时省力。多层立体养殖模式所要求的基建和配套设施标准较高，初期的建设投资成本也相对较高，适宜实力雄厚的规模化企业采用。

多层立体养殖是目前最新的肉鸭养殖模式，它有效地解决了肉鸭养殖过程的三大难题，即养殖用地紧张问题、养殖环境问题和环保问题，同时提高了单位面积内养殖规模、提高了养殖效率、降低了养殖风险、提高了养殖效益。

②配套设施　单笼垂直摞起组成笼组，笼组在舍内沿纵向排列成多列；料槽外挂，使用自动化加料行车加料；自动化饮水线从笼具中间穿过；每层笼子下设置粪污传送带，可根据粪污量及时传粪到鸭舍末端储粪池中。鸭舍取暖配备 50 万大卡暖风炉 1 个，纵向墙体上每隔 6 米安装一个暖气片（或散热器），用于舍内供暖（或散热）。鸭舍后端山墙面安装上下两排风机，风机约 1.4 米宽，根据舍宽确定风机安装数量。鸭舍纵向墙体上，每个侧墙面有两块湿帘，大小分别为是 2 米×13 米和 2 米×6 米；通风小窗每隔 2 米安装一个；鸭舍山墙面前端，可安装湿帘一块，大小为 2 米×8 米；

舍内横向每隔 2 米安装一根通风管。仅在有料槽的一侧（笼子前端），在每组笼具的上层安装灯带，灯带使用可调光 LED 防水灯管间隔 1 米串联而成。每个栋舍配备 50 千瓦的发电机组一套。

A. 笼具选择　单笼规格：不同厂家的笼具规格不尽相同，一般是宽×长×高为 1 米×2 米×65 厘米，宽与长的规格还有 1 米×1 米、1.25 米×1.35 米、2 米×2 米、1.6 米×1.8 米等，具体长度和宽度也要考虑舍宽等参数进行核算；前端栏网高约 40 厘米，外挂料槽；后端用塑料网做栏网，高 40 厘米，用于出鸭；笼底使用拉塑钢线，铺设 PE 塑料垫网。

B. 喂料设备　喂料设备主要包括料塔、料线、行车、料槽等，储料采用料塔，喂料采用料线或行车式自动饲喂系统，每层笼子的外侧挂置料槽。

C. 饮水设备　鸭场饮水供给系统包括水井、蓄水池、自动水线。自动饮水装置采用乳头式饮水器，乳头式水线是鸭场比较普遍和理想的饮水设备，无论是多层立体养殖模式还是网养，一般都选用乳头式水线。乳头式水线可以有效减少饮水滴漏、有利于保持鸭舍内空气干燥、减少氨味和霉菌繁殖，使舍内环境得以改善。

D. 环境控制设备　环境控制设备是用来控制舍内温度、湿度、二氧化碳浓度、氨气浓度和光照等的设备，包括风机、湿帘、通风小窗、灯带等。环境控制的好坏对养殖成功与否至关重要。

（2）肉鸭密闭网养模式　网上平养，是在地面上一定高度建造一个架床，然后铺上塑料平网，使肉鸭全程在网上活动，排泄物通过网眼漏到地面上，再行人工收集清理。塑料平网的网眼一般选择 15 毫米×15 毫米的规格，既保证粪便能漏下去，又能给鸭掌足够的支撑力。一般在鸭舍纵向上分两个大栏，中间留 1 米左右的通道，通道两侧用塑料平网扎起高约 45 厘米的网壁，防止鸭子从网床上掉到地面；每个大栏可用塑料网隔成几个小栏，隔网高度同样在 45 厘米左右。在我国南方常就地取材，使用毛竹、木材等在水塘上架设高网床，既可减少成本投入，又可减少土地占用面积。为了减少人工投入，可在栋舍内安装自动喂料和饮水系统（如图3.3）。

图3.3 肉鸭密闭网养模式图

①肉鸭密闭网养模式优缺点 随着土地政策、环保政策的实施，可用来进行肉鸭养殖的土地越来越少。传统的开放式地养模式存在着养殖条件差、规模化程度低、养殖废弃物严重污染周边环境等问题，已不符合肉鸭产业健康发展的要求。网养模式饲养的雏鸭从出壳后到出栏全程在舍内网床上饲养。采用室内网上平养技术，不受季节、气候、环境的影响，一年四季均可饲养，有利于卫生防疫和生态环境保护。网上平养模式可将鸭体与粪污隔离，使鸭子得病概率大大降低，并提高了成活率；鸭子离地面较高，舍内空气比较通畅，总体养殖环境较好，可适当提高养殖密度，从而增加养殖户的养殖效益；无须铺设垫料，节省了垫料成本和人工投入；鸭子采食洁净的水料，得病少，用药少，鸭肉品质得到了提高。网上平养的成活率、出栏重均高于地面平养，且料肉比低。此外，网上平养鸭子的全净膛率和半净膛率也明显高于地面平养模式。

但肉鸭密闭网养模式无论是从产业发展要求的角度还是从投资回报的角度来看，都算是现在肉鸭养殖中最低标准的养殖模式。与多层立体养殖模式相比，密闭网养模式前期投资少，适合资金不够充足的个体养殖户。但密闭网养模式单位面积内养殖量仅为多层立体养殖模式的1/6～1/4，养殖效益也相对较低。

②配套设施　肉鸭密闭网养的配套设施主要包括网床、自动喂料系统、自动饮水系统和环境控制系统等。

A. 基础设施——网床　网床制作：以某公司鸭棚网床为例，网床支架用水泥柱和水泥板组成搭建，要求平整、结实、耐用。网面可采用软质塑钢线或镀锌钢丝网拉直、拉紧、拉平，上面铺设优质塑料网，肉鸭前期（0～14 日龄）采用网眼大小为 1.5～2.5 厘米的塑料网，后期（15 日龄后）采用网眼大小为 2.5～3.5 厘米大小的塑料网。塑料网的交接处用竹片、木片钉好压实。网面高于地面不少于 60 厘米。过道一侧围以塑料网、木栅，高度为 40～45 厘米，网床过长过大时，可用网片分隔成若干养殖栏，栏的大小可养殖 300～400 只肉鸭为宜。

B. 喂料设备　喂料的设备，主要是开食盘、料箱、料筒以及料盆等。如果采用人工喂料，常用喂料设备主要有料盘、料桶和料槽。开食盘是用来给雏鸭进行开食的，主要使用的较浅的塑料盘，很多人都用塑料桶的底盘来用作开食盘。料桶和料槽主要用于饲喂不同大小的各生长阶段的肉鸭，料槽的大小和长短应由肉鸭体型大小决定。5 日龄以后，肉鸭可使用料线或料桶饲喂。

如果是大型的肉鸭饲养场，还会有自动的喂料系统（料线）。料线主要为直径 75 毫米或者 90 毫米的 PVC 料管，采用螺旋弹簧送料方式。料线的优点是结构简单，便于自动化操作，饲料密闭运输清洁卫生；缺点是绞龙维修麻烦，对管壁容易造成磨损，并且对饲料的硬度要求较高，饲料硬度不够时容易出现碎料。

全自动喂料系统由料塔、饲料输送管道系统、喂料控制系统、料桶等组成。

C. 饮水设备　饮水的设备主要有水槽、水盆、饮水器（包括真空式的、乳头式的、吊塔式的）。0～4 日龄，供水设备可采用饮水器，每 100 只鸭用一个 3.5 千克的饮水器。应根据肉鸭体型大小选择相应型号的塑料饮水器，避免饮水器过大而使肉鸭在其中嬉水。

5日龄至生产结束，为了节约用水，规模化肉鸭养殖一般建议使用乳头式饮水系统（水线）。注意选用质量可靠的产品。饮水设施除了正常供给肉鸭饮水外，还要单独设立一个加药装置，便于给药用。饮水源处最好加装水净化装置，确保水源达到饮用水标准。

D. 消毒设施　在网架中间的正上方设置一条东西走向的雾线，与消毒机连接后就可对整栋鸭舍进行消毒。使用雾线进行消毒省时、省力，同时，喷雾可均匀地覆盖在网架上方。

E. 供暖设施　锅炉位于棚舍外面，避免了在棚舍内点炉升温造成的舍内缺氧及一氧化碳中毒。舍内取暖使用水暖炉，温度探头与鸭背部平齐。

F. 地面处理　为了便于冲刷地面上的粪便，网架下面的地面铺上一层地板砖或者进行硬化处理，同时，地面也要有一定的坡度，从走廊一侧分别向棚舍南端和北端倾斜。为了便于排水，在棚舍地面的南端和北端分别设置一条东西走向的排水沟。

（3）肉鸭发酵床养殖模式　为了解决传统养殖模式存在的难以克服的弊端，近年来，我国从南到北许多地区在借鉴国内外发酵床养猪、养鸡成功经验的基础上，探索出适合本地气候特点的肉鸭发酵床养殖模式，并取得了广泛成功。发酵床养殖模式是将肉鸭置于发酵床上旱养的一种新型的生态环保养殖模式。发酵床通常以稻壳、木屑为主，辅以其他农作物秸秆混制而成，床体为有益菌提供了合适的营养、温度、水分、通气、pH等环境条件，可迅速有效地降解排入发酵床的粪污，陈旧垫料可作为有机肥原料还田利用，基本实现了"零排放"的养殖目标。

①模式优缺点　相比传统养鸭模式，发酵床养殖可显著改善舍内环境，大量降低鸭场粪污排放量，摆脱水养模式对水体的污染，环境意义重大。发酵床养殖对硬件设施的要求不高，一般普通鸭舍铺设发酵床后即可使用。在条件允许的情况下，可增设加温、保

温、通风、湿帘等装置，实现对舍内小环境的控制，提高养殖效率。

②发酵床制作

A. 垫料选择　垫料原料要符合碳氮比高、惰性强、孔隙度大、吸水性能强、细度适当、无毒害以及无明显杂质等方面的要求，腐烂、霉变或使用化学防腐剂的原料不能使用。垫料原料还需来源广泛、供应稳定、价格便宜。锯木屑因其孔隙度大、吸水性好，具有很高的压缩强度、利于保持垫料的透气性，且木质素难以被分解、具有良好的惰性，是发酵床垫料的首选材料，一般要求锯木屑占整个物料的比例不低于50%。全国各地一般都有比较丰富的农作物副产品资源，比如稻壳、花生壳、玉米芯，以及大豆、小麦、玉米、花生、油菜的秸秆等，可因地制宜选择使用。农作物秸秆的木质化程度较低，易于分解，秸秆粉碎后适当添加有利于为增强微生物增殖发酵活性提供活性碳源。此外，垫料中还需要添加一些用来调节物料营养、水分、碳氮比、pH、通透性的辅料，常用的辅料有鸭粪、麦麸、饼粕、生石灰、过磷酸钙、磷矿粉、红糖或糖蜜等。

B. 菌种的选择与活化　发酵床菌剂是从自然界中分离筛选的有益微生物（Effective microorganisms，简称 EM 菌），按每立方米垫料添加 0.1～0.2 千克生物发酵菌剂。鸭发酵床铺设厚度一般在30～40 厘米，发酵床在运行过程中的温度不会太高，优势菌群以嗜温的好氧菌为主，包括芽孢杆菌、放线菌、曲霉菌和酵母菌等中的一些优势菌种，以及少部分厌氧的乳酸菌、肠球菌等。发酵床菌剂的优良对于发酵床制作成功与否至关重要，一般要求选择市场上由正规单位生产的成品发酵床复合优势菌剂，有效活菌含量可达100 亿菌落形成单位/克以上。发酵菌剂一般用麸皮、米糠、玉米粉等按比例稀释后直接均匀撒入发酵床垫料中。部分成品菌剂使用前可能需要活化，将菌剂与麸皮、玉米粉等按一定比例混匀、稀释，调节水分，发酵 3～5 天，即可完成菌种的活化。

C. 垫料铺设 垫料铺撒总厚度一般在 30～40 厘米为宜。垫料太薄,基质有限,吸水少、保温差,不能充分发挥垫料的发酵功能,粪便分解效率低;垫料太厚,虽然吸附、稀释、分解粪便的效果好,但提高了垫料原料成本,且增加了垫料铺设及陈旧垫料清理的劳动量。30～40 厘米的厚度基本上保证了垫料以有氧发酵为主。垫料含水率在 50%～65% 时,微生物具有最高生物活性,但实践经验表明,垫料湿度过大会降低鸭的舒适度。在实际生产中,垫料含水率控制在 40%～45% 左右为宜。虽然垫料的总体含水率只有40%～45%,但因为鸭粪含水量高,使得富含粪便的局部垫料含水率通常也能达到微生物活性发挥的最适含水率。

垫料铺设时,一般先将稻壳或不经粉碎的花生壳、铡短的秸秆等铺设于发酵床底层,厚度为 10 厘米左右;再将锯木屑或以锯木屑为主与少量稻壳、农作物秸秆粉等混合的垫料铺于上层,厚度为20～30 厘米。将稀释好的发酵菌剂,或者预先活化、扩繁的菌种混合物均匀撒在发酵床垫料上,用旋耕机将发酵床垫料与菌种混合均匀,翻耙深度在 20 厘米左右;上覆塑料薄膜,垫料发酵一般需要 3～5 天,垫料层温度达到 30℃时即可视为发酵床形成,发酵完成后即可放鸭饲养。当垫料首次使用时,也可不发酵,直接铺设后作为垫料床使用,待垫料中鸭粪量和湿度足够后,添加发酵菌剂,翻耕混匀再作为发酵床使用;直接用作垫料时必须保证垫料卫生无霉变。

③发酵床的管理与维护

A. 水分控制 垫料含水率是影响发酵床使用效果的关键因素之一,含水率过高或过低都会影响使用效果,含水率过高是形成死床最常见的原因。发酵床深层垫料的含水率宜保持在 40%～45%,使用过程中通过通风调节表层垫料水分,使含水率保持在 30%～40%。保持发酵床表层的较低含水率有利于吸收粪便中的水分,减少湿粪对鸭腹部羽毛的污染。干燥多风季节,容易导致垫料干燥,产生粉尘，应根据垫料干湿情况喷洒水调节湿度；低温多雨、闷热潮湿季节，空气湿度大，垫料水分挥发度低，床体容易潮湿泥泞，此时应加强通风，增加水分挥发，同时可以在床体表面直接铺洒一层新鲜的干垫料。

B. 垫料翻耙 发酵床运行的基本原理是微生物的有氧发酵，正常运行需要充足的氧气。肉鸭具有特殊的脚蹼状结构，鸭排出的粪便被反复踩踏后，紧实地覆盖在垫料表面，这样不仅容易污染鸭腹部羽毛，还不能将粪便与垫料充分混合，并且降低了垫料内层的透气性。因此，需要通过翻耙，将鸭排泄物翻入垫料内部，增加垫料的透气性，促进垫料有氧发酵。具体翻耙次数，应根据实际情况确定，前期垫料表面粪便不多时，可以少翻耙；后期，粪污量大时，需增加翻耙次数，以保证垫料相对干燥，鸭体感舒适。翻耙一般采用旋耕机。

C. 菌种及垫料补充 新鲜发酵的垫料呈淡褐色，清爽干净，透出一种发酵的特殊味道。因为垫料具有强大的吸附性和分解能力，使得养殖过程中不会产生明显的粪便味和氨气味。如果养殖过程中出现比较明显的粪便味或氨气味，需要在翻耙时或在堆积再发酵时补充菌种和新鲜垫料，以增加垫料的活性；垫料在使用过程中会逐渐消耗，垫料床厚度会逐渐降低，需要补充新鲜垫料。

D. 堆积再发酵 每批鸭出栏后，需要对垫料再次堆积发酵。再次堆积发酵的效率高于原位发酵，可以将养殖后期未及时降解的粪便再充分发酵分解；堆积再发酵可产生较高温度，有利于杀灭有害微生物和寄生虫卵，保障发酵床下次使用的生物安全性。养殖结束后，及时将垫料翻堆发酵，堆高 1～1.2 米，此时根据情况可补充部分新鲜垫料。发酵时间根据季节不同需要 3～7 天，也可以根据温度变化判定，发酵过程中监测温度变化，当温度达到高温后再降至 45℃以下时即可摊开使用。发酵期间翻倒 1～2 次，将表层垫料翻入堆体内部，翻堆也可以补充堆积发酵过程中消耗的氧气。

E. 垫料淘汰更新 随着垫料使用时间延长，垫料有机质逐步消耗、矿质逐步增加，微生物可利用的营养成分减少；同时，粪便分解后残留的矿质等微小颗粒使得垫料的孔隙度逐步下降，垫料的吸附、吸水、透气等能力下降。一般垫料的使用寿命为 2~3 年，使用后期垫料颜色发黑发暗，质地变实，降解粪便的能力逐步下降，甚至丧失，应淘汰和更新。淘汰的陈旧垫料可以作为有机肥的原料。

二、肉种鸭育雏期饲养管理

(一) 育雏期饲养管理

1. 育雏接养前准备 安排育雏人员严格洗澡、消毒后进入育雏舍。舍内注意通风，将舍内消毒剂挥发完。提前对鸭舍进行升温，使舍内温度为 30~33℃，冬季提前 2 天，夏季提前 1 天。对鸭舍内进行整理，调试饮水系统、平整稻壳、对育雏用具进行清洗备用，确认温度计、湿度计、育雏栏圈、真空饮水器用砖、灯、鸭舍保温用塑料布隔断等全部准备、安装完毕，准备好免疫器具及疫苗药品，准备好育雏用饲料。雏鸭到场前准备好凉开水。雏鸭到场前 1 小时将饮水器、开食盘内加入 26~28℃含 5% 葡萄糖的水。

2. 进雏 通过有保温设备的运雏车运输雏鸭。运雏车开到鸭场门口，对车辆表面、驾驶室和人员消毒，运雏车过消毒池，除驾驶员外无关人员不允许进场。在育雏舍门口卸车、传送，将雏鸭盒小心平稳地搬到育雏舍门口，室内外人员在鸭舍门口交接，整个过程中要尽量减少对雏鸭人为造成的应激。室外人员对车辆经过的区域用威岛消毒剂或菌毒速杀溶液喷雾消毒。先将饮水器和开食盘调整到雏苗盒周围，同时让雏鸭能够适应育雏舍的环境，大约半小时后开始放鸭，放鸭时动作轻，尤其要注意防止鸭腿部受到损伤。放鸭后，雏鸭箱由室外人员将其转移到指定区域进行灭菌处理，杀菌剂消毒所经过的区域；对雏鸭"开饮"，对不认水的雏鸭要逐只引导，"开饮"3～4 小时后再喂料；检查舍内温、湿度并观察鸭群精神状况和分布状况。在饮水过程中注意保证足量供应清洁饮水，饮水的前 3 天需供应温开水。

（二）育雏期饲养管理技术

1. 开饮开食

（1）开饮　放鸭时可将每个雏鸭的鸭喙放入水中浸一下让其尽快适应饮水，在前两次的饮水中添加 5％葡萄糖，以后添加多维和抗生素，以便雏鸭快速恢复体质，同时预防细菌感染。

（2）开食　在饮水 3～4 小时后开食，此时为第一次喂料。第一天喂料时，将饲料撒在开食盘中，以饲料刚刚将开食盘底覆盖为宜，第一天分 8 次饲喂。

（3）环境控制　舍内温度控制在 30～33℃，湿度控制在 75％～80％。第一天育雏舍内温度较高，因此舍内湿度偏低，可通过在舍内烧开水的方式对舍内进行加湿。

2. 日常管理

（1）喂料　遵守"先喂水后喂料，无水不喂料"的喂料原则。

①喂料量　前 3 天自由采食，4～28 日龄根据体重状况进行调整，若使用料号为 541 的饲料则在标准料量上增加 2～4 克，料号为 540 的饲料则不需要。公鸭栏内盖印母鸭料量按照公鸭料量计算。

②喂料用具　1 日龄使用开食盘，2～14 日龄使用塑料布，15 日龄后可直接撒于垫料上。

③喂料次数　1～3 日龄每日 8 次，4～7 日龄每日 6 次，8～14 日龄每日 4 次，15～21 日龄每日 3 次，22～28 日龄每日 2 次，29 日龄后每日 1 次。

水禽养殖减抗
技术指南
Shuiqin Yangzhi Jiankang
Jishu Zhinan

④布料　布料要求快速均匀，面积要大，同时育雏后期需要配合撒料。

⑤消毒　开食盘、喂料布，每天冲洗消毒后，晾干使用。

（2）环境控制

①温度　雏鸭绒毛短，体温调节能力较弱，既怕冷又怕热。雏鸭入舍前1～3天，将舍内温度控制在30～33℃，从第4天开始逐渐降低温度，在第7天保持舍内温度达到26～28℃，以后每周降低3℃左右，直到舍内温度达到18～22℃为止。

合理的温度使雏鸭均匀地分布于整个育雏区域，若鸭子扎堆或远离火源，说明温度控制得不合理。

②湿度　在雏鸭入舍的第1～7天，相对湿度保持在65%～75%，以后逐渐降低，直至与外环境湿度一致。若环境过分潮湿，容易产生大量氨气、硫化氢等气体，容易引发霉菌病。若舍内过分干燥、尘土飞扬，则容易引发大肠杆菌病与呼吸道病。所以，在环境潮湿时，需添加新鲜的垫料，保持舍内干燥卫生；在环境过分干燥时，则需通过喷雾消毒增湿。

③通风与换气　通风的目的主要是降低舍内湿度、带走有害气体，同时还可以平衡舍内温度。一般情况下雏鸭1～3日龄时可不通风，4日龄开始，根据湿度状况和空气状况，可以间歇性通风。通风时需与温度相结合，在1～7日龄内，若舍内温度下降2～3摄氏度，则应停止通风。如有通风必要则需等温度回升后再进行。

④光照　雏鸭入舍第一天给予24小时光照，以后每天减少1小时光照时间，减至每天17小时（4:00—21:00）光照时间为止。光照强度以7瓦/米² 为宜。

（3）体重控制

①称重　为准确掌握雏鸭体重状况，需对其进行周末称重，周末称重时间为下个周一的凌晨4:00，称重鸭只数目为每一栏圈鸭只数目的10%。称重前应在栏内的鸭群中来回走动让鸭子混匀，

称重应定时、定点、定人、定先后顺序，要求读数准确、记录真实。

②调整料量　根据雏鸭体重情况慎重确定每日料量。一般在标准料量的基础上可有 2～4 克的调整幅度。

（4）均匀度控制　在雏鸭 4 日龄时开始调群，每 5 个栏为一个单位，进行大、中、小分栏。要将调群作为一个日常工作来抓。

（5）健康控制、免疫

①隔离　育雏期间对鸭舍进行封栋管理，所有进舍物品必须彻底消毒。

②垫料　前期将 14 日龄前所需稻壳一次性进舍、备用。14 日龄前坚持勤翻稻壳，及时清理过湿稻壳，补充新鲜稻壳，保持垫料干燥。

③卫生　保持饮水、喂料用具的卫生，尤其是采食布需要留有一套备用，且每次用完后用水冲洗、晾干。

④消毒　坚持每日消毒。

⑤免疫　严格按照免疫程序进行免疫。

（6）密度控制　合理的密度对雏鸭的健康生长和充分发育至关重要，因此需要根据实际情况及时扩群、分栋。

三、肉种鸭育成期饲养管理

（一）育成期肉鸭特点

种鸭育成期，公、母鸭各具生长特点。对公鸭而言，5～10 周龄体重增长迅速，这个时期很容易出现啄羽、瘸腿等问题；11～13 周龄周增重较低，如果准备不足或料量控制失当，很有可能出现体重负增长；14～18 周龄时体重可以平稳增长。育成公鸭采食量较大，饮水量也较大，而运动量较少，且采食时相对安静，不随意走

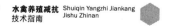
水禽养殖减抗 Shuiqin Yangzhi Jiankang
技术指南 Jishu Zhinan

动，应当强制运动。母鸭各时段体重增长基本能达到标准，但易出现"大瘦鸭"和"肥小鸭"。母鸭采食量相对小，饮水量也相对小，但运动量较多，特别是采食时会不停地围着撒料地点转圈。母鸭胆小，夜间稍有动静极易惊群而来回在栏内跑动，所以串栏的概率较大。

（二）育成期饲养管理技术

1. 饮水 鉴于当前污水的排放压力，育成期种鸭饮水方案可做以下调整和规范：①舍内不设置饮水装置，水槽设在运动场最南边，水槽采用混凝土结构，最大限度地利用每栏运动场南边的长度，水槽用钢筋护栏隔开，水槽深度以水面能没过鸭头为宜；②水槽经常用威岛消毒剂或菌毒速杀刷洗消毒，以防有害菌的滋生和繁殖；③喂料时，应提前供水，保证鸭子有充足的饮用水，根据鸭子的饮水量适时调整水流量的大小，杜绝水资源浪费的现象，处理好节水和饮水卫生的关系。

2. 喂料与限饲

（1）饲料类型 ①5～7周龄饲喂颗粒化育雏料，8周龄开始更换育成料，过渡期为4天，过渡期间注意两种饲料必须混合均匀；②育成期用料颗粒化程度要合适，粉末料比例不能超过0.5%，否则不仅会引起饲料浪费，还对控制体重不利。

（2）喂料次数 喂料每天一次，根据体重情况进行限饲。

（3）喂料时间 必须确定在生产主管能跟踪和监督的时间范围之内喂料，以便及时发现员工的不当操作并给予及时更正，同时也便于更准确地观察鸭群的健康状况，最好安排在早上6:00—8:00喂料。

（4）各栏喂料量的计算

①喂料量的确定依据 根据实际体重与标准体重的关系、周增重、气候条件、饲料成分、周龄等综合考虑。

②各栏喂料量的计算 单只鸭的料量确定以后，将单只鸭的料量乘以此栏圈的鸭子数，计算出此栏圈的饲料总量。在计算饲料时，将公鸭栏内的盖印母鸭作为公鸭处理，即，栏圈里的饲料量是总的公鸭数加上盖印母鸭数，再乘上公鸭的单只鸭料量。在计算时要求各栏鸭数必须准确，严防审栏；称重结果必须客观准确；料量的计算、称量要避免人为偏差。

（5）喂料条件 要求喂料场所卫生，无积粪、无积水、无缝隙。运动场面积足够且条件允许的最好在运动场上喂料。

3. 饲养密度 饲养密度要求：开放式饲养按舍内面积算密度可控制在 3.6～4.0 只母鸭/米²，公鸭密度控制在 3.2～3.5 只公鸭/米²。

4. 光照 光照技术及照明设备管理技术要求光照时长为 17 小时（4:00—21:00），强度为 20 勒克斯（相当于 7 瓦/米² 白炽灯光照）。灯具吊放整齐，高度合理一致，光照均匀，无死角。饲养员做好保养及维护，有损坏的灯具应及时更换，早晚按时开关灯。

5. 温度 温度控制及控温设备管理办法：育成期最适温度是 18～21℃。全封闭舍通过调节窗扇、调节风机湿帘来控制通风和保温。

6. 体重抽测 每周或双周称测体重。

（1）为了尽量减少应激，称重时间放在饲喂前空腹时。称重鸭只数目为每一栏圈数目的 10%。称重前应在栏内的鸭群中来回走动让鸭子混匀，称重应定时、定点、定人、定先后顺序。

（2）每栏体重必须建立数据库，以便绘出各栏鸭子的生长曲线。

（3）称重注意事项：①称重前一天必须准备好所有用具，所使用网子提前冲洗消毒；②网鸭时尽量做到称多少网多少，以免挤压造成外伤；③所有参与人员必须熟练掌握逮鸭常识并严格按规范操作执行；④别上翅膀的鸭子称完重后必须把翅膀打开，不能遗漏。

7. 减少用药，提高成活率的措施

（1）在育成期，少量的鸭子会出现死亡、受伤或畸形发育，属于正常现象。如果死淘数量每星期高于 0.25%，应调查分析原因。发现健康状况不良、受伤或畸形的鸭子，症状比较轻微的，尽快将它们从栏圈中移出，放入专设的小栏中，提供较好的喂料、饮水和生活环境，进行单独的饲养和护理；症状比较严重的及时淘汰。

（2）育成期注意防止创伤引起的葡萄球菌关节炎，减少后备公鸭的死淘率。

（3）加强饲养管理，减少鸭群的应激，消除导致外伤的因素。如饮水岛区域竹排的安装是否均匀平整，有无较大缝隙，是否有毛刺，出鸭口是否平整，隔网是否有裸露的铁丝等。

（4）加强垫料的管理，确保垫料内没有铁丝或细绳等异物，防止垫料出现板结。

（5）运动场要保持干净平整，没有尖锐的突起物或异物。

（6）喂料、称重、分群、免疫和日常管理中避免任何人为因素造成鸭子损伤和死亡。

（7）夏季鸭子转群、免疫、称重等应在一天中最凉爽的时候进行。

（8）冬季尤其注意防止运动场上因结冰可能导致的种鸭腿病现象。

（9）进行疫苗注射，严格消毒有关注射器和接种针。

四、肉种鸭产蛋期饲养管理与繁殖

（一）产蛋前期饲养管理

此段时间为鸭群由育成向产蛋过渡时期，必须为鸭群顺利开产提供好所有的准备工作。

1. 料箱使用　肉鸭达到 18 周龄后限饲方式由采食量限制转变为采食时间限制，通过使用料箱，逐渐调整育成期鸭的采食习惯。肉鸭达到 18 周龄后的最初 3 天，料箱打开后，同时将规定喂料量撒在料箱附近的地面上，鸭舍人员巡视补料方式，保证鸭子在规定自由采食时间内自由采食。训练鸭学会使用料箱采食后，每天用料箱喂料；对鸭子的采食时间要进行精准控制，并每日坚持称料，防止粉末饲料堆积发霉变质，同时确定该日的平均料量。

2. 称重　在肉鸭 18 周龄末对鸭群进行最后一次称重，分别记录公母鸭群的体重及均匀度，作为以后衡量鸭群发挥生产性能好坏的重要指标。

3. 换料　从肉鸭 20 周龄开始更换产蛋期料，每天换 1/4，转换时间为 4 天，换料期间连续 4 天在饮水中添加用抗应激添加剂、电解多维，减少换料的应激。

4. 混群　在肉鸭 21 周龄后进行公母混群，混群前 2 天开始饮用营养添加剂，以减少应激，连用 5 天。种公鸭选择标准：头大颈粗，眼睛明亮有神，背直而宽，胸腹宽略扁平，腿高而粗，蹼大而厚，两翅不翻，羽毛光洁整齐，尾稍上翘，性羽明显，雄壮稳健，配种能力强。种母鸭选择标准：头颈较细，背短而宽，腿短而粗，两翅下翻，羽毛光洁，腹部丰满下垂而不触地，耻骨间隙在 3 指以上，繁殖力强。根据鸭舍面积确定每栏鸭子数，按群体公母配比 1：4.8 进行混群。

5. 蛋窝　肉鸭达到 21 周龄时安放蛋窝，平均 3.5 只母鸭一个蛋窝的，沿栏圈周边安放，蛋窝需统一摆放，不得随意改变位置。摆好后，产蛋窝中根据情况铺 5～10 厘米厚的稻壳，大概 2 周左右更换一次蛋窝，减少窝外蛋，减少暗纹的产生，获取更多的合格蛋。

水禽养殖减抗 Shuiqin Yangzhi Jiankang
技术指南 Jishu Zhinan

（二）产蛋期饲养管理

抓好日常的饲养管理是鸭群高产、稳产的重要前提，更是鸭群高产性能发挥的重要前提。我国北方多采用地面垫料旱养方式进行商品肉鸭制种，南方部分地区采用半水半旱方式制种。

1. 喂料

（1）根据周龄和蛋重调整喂料时间，一般在 28～31 周龄时，每周增加 1 小时采食时间，从 7 小时增加到 11 小时（6：00—17：00），夏季可增加到 15 小时（5：00—20：00），开始稳定后即不再调整，当蛋重增至 85 克时，采用定量饲喂，高峰期料量一般定为 230～235 克，高峰过后根据蛋重、产蛋率、采食速度和季节调整喂料量。

（2）夏季要对鸭群进行防暑降温，使鸭子多采食，保证鸭子摄入足够能量；冬季通过实验，除非舍内温度低于 0℃，否则没必要采取保温防寒措施，但要控制好鸭子的采食量，防止蛋重超过 93 克。

（3）每日要坚持定时称料，每月清点一次鸭子数量，必须确保每个栏圈和该栋鸭舍日平均料量的准确性。

2. 饮水

（1）舍内供水　夜间鸭舍内不用考虑供水。白天气温超过30℃时，上午 11：00 至下午 15：00 可考虑供水。

（2）运动场供水　气温低于 0℃ 时，关灯后将舍内总阀门关闭，排净水管和水槽内存水，防止上冻。供水期间因各场运动场水槽设置类型不同，水槽内水位高低无法确定，要求鸭子饮水时水不能外溢（水位上沿距离水槽边沿 5 厘米比较合适）。

（3）药物的饮用　在饮水中，可根据情况定期添加电解多维、植物抗菌药、植物多糖（寡糖）等营养药以及保健药品。

（4）饮用水的消毒　每周一次氯制剂饮水消毒和一次卫克（主

要成分为过硫酸氢钾复合盐）饮水消毒。

（5）舍内消毒　舍内水线每周末擦拭消毒一次，舍内水箱每周末清理消毒一次，运动场水槽每天晚上用消毒药刷洗一次。

3. 垫料　产蛋期要求保持地面与产蛋窝干燥整洁，为鸭群提供一个舒适的休息和产蛋环境。每天根据实际情况确定是否向地面与产蛋窝铺撒新鲜垫料，这项工作显得尤为重要，但也并不是撒垫料越多越好，同时还应注意考虑成本，保证垫料不要板结。

4. 光照　维持 17 小时（4:00—21:00）光照不变。

5. 选择淘汰

（1）主要根据生理性状和羽毛脱换情况进行选择淘汰。

（2）淘汰腿部有伤残、病弱、羽毛凌乱、主翼羽脱落、停产换羽、耻骨间隙 3 在指以下的母鸭，并及时淘汰掉鞭、体质差、瘸腿、病弱、过肥和多余的公鸭。

（3）指导性公母配比：混群为 1∶4.8，30～60 周龄为 1∶5.0，60 周龄以后为 1∶4.5。

（三）种蛋管理与孵化

1. 种蛋的收集　首先保证蛋窝内稻壳的干净、充足，及时更换、添加新鲜稻壳。捡蛋顺序要固定，减少人为产生的应激。初产母鸭产蛋时间一般集中在凌晨 1:00—6:00，随着周龄的增加，产蛋时间会向后延迟，产蛋后期母鸭大多在上午 10:00 以前产蛋。及时捡蛋很关键，原因如下：一是避免蛋在蛋窝内存放过久，造成堆积破裂；二是冬季防止种蛋受冻，夏季防止种蛋受热，温度过高或过低都会影响胚胎的正常生长发育。

2. 种蛋的挑选　从蛋窝内捡出种蛋后，立即分类挑选，把合格蛋与其他类型蛋及时分开。合格蛋的要求为蛋重不低于 70 克，卵圆形，表面光洁，无沙壳、破损、暗纹及奇异形状。将合格蛋表面的鸭毛等污物去掉，并在每盘中央的种蛋上标记舍号。

3. 种蛋的熏蒸　熏蒸剂使用三氯异氰尿酸粉，根据使用说明书进行熏蒸。熏蒸柜密封要严，熏蒸用具每次用后应清洗干净，以免残渣影响药物反应。熏蒸时间一到，马上打开柜门，排出气体，以免鸭胚受损。

4. 种蛋的运输和保存　运输种蛋时，最高不超过 6 盘，装蛋时动作要轻，运输中要平稳。在场内运输过程中，要用棉被遮盖，防止风、雾、雨的直接侵袭。夏季注意防止阳光直射，冬季注意防冻。鸭场蛋库的保存温度控制在 16～24℃ 比较适宜。

5. 洗蛋　挑选出的合格种蛋进入洗蛋机进行洗蛋作业，洗蛋作业完成后将种蛋置入孵化箱进行孵化。洗蛋时控制好消毒液浓度，根据蛋壳质量及时调整；保持好水温。每天早上上班前由冲洗人员负责使用来苏儿对车间三个走廊进行消毒；使用消毒药对外围进行消毒，消毒药每周更换一次。每天上班前及下班后，由冲洗人员负责用消毒药对车间内部进行彻底消毒（包括走廊、孵化厅以及出雏厅），消毒药每周更换一次。每天工作完成下班后，由班组工作人员负责用高压水对车间进行清理并使用消毒药对本班组工作区域进行彻底消毒，消毒药每周更换一次。

6. 孵化　洗蛋作业完成后将种蛋置入孵化箱进行孵化作业，厅内温度要求保持在 22～24℃，湿度控制在 55%～65%、风量保证布条可被吹起。同一批次种蛋安排在一个厅内，孵化箱不得有脏污、不得有任何异味、不得漏风。视情况使用高锰酸钾、甲醛对孵化、出雏箱体进行熏蒸消毒。每天早上由夜班人员对地面进行打扫，保证地面无鸭毛等杂物；每周日由班组工作人员负责用高压水对孵化厅地面进行冲洗清理。

7. 照蛋　种蛋孵化 12～13 天时将种蛋移出孵化箱进行照蛋作业，将孵化期间产生的死胎蛋、臭蛋等挑出。根据蛋种的不同做好标识后，按照要求对选留后种蛋进行并盘，放入孵化箱继续孵化。孵化厅中间照蛋区域工作完成后，使用高压水对地面进行冲洗，不得存在蛋黄、蛋液、蛋皮等杂物，若出现打蛋、漏蛋液等情况，必须使用次氯酸钠溶液对地面蛋液进行清理消毒。

8. 落盘　种蛋经 24～25 天的孵化后，从孵化箱移至出雏箱进行落盘作业。按照要求倒层，并根据蛋种的不同做好标识，落盘区域工作完成后，使用高压水对地面进行冲洗，不得存在蛋黄、蛋液、蛋皮等杂物，若出现打蛋、漏蛋液等情况必须使用次氯酸钠溶液对地面蛋液进行清理消毒。

9. 出雏　种蛋孵化 28 天后，鸭苗已发育良好，进行出雏作业。出雏长条筐清洗完毕后使用配比为 50 千克水：150 毫升的稀戊二醛或者场洁消毒液等进行喷洒消毒；可视情况使用配比为 300克：600 毫升的高锰酸钾和甲醛进行熏蒸消毒。出雏十字框清洗后按照每小时加 350 毫升的稀戊二醛药液频率进行清洗。每天工作完成下班后，由班组工作人员负责用高压水对车间进行清理并使用消毒药对本班组工作区域进行彻底消毒，消毒药每周更换一次。

第二节　蛋鸭饲养管理

一、蛋鸭育雏期饲养管理

1. 育雏舍接养前的准备　进鸭前对鸭舍及周围环境进行彻底消毒，并对料槽、水线消毒清洗后，在日光下晒干备用。外来人员不得进入生产区。饲养员、技术员、管理员进入鸭舍前更换干净的工作服和工作鞋。舍内和水陆运动场至少每周消毒 1 次，每周对鸭舍及周围道路消毒 1 次。鸭场门口设消毒池、消毒间，进厂人员及

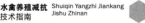

车辆严格消毒，定期更换不同类型消毒液。

无论是地面平养，还是笼养、网养育雏，饲养前 3 天，应将鸭舍地面铺平，堵塞鼠洞，维修好门窗，将鸭舍打扫干净后，用 20％的生石灰水溶液消毒。准备好育雏的相关设备，如加热设备、加湿设备、饮水器、塑料布等，并用 2％的烧碱消毒后备用。鸭苗到达前 3 个小时将棚内升温加湿，温度升至 31～33℃，相对湿度保持在 70％左右。棚内设温湿度计，随时观察棚内温度，温湿度计的感应头与雏鸭养殖位置等高。有效的环境安全控制和良好的温湿度环境条件可以减少抗生素的使用，并提高育雏成活率。

地面平养育雏时，在地面铺一层垫料，防止鸭腹部受凉。目前减抗养殖过程更建议采用笼养或网养模式育雏，雏鸭不直接接触粪便，不但有利于疾病的防控，也便于粪便处理和生物安全防控。

2. 进雏与鉴别雌雄　雏鸭接雏与运输参考商品肉鸭接雏与运输方法。建议采用捏肛法鉴别雏鸭性别，不建议采用翻肛法。捏肛法的具体操作为用左手托住小鸭，以拇指与食指轻轻夹住鸭颈，再用右手拇指与食指，轻轻按捏肛门处，前后稍搓揉，如有芝麻大小的突起即为公雏鸭，扁平无突起就是母雏鸭。选择脐环愈合良好、体质健壮、活泼好动、眼睛鼓且有神、无血迹与痂块、大小均匀的雏鸭进行饲养，有助于提高育雏成活率。

3. 育雏期饲养管理技术

（1）开水与开食　"开水"又被称为"试水""点水""放水""开饮"，是指雏鸭第一次饮水。注意一定要先开水后开食，否则容易引起雏鸭死亡。具体方法为在饮水中添加 3％～4％的葡萄糖，开食前饮水中葡萄糖换成电解多维，再进行开食。

在雏鸭开饮后 3～4 小时再进行开食，开食又称"教口"，即第 1 次喂料。前两遍料要用添加了电解多维的水湿拌，湿拌程度为手握成团，稍捏即碎。因孵化场与饲养场距离不同，如果运输距离较近，雏鸭在出壳后 24 小时内尽量减少喂食，以利吸收腹内卵黄。

若雏鸭已干毛、打转，有三分之一小鸭伸长头颈，形似觅食状，即可开水开食。

(2) 饲喂方法　雏鸭开食时应耐心，根据饲喂雏鸭数量在塑料布上撒一定量的饲料，尽量让小鸭自由采食。饲喂次数为1～7日龄，每天喂6次，白天4次，晚上2次；8～21日龄，每天5次；22～28日龄，可再减少次数。饲喂时应分批分群，以每群250只为宜。饲喂原则是由精到粗，由熟到生，由软到硬，由少到多，做到定量、定质、少餐多喂，以免浪费。育雏期饲料添加量参照饲养品种说明，不要喂料过多，也要注意防止喂料过少。

(3) 温度与通风　雏鸭在育雏期要密切关注育雏舍温度。1日龄雏鸭，所需育雏舍温度约为32℃；2～7日龄，所需舍温为31～28℃；8～14日龄，所需舍温为28～25℃；15日龄以后舍温保持在25～20℃即可。舍内温度尽量维持均匀，应观察雏鸭的精神状态并结合外界气温变化"看鸭施温"。如果雏鸭食欲良好，羽毛光滑整齐，均匀散布，走路昂首挺胸，活动自如，说明温度适宜；育雏温度低时，雏鸭出现缩头缩颈、不活泼、羽毛竖立、易扎堆、腹泻等表现，要特别注意阴雨天及夜间的保温工作；育雏温度高时，雏鸭张口喘气散热。

育雏过程还要注意通风，通风对养殖效益起到至关重要的作用，可改善棚内空气质量，减少氨气味道，防止鸭子感染疾病。通风都要坚持先横向通风再纵向通风、通风时由上往下逐渐扩大通风口的原则，避免贼风进入棚舍，不能从底部往上通风。进鸭苗前三天以保温为主，通风为辅。夏季育雏第一天就可以通风，尤其是白天温度高，可通过通风降低温度；春、秋、冬季均应在保证温度的前提下通风。3日龄以后在保证温度的前提下尽可能扩大通风，通风时间以白天为主，早晨早通风逐渐扩大通风口，下午逐渐缩小通风口，以横向通风为主。

(4) 饲养密度与光照　饲养密度为：1～7日龄的雏鸭，25～

30 只/米²；8～14 日龄雏鸭，20～25 只/米²；15～28 日龄雏鸭，15～20 只/米²。根据以上要求及时分群，加强分群管理。光照条件为：1～3 日龄雏鸭，每天 24 小时；4～7 日龄雏鸭，每天 23 小时；8 日龄以后，每天减少 1 小时直至自然光照。光照亮度可低些，兼有防鼠兽侵害的作用。

二、蛋鸭育成期饲养管理

蛋鸭育成期一般是指蛋鸭 5～18 周龄的青年鸭时期。育成期蛋鸭具有体重增长快、合群性强、羽毛生长迅速、性器官发育快、适应能力强等特点。因此，根据青年鸭生理特点加强育成期饲养管理，可培育出优质的青年鸭。优质的青年鸭产蛋后期生产性能好，产蛋高峰持续时间长，而且体质好，抗病性强。

（一）育成期的营养需要与饲料更换

当育雏结束时，雏鸭的体重达标，可以将育雏料更换为青年鸭料。饲料更换时，须逐渐增加青年鸭料添加量，每天增加 20％左右，适应期一般为 5～7 天。饲料可以使用全价配合饲料，1 天饲喂 2 次，也可使用混合均匀的粉料，用水拌湿，然后将饲料分撒在塑料盆内或塑料布上，分批将鸭赶入进食。育成期要防止鸭过于肥大，为了不影响后期产蛋性能和种用性能，育成期应限制饲喂。限饲有饲料限质、饲料限量和饲喂限时 3 种方法，一般从 28 日龄开始，至 70～80 日龄结束。

育成期蛋鸭营养要求低，需要充分锻炼。为了使蛋鸭长好骨架，避免长得过肥，一般育成期蛋鸭饲粮能量水平为 10～11.5 兆焦/千克；蛋白质水平 15％～18.5％，宜低不宜高；钙 0.8％～1％，磷 0.35％～0.50％。舍饲的鸭群饲料以玉米、豆粕和糠麸等为主，可在饲料中添加5％的沙砾，以增强肠胃功能，提高消化能力，亦可用20％～30％的青绿饲料代替精料和维生素添加剂。

（二）育成期饲养管理技术

1. 温度与湿度　育成蛋鸭对热应激比较敏感，一般不用增加取暖设备，其身体发出的热量足够维持舍内温度，但育成初期的蛋鸭应注意保暖。舍内湿度必须适宜，不宜过高。尽管鸭是水禽，具有喜水性，但舍内、运动场环境宜干不宜湿，舍内湿度过大易导致病原微生物增殖，继而引发相关消化道疾病；天气寒冷时，如果湿度过大，地面过凉，也容易发生关节炎等疾病。

2. 光照　光照对育成期蛋鸭的性成熟、采食、饮水及其生活都有影响，尤其是对育成期蛋鸭的性腺发育影响最大。育成期光照过强或光照时间过长都会刺激蛋鸭性器官的发育，使蛋鸭开产日龄提前，而过早开产容易引起早衰、蛋型偏小、鸭群产蛋高峰的产蛋率不高或达不到高峰、产蛋高峰持续时间短等；过早开产的蛋鸭体重通常不达标，体重过小的蛋鸭，在产蛋期间死亡率很高。而采光时间过短或者光照强度不够，会导致开产日龄延迟，使蛋鸭产蛋期缩短、产蛋率降低。因此，育成期蛋鸭必须适当控制光照时间，保证蛋鸭在产蛋期适时开产。密闭舍光照时间应为14～16小时/天，舍内照具保证白炽灯15瓦/米² 为宜。

3. 饲养密度　青年鸭饲养密度一般以14只/米² 左右为宜，一个群体400～500只。密度过大或群体规模过大，会使蛋鸭发育不完全，均匀度差，死亡率偏高。密度过小或群体规模过小，不但浪费场地资源，也影响工作人员的劳动效率。

4. 定期称重　育成期尽量定期称重，尽量每两周抽测一次，确定饲养青年鸭群体的均匀度和体重指标，并对照生产手册调整饲养方式，避免青年鸭体重过重或过轻，影响后期产蛋性能。也可适当地对体重过重、过轻的青年鸭分群，调整极端群体的饲料饲喂量，对青年鸭体重进行调节，以满足品种规定的时间节点的青年鸭体重标准，及时淘汰病鸭和"僵尸"鸭。

三、产蛋期蛋鸭饲养管理

蛋鸭的传统养殖主要采用圈养、散养、塘边（河边）放养等方式，养殖方式粗放，集约化程度低，存在养殖区域受限、生物安全没有保障、生产管理低效、污染环境等问题。为了有效提高养殖效率、降低生物安全风险、减少养殖污染，蛋鸭新型养殖模式越来越受到重视，包括笼养、网养、半网半旱等养殖模式逐渐在生产中被采用，不但为蛋鸭绿色养殖开辟了一条新的途径，也促进了蛋鸭及相关产业的发展，具有极其重要的意义，下文中，我们结合典型新型养殖模式的案例介绍产蛋期蛋鸭的饲养管理。

（一）蛋鸭立体笼养模式

近年来，湖北神丹等企业采用蛋鸭立体笼养模式进行产蛋鸭的饲养，该方式设施化、集约化程度高优势明显。

1. 蛋鸭笼养的优势

（1）提高单位面积鸭舍利用效率和劳动生产率　笼养可分为阶梯式笼养和叠层式笼养。蛋鸭饲养不需要运动场和水面，笼具为多列式，每列3～5层，蛋鸭笼养占地面积小，并可以充分利用空间，单位面积鸭舍的饲养量较地面平养大幅度增加，提高了鸭舍的利用效率和饲养管理效率。由于简化了饲养管理操作程序，通过设施化设备进行清粪和喂料、喂水，极大地降低了劳动强度，有效地提高了劳动生产效率，每个饲养员管理鸭子的数量可增加2～3倍。

（2）有利于疫病的预防和控制　笼养蛋鸭的生产过程在鸭舍内

进行，避免了与外界环境的直接接触，有效降低了生产期间与外界环境病原微生物接触感染的机会，尤其与某些飞禽候鸟携带的传染源隔绝，降低了疫病（如禽流感）传播风险；笼养鸭由于活动空间固定，免疫可集中进行，既可避免惊群，也可避免漏免现象的发生，减少免疫应激；蛋鸭笼养可避免饮水器、食槽被粪便污染，减少传染病的发生，即使存在个别发病的蛋鸭也能够及时发现并得到有效治疗或淘汰，可有效降低大群感染疫病的风险。

（3）提高饲养经济效益 笼养蛋鸭由于不易发生抢食现象，采食相对均匀，使鸭群体重均匀、开产整齐，又因活动范围小，减少了运动量和体力消耗，而降低了饲料消耗。并且，笼养鸭个体健康和生产性能状况信息能得到及时反馈，有利于淘汰不良个体，使鸭群产蛋率大幅度提高。

（4）有利于环境保护和清洁生产 传统平养方式由于缺乏严格的管理和社会行为的约束，加上集中处理废弃物的能力较弱，导致单位面积养殖废弃物的承载量过大，加剧环境污染。在笼养过程中，由于鸭子处于相对封闭环境，笼养所排放的废弃物限于养殖场区，可通过传送带或刮粪板收集，收集后可进行无害化处理和资源化利用，有效减少对环境造成的污染或危害，同时由于鸭粪的转出，鸭舍小环境中粪便少，蚊虫滋生有限，鸭舍小环境条件较平养、网养鸭舍好。此外，蛋鸭笼养有利于实现清洁生产，减少蛋品污染和破损率。笼养蛋鸭刚产下的鸭蛋，受重力作用沿笼子底网的倾斜角滚到集蛋槽中，与鸭子不直接接触，避免了鸭子踩踏造成的蛋品破损，且鸭笼底部与鸭蛋直接接触面比较干净，鸭蛋污染程度低，能较完整地保存蛋壳表面的胶护膜，有利于延长鸭蛋的保鲜和保质期，改善鸭蛋外观，同时减少蛋制品加工过程中的洗蛋时间，增强鸭蛋的市场竞争力。

2. 鸭笼构造 目前设施化养殖鸭笼可用铁丝网构建成铁笼，由专门的笼具生产企业进行生产，生产的鸭笼通常为"H"型（层叠式）笼，也有部分企业采用"A"型（阶梯式）笼（图3.4）。每组鸭笼前高38厘米，后高32厘米，长195厘米，宽42厘米。"H"型笼料槽安装在前面，水槽安装在后面，水槽下方安装有盛水线，底板片顺势向外延伸20厘米为集蛋槽，笼底面离地45~50厘米，坡角为15°，使鸭蛋能顺利滚入集蛋槽，每层鸭笼下方安装一条卷粪带，以实现自动清粪。"A"型笼一般为三层，笼体结构上下笼要注意错开，底层和中层笼上应放置承粪板，防止上层鸭粪喷至下层鸭子身上。每笼饲养成鸭1~3只（建议2只），每笼配自动饮水乳头1个，建议放在笼体上方，靠近隔网侧。

图3.4　蛋鸭笼养设施

3. 笼养蛋鸭产蛋期的饲养管理

（1）上笼　青年鸭于75~80日龄上笼饲养，根据笼具尺寸放鸭，上述笼具每个笼位放2只鸭子最好，既避免了鸭子之间打架，又提高了笼具使用率。上笼时，选择晴好天气的白天进行。刚上笼时鸭表现得很不安宁，会惊群，此时要保持环境安静，减少其他人员出入，及时将逃逸的鸭子归位。

（2）吃料与饮水的调教　蛋鸭上笼前在地面或网床育雏时，最好提前训练其使用乳头饮水，避免鸭子上笼后不会通过乳头饮水器饮水。如果前期未采用乳头饮水，要强制对鸭子进行饮水训练。饲料通过播种式喂料机进行饲喂，开始几天每天少量多餐，笼养的适应期一般需要2周左右，等上笼鸭恢复采食、体重正常后每天进行固定投料。

（3）体重控制　上笼后，根据鸭子的体重将全群鸭进行大致的分组，体重偏小组的投料量适当增加，这样可以改善整个鸭群的均匀度，使开产均匀，并缩短到达高峰期的时间间隔。这也是笼养的优点之一，圈养不可能采用这样的技术措施。

（4）光照　开始以自然光照为主，夜间在舍内留有弱光，使鸭群处于安静状态。产蛋期早晚要进行人工补光。光照以每 20 米² 配备一只 25 瓦白炽灯为宜，调整灯泡的高度，尽量使室内采光均匀。补光以每周 15 分钟的方式渐进增加，直到延长到每天 15～16 小时为止，并固定下来。

（5）舍内卫生　在青年鸭期，按免疫程序要求进行疫苗注射，上笼蛋鸭尽量减少注射免疫，可采用饮水免疫方式进行免疫。每天观察鸭群的采食、饮水、粪便情况及精神状态，发现异常及时治疗与隔离。每周进行一次环境与空气消毒。定期在饲料或饮水中添加复合多维，提高鸭群免疫力。每日定时清粪，隔日清扫鸭舍卫生。

（6）通风换气　夏天时利用通风设备与风机水帘，可有效降低舍内温度。蛋鸭产蛋的最佳温度为 15～25℃，通过风机水帘可有效降低舍内温度。冬天在通风换气过程中，为避免冷风的直接吹入，可通过缩短换气时间，减少换气量，保证舍内温度；或通过减少强制通风，通过侧向通风进行换气，以舍内空气不过于浑浊为原则，换气尽量选择在气温较高时段进行。

（7）饲料　蛋鸭笼养后因失去了觅食外源物质的机会，因此要特别注意饲粮的营养全面与均衡，微量元素与维生素的添加量要比圈养方式适当提高，以提高机体的健康水平，确保蛋鸭的高产需要。在饲料中适当添加石粉，提高鸭的消化能力。与圈养相比，在饲料能量指标上，可适当调低。随气温变化投料量也应进行调整，冬天气温每下降 1℃，增加投料 2 克/只。饲料原料须保证新鲜与卫生，避免使用霉变原料。笼养蛋鸭比平养蛋鸭更早达到产蛋高峰期。在笼养蛋鸭的饲养过程中，如饲料配比不当，会出现一定数量的软壳蛋和薄壳蛋，在产蛋进入高峰期前尤为突出，因此在产蛋高峰期应对笼养鸭进行钙和维生素 D 的补充，钙料最好用蛋壳粉，次之用贝壳粉、骨粉；补饲时间在下午至夜间熄灯前均可；补饲数量根据软壳蛋及薄壳蛋所占的比例而定，一般补饲至软壳蛋和薄壳蛋基本消失为合适，并以每 100 只鸭每次补充量 0.5 千克为宜。

（8）捡蛋 鸭子的产蛋时间多集中在夜间，所以尽量在早上进行捡蛋，以提高蛋品洁净度，白天也须定时对零星蛋进行收集，尽量减少破蛋的发生。目前设施化集蛋设备的使用能够提高集蛋效率并降低破损率，但为了提高蛋品出场新鲜度和清洁度，也建议生产场户尽量在上午进行集蛋、装箱（筐）。

（9）高峰期喂料 根据蛋鸭产蛋情况和品种特点，在蛋鸭产蛋达到高峰期前 3 周开始，投料可适当增加。最后一次喂料应尽量往后推迟，最好是在晚 8 点以后，这对产蛋率与蛋重的提高很有帮助。

（10）适时巡笼 每天早晨巡笼一次，巡笼是要挑出死亡的鸭子；观察料槽中的余料情况，确保料线中无沉积余料、无湿料；观察水线漏水渗水情况，及时更换漏水水线；观察料线出料口情况，避免出料口被异物堵塞，影响饲料投放。此外，还要注意并笼和其他问题。

（二）蛋鸭网上养殖饲养管理

室内网上养殖技术包括半网半地面和全网上养殖两种方式，主要采用封闭栏舍，全程无水网床圈养，蛋鸭完全脱离水体，在网床上活动、饮水、采食（图 3.5）。一个养殖周期结束后，养殖户可以将网床下的蛋鸭粪便收集起来制作有机肥，进行无害化利用，增加额外收入。

图 3.5　蛋鸭全封闭旱养模式

1. 网上养殖蛋鸭的优点　室内网上平养技术不受季节、气候、生态环境的影响，一年四季均可饲养，网上平养使鸭群与粪污隔离，同时鸭舍内通风、卫生等条件较好，可减少鸭群病菌的感染机会，有利于增强鸭群体质，提高产蛋率和蛋的品质，实现离岸养殖，避免对水环境造成污染，最终达到既环保又增效的目的。

2. 鸭舍的建立与卫生防疫　鸭舍坐北向南，檐高要求在 3.0 米以上，宽度不超过 15 米，长度不超过 100 米；墙体及天面使用保温隔热材料，保证鸭舍内冬暖夏凉；鸭舍窗户 1.5 米×1.8 米，分上下 2 层，离地 0.6～0.8 米高，保证通风换气及光照；天面做好防水处理；鸭舍配备风机、水帘系统，夏天使用水帘降温；鸭舍内按照产蛋区与活动区 1∶3 比例分开，产蛋区用干稻草、谷壳或锯末等铺垫，安放配套数量的产蛋箱，活动区安装网床，网床离地面高度在 0.5 米以上，网下地面硬化，配备刮粪机或者定期出粪；料槽安放在网床区，料槽底下安放向四周延伸出 50 厘米宽的塑料底盘，防止饲料浪费；饮水线安装在活动区靠运动场墙面方向，饮水区网下地面用密封水泥墙与室内落粪区隔开，饮水漏下的污水直接导出鸭舍外处理；饮水线采用乳头饮水器或者普拉松饮水器；运动场面积与鸭舍相等或者略大，地面水泥硬化或者铺设红砖块，运动场地面应有一定坡度，便于雨水排出，运动场上可种植速生阔叶树种绿化，保证冬暖夏凉；夏天在运动场上搭建凉棚，遮阳防雨；运动场外配备大小为鸭舍面积20%的人工水池，池水深度在30～50厘米，配备可以更换的水源。

3. 网上养殖蛋鸭的饲养管理

(1) 营养与饲料　产蛋期间管理，从产蛋初期开始，随日龄增加饲料营养，提高粗蛋白水平，并适当增加饲喂餐数。从鸭群产蛋率达到50%起应供给蛋鸭高峰期配合饲料。应掌握饲料过渡时间，一般以5天为宜，并在换料的同时进行人工补光。每只鸭日采食量控制在150～170克，自由饮水，保证清洁卫生。

(2) 温度与湿度　做好夏季防暑降温，冬季防寒保暖。室内相对湿度为60%～65%。根据蛋鸭品种确定饲养密度，一般情况下饲养密度为4～6只/米²，夏季可适当降低饲养密度；喂食、捡蛋等日常管理应保持稳定。高温季节打开风机、水帘来通风换气、降温除湿。

(3) 光照　光照为自然光照＋人工补充光照。光照时间应逐渐增加，且不少于14小时，人工光照每次增加1小时，每7天增加1次，直到每天光照达到16小时，稳定光照时间。鸭舍通宵弱光照明，弱光强度为3～5勒克斯。弱光灯挂在饮水线附近，便于饮水及鸭群休息，防止鸭子惊群。

(4) 消毒与治疗　产蛋期做好消毒防疫和禽流感免疫抗体监测，及时淘汰停产鸭、低产鸭和残次鸭。春夏秋冬每季节各驱虫1次，使用阿维菌素或者伊维菌素一次性投服。

(5) 观察与记录　产蛋前期注意观察产蛋率、蛋重和体重变化情况，及时调整饲料营养水平，使鸭子体重保持不变或稍有增加，促进产蛋率快速升到高峰、蛋重达到标准。产蛋中期保证营养充足全面供应，体重要保持不变。

（6）技术要点

①鸭舍为全封闭式，屋顶墙壁采用特殊材料处理，具有良好的保温隔热性能，鸭舍两边墙体安装足够数量的大面积铝合金或者塑料窗户，保证鸭舍有良好的采光和通风。宜采用自动喂料系统、刮粪和饮水系统及通风降温系统等自动化饲养管理设备。

②舍内纵向分隔为"活动区"和"产蛋区"，两个区之间设有开闭通道；横向每隔 10～20 米设立隔断，每个养殖区面积为 100～150 米²。活动区架设养殖网床，塑料漏缝地板、塑料网或者金属网均可，高度为 60～80 厘米；一般采用硬质塑料漏缝地板，强度高，耐用，拆装方便。产蛋区高度比活动区低 15～20 厘米，宽度为 50～80 厘米，铺垫 10～15 厘米厚稻草或者稻壳，方便蛋鸭做窝。

③粪便收集和处理。安装自动刮粪设备，每天刮粪 1 次，并清理到粪便处理区进行堆肥或者制成有机肥。

④饲喂和温度控制。安装自动喂料系统和喷雾消毒系统，配备自动控制水位水槽。在鸭舍两端山墙安装足够数量的风机和湿帘，以满足高温季节降温通风的需要。

⑤后备蛋鸭饲养至 70～90 日龄，即可入舍饲养，密度为 4～5只/米²。每天晚上 21：00—22：00 打开进入产蛋区通道，早晨5：00—6：00 关闭，目的是限制蛋鸭在产蛋区的停留时间，保证产蛋区的干燥和清洁卫生。饲养过程中，要注意减少应激，并在饲料中适当强化维生素 D 和钙。

（7）注意事项　①选择适宜网上养殖的优质鸭品种。②饲喂优质全价饲料。饲料是养鸭的物质基础，投喂优质的饲料是保证鸭体重达标的前提。饲料品质好坏主要取决于饲料配方的科学性和营养水平、饲料原料的品质、饲料工业生产工艺等。饲喂方式采取自由采食。③加强鸭群管理。要减少应激，尽量避免鸭发病。在饲养过程中尽量减少人员出入，非饲养人员不能进入鸭舍。选择塑网时一定要选择网孔较小而且表面光滑的网，以免鸭腿被卡在网孔内受伤。管理上要实行定人、定时、定饲料，平时做好常规的卫生防疫工作。

四、蛋种鸭饲养管理与繁殖

蛋种鸭育雏、育成期饲养管理参考本节中"蛋鸭育雏期饲养管理"和"蛋鸭育成期饲养管理"的相关部分内容。

（一）产蛋前期饲养管理

1. 料箱使用 18周龄后蛋鸭开始见蛋，采食方式逐渐转变为定量、定时采食，通过使用料箱，逐渐调整鸭的采食习惯。保证鸭子在规定自由采食时间内自由采食。注意防止粉末饲料堆积发霉变质，同时确定该日的平均料量。

2. 蛋窝 在蛋鸭19周龄时安放蛋窝，平均6只母鸭一个蛋窝，沿栏圈周边安放，蛋窝统一摆放，不得随意改变位置。摆好后，在产蛋窝中根据情况铺5～10厘米厚的稻壳，大概2周左右时间更换一次蛋窝，减少窝外蛋，减少暗纹的产生，获取更多的合格蛋。

3. 换料 从产蛋高峰前3周（约20周龄）开始更换产蛋期料，每天换1/4，转换时间为4天，换料期间连续4天饮用抗应激添加剂、电解质多维素，减少换料引起的应激。

4. 混群 21周龄时进行公母混群，混群前2天开始饮用营养添加剂，减少应激，连用5天。种公鸭选择标准：眼睛明亮有神，背直而宽，胸腹宽略扁平，两翅不翻，羽毛光洁整齐，性羽明显，雄壮稳健，配种能力强。种母鸭选择标准：头颈较细，背短而宽，腿短而粗，两翅下翻，羽毛光洁，腹部丰满下垂而不触地，耻骨间隙在 3 指以上，繁殖力强。依据鸭舍面积确定每栏鸭子数，鸭群公母配比为 1：15。

（二）产蛋期饲养管理

抓好日常的饲养管理是鸭群高产、稳产的重要保证，更是鸭群高产性能发挥的重要保证。

1. 种蛋的收集、挑选、熏蒸和运输保存　参考肉鸭种蛋管理要求。

2. 喂料和饮水　参考蛋鸭产蛋期喂料饮水管理要求。

3. 光照　维持 17 小时（4：00—21：00）光照不变。

4. 选择淘汰

（1）主要根据生理性状和羽毛脱换情况进行选择淘汰。

（2）淘汰病弱、停产换羽的母鸭，并及时淘汰掉鞭、体质差、瘸腿、病弱和多余的公鸭。

（3）指导性公母配比为 1：15。

第三节　鹅饲养管理

一、鹅育雏期饲养管理

1. 雏鹅的特点　出壳至 28 日龄的饲养管理阶段称育雏期。育雏期雏鹅生长发育快，新陈代谢旺盛，一般中小型鹅初生重为 80～100 克，大型鹅初生重在 120 克左右，到 4 周龄（28 日龄）时体重可增加近 10 倍。但雏鹅消化道容积小，肌胃收缩力弱，消化道中

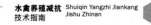

蛋白酶、淀粉酶等消化酶类数量少、活性低，消化能力不强。雏鹅绒毛稀少，体温调节机能尚未完善，对外界温度的变化适应力弱，特别是对低温、高温和剧变温度的抵抗力很差。雏鹅免疫机能不全，对疾病的抵抗力也较差。此外，在生长过程中，性别对生长速度影响较大，一般公雏比母雏快5%～25%。根据雏鹅的生理特点，育雏阶段饲养管理特别重要，它直接影响雏鹅的生长发育和成活率，继而影响到育成鹅的生长发育和种鹅阶段的生产性能。

2. 育雏前的准备

（1）育雏室及用具　规模养鹅必须要有育雏室，育雏室要求光线充足，保温通风良好，并要求干燥，便于消毒清洗。育雏前2～3天清扫育雏室后进行消毒，消毒方法是用消毒药喷洒、涂刷或熏蒸。饲料盆（槽）、饮水器等用具清洗后用消毒药喷洒或洗涤，然后清水冲洗干净；垫料（草）等清洁、干燥、无霉变，在使用前在阳光下曝晒1～2天。育雏前还要做好保温、育雏饲料、常用药物等准备工作，并考虑到育雏结束后的育成计划和准备。进雏前对育雏室要进行预温，一般冬季和北方地区要预温至28～30℃，南方春秋季节预温至26～28℃。

（2）雏鹅的挑选　要求选择的雏鹅外形符合品种要求，鹅雏要健壮，举止活泼，眼大有神，反应灵敏，卵黄吸收和脐带收缩良好，毛干后能站稳，绒毛鲜艳光洁，挣扎迅速有力。对有腹部大、血脐、大肚脐等弱雏与歪头、跛脚等发育异常的雏鹅要坚决淘汰。

（3）运输　雏鹅运输温度保持在25～30℃，运输车上覆被盖，天冷时用棉毯，但要留有通气口，运输过程中要经常检查雏鹅动态，防止打堆或过热引起"出汗"（绒毛发潮）。

3. 育雏方式　育雏方式主要有垫料（草）地面平养、网上平养和笼养。也可采用地面平养与网上或笼养结合方式饲养，雏鹅饲养至1～3周龄转入地面平养。垫料平养要保证垫料干燥清洁，垫料厚度以秋春季节7~10厘米、冬季13~17厘米为宜。网上平养可防止鹅栏潮湿，但保温要求高。笼养是大规模育雏的最佳方法，节约育雏室、劳动力，育雏效果好。

（1）放牧　有放牧条件的，一般在21日龄时雏鹅可以放牧（北方早春应推迟到28日龄），如夏天10日龄左右就能放牧。放牧鹅群要健康活泼，放牧要求先近后远，放牧场地平坦，嫩草丰富，环境安静。放牧时应做到迟放早归，放牧时间由短到长，刚开始放牧时，放牧时间在半小时左右。放牧群体以300~600只鹅为宜。一般放牧时，可让雏鹅下水运动，但时间不宜过长。放牧后，白天饲料饲喂次数和数量可逐渐减少，至育雏后期只需晚上补饲。

（2）笼养　饲养规模大的可以把笼养分2个阶段，第1阶段为育雏前期1~2周龄，育雏笼的大小以60厘米×（80~100）厘米为宜，笼高度为30~40厘米，每笼10~20只雏鹅；第2阶段为3~4周龄，第2阶段笼的面积扩大60%~100%，笼高增加至50厘米，因部分鹅种（如浙东白鹅）生长速度较快，体重增大，14日龄后每笼养6~8只雏鹅，并加大笼底网的强度。为便于捕捉，笼的正面要做成可开合笼门，因鹅的跳跃能力较差，四周围栏高度可在适当范围内降低。笼底用1.5厘米×1.5厘米或1.2厘米×6.0厘米网眼的铁丝或塑料网，在雏鹅1~3日龄时最好能在网上放一层薄的稻草，增加柔软感和防止鹅掌卡在网眼中。笼下设承粪板，笼的两边分设饮水槽和喂料槽，槽口离笼底高度根据鹅体大小调节。雏鹅3周龄后，个体较大，应及时下笼饲养，以防雏鹅因活动少而发生软脚病等。初下笼雏鹅的平地活动量要由小到大，不可立即外出放牧。

4. 育雏管理

（1）"开水"、开食　"开水"或称"潮口"，即雏鹅第一次饮水，一般雏鹅出壳后24~36小时，在育雏室内有2/3雏鹅要吃食时应进行"开水"。饮水的水温以20~25℃为宜，饮水中可用

水禽养殖减抗
技术指南
Shuiqin Yangzhi Jiankang
Jishu Zhinan

0.05％高锰酸钾或5％～10％葡萄糖水和含适量复合B族维生素液的水，"开水"方法可轻轻将雏鹅头在饮水中一按，让其饮水即可。"开水"后即可开食，开食料用雏鹅配合饲料或颗粒饲料加上切细的青绿饲料混合制成。

（2）保温　雏鹅保温随育雏季节、气候不同而不同，需人工保温，一般育雏温度在雏鹅1～5日龄为27～30℃，6～10日龄为25～26℃，11～15日龄为22～24℃，16～28日龄为18～22℃。推荐的温度是对一般情况下的要求，温度与湿度、通风量有很大关系，如果育雏室湿度较低，温度也可低些，雏鹅健康状况不好时温度则应该高些。检测温度计应挂在离地面15～20厘米的墙壁上，根据育雏室大小确定温度计的悬挂数量。温度掌握原则：小群略高，大群略低；弱雏略高，强雏略低；冷天略加高，热天略降低；夜间略高，白天略低；昼夜温差不超过2℃。要根据雏鹅表现，确定温度是否适宜，如雏鹅均匀分布，活泼好动，则比较适宜；雏鹅集中在热源处拥挤成堆，背部绒羽潮湿（俗称"拔油毛"），并发出低微而长的鸣叫声，说明育雏温度偏低，应及时加温；雏鹅远离热源、躁动不安，大量饮水，食欲下降，则表明温度过高，应降温。保温热源可用热风炉、坑道、管道热水（蒸汽）、炉子或红外线灯等电热源，炉子保温要防止一氧化碳中毒。

（3）控湿　湿度与温度同样对雏鹅健康有很大的影响，而且两者是共同起作用的。鹅虽是水禽，但育雏期要求干燥，相对湿度应保持在60％～70％，低温高湿的环境会使雏鹅体热散发得很快，觉得更冷，致使雏鹅抵抗力下降而引起打堆、感冒、拉稀等表现，造成僵鹅、残次鹅和死亡数增加，这往往又是一些疫病发生流行的诱导因素。高温高湿的环境则使雏鹅的体热难以散发，导致食欲下降，并容易引起病原菌的大量增殖，雏鹅发病率上升。在保温的同时，一定要注意空气流通，以及时排出育雏室内的有害气体和水汽。为防止育雏室过湿，一般要求经常添加或更换垫料，喂水切忌外溢，加强通风干燥，还可用生石灰吸湿。

（4）分群　随着雏鹅的长大，要及时进行分群（分栏），一般要求育雏密度 1～5 日龄为 20～25 只/米²，6～10 日龄为 15～20 只/米²，11～15 日龄为 12～15 只/米²，16～20 日龄为 8～12 只/米²，20～28 日龄为 5～8 只/米²，小型品种鹅的饲养密度还可视鹅的活动情况适当增加。分群应根据雏鹅的大小、强弱进行，小规模养殖以每群（栏）25～30 只为宜，较大规模的应在每群 200 只以下。有条件的要进行雏鹅雌雄鉴别，公母分开育雏。为提高鹅群的整齐度，要加强弱群、小群的饲养管理。

二、鹅育成期饲养管理

1. 育成鹅特点　育成期是指 4 周龄以上到育肥出栏（上市）或种鹅产蛋前阶段，育成鹅的觅食力、消化力、抗病力大大提高，对外界环境的适应力很强，是肌肉、骨骼和羽毛迅速生长的阶段，此阶段鹅的绝对生长速度成倍高于育雏期。育成期鹅的食量大，耐粗饲，在管理上一般可以放牧为主，同时适当补饲一些精饲料，满足其高速生长的需求。但随着规模化养殖的发展和放牧条件的限制，舍饲方式是未来的主要发展方向。为提高养鹅效益，应有合理的青绿饲料种植计划，并根据育成期耐粗饲特点，要充分利用当地价廉物美的粗饲料，以降低养殖成本。就养鹅而言，全精饲料饲养是不可取的，因为这样违背了鹅的消化生理特点，既浪费精饲料，又增加生产成本，还影响鹅产品品质。育成期鹅的生长发育好坏，与出栏肉鹅的体重、品质以及作为后备种鹅的后续产蛋性能发挥有着密切的关系。因此，育成期鹅的饲养管理虽比育雏鹅简单，但仍十分重要。

2. 育成方式　育成鹅的饲养方式根据品种、规模、季节等确

水禽养殖减抗　Shuiqin Yangzhi Jiankang
技术指南　Jishu Zhinan

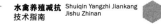

定，一般可分为放牧、半放牧和舍饲三种。对于周边放牧场地充裕或饲养规模较小的养殖场，可采用放牧方式，饲养成本低、经济效益好；同时，放牧可使鹅得到充分运动，能增强体质，提高抗病力。对于放牧条件限制大、具有一定饲养规模的养殖场，可采用半放牧方式，如结合种草养鹅，也能获得较高的经济效益。对于无放牧条件或生产规模大的养殖场，采用舍饲方式，利用周边土地人工种植牧草，并按饲养规模确定种草面积、牧草品种和播种季节，做到常年供应鲜草，这种方式不受放牧场地和饲养季节等的限制，并能减少放牧时人员的劳动强度；同时，舍饲的饲养规模大，劳动力、土地利用率高，是现代化规模养鹅的主要途径。

（1）放牧　对放牧鹅，在放牧初期，一般上下午各一次，中午赶回鹅舍休息；天热时，上午要早放早归，下午晚放晚归，中午在凉棚或树荫下休息；天冷时，则上午迟放迟归，下午早放早归，随日龄增长，慢慢延长放牧时间，鹅的采食高峰在早晨和傍晚，因此放牧要尽量做到早出晚归，使鹅群能尽量多食青草。放牧场地要有鹅喜食的优良牧草，要有清洁的水源，同时又有树荫或其他荫蔽物，可供鹅遮阴或避雨。鹅的消化吸收能力很强，为保证其生长的营养需要，晚上要补喂饲料，饲料以青绿饲料为主，拌入少量精饲料补充料和糠麸类粗饲料。夜料在饲养员临睡前喂给，以吃饱为度。在放牧过程中要做到"三防"：一防中暑雨淋，热天不能在烈日曝晒下长久放牧，要多饮水，中午在树荫下休息，或者要赶回鹅舍；50日龄以下的鹅，遇雷雨、大雨时不能放牧，应及时赶回鹅舍，因为此时鹅的羽毛尚未长全，易被雨淋湿而产生疾病。二防止惊群，育成鹅对外界比较敏感，放牧时将竹竿高举、雨伞打开等突然动作，都易使鹅群不敢接近，甚至骚动逃离，发生挤压、踩踏，不要让犬及其他兽类突然接近鹅群，以防鹅群受到惊吓。三防中毒，放牧前应该对放牧地进行踏勘，了解是否喷洒过农药（包括除草剂），是否存在有毒植物。此外，放牧时要尽量少走动，不应过多驱赶鹅群，防止归牧时丢失。放牧鹅群一般以 200~500 只为宜，大群的也可在 700~1 500 只，但要有大的放牧场地且放牧人员充裕。

（2）舍饲　对于舍饲的育成鹅，要实行种草养鹅。舍饲时要注意游水塘水的清洁，勤换鹅舍垫料（草），勤清扫运动场。饲料和饮水槽盆数量充足，防止弱的个体吃不到料，影响生长，拉大个体间的体重差异。舍饲的每群育成鹅数量以 100~200 只为宜，大规模可在 300~500 只。有条件的应尽量扩大运动场面积。

3. **育成指标**　育成期饲养管理的好坏，要看鹅的育成率和生长发育情况。一般要求育成率达到 90% 以上，10 周龄体重达到成年体重的 70%，如大型品种的体重达到 5~6 千克，中型品种体重达到 3~4 千克，小型品种体重达到 2.5 千克以上。同时，育成期羽毛生长情况也是十分重要的，要检查鹅是否在品种特性所定的日龄内达到正常的换羽和羽毛生长要求，若鹅在正常出栏日龄时羽毛生长不全或提前换羽，将影响鹅的屠体品质。达不到育成指标的应及时调整饲养管理方式和饲料的配比及结构。

4. **育肥**　肉鹅育成鹅在出栏前 10~15 天（视不同品种，一般在 60~80 日龄）应进行育肥。通过育肥既可加快肉鹅在育成后期的生长速度，又可提高肉鹅的出栏膘情、屠宰率和肉质，是饲养肉鹅经济效益的最后保证。若育肥过迟，鹅的绝对增重下降，并在育肥过程中出现第一次小换羽，影响饲料转化率，屠体质量也会下降；若育肥过早，鹅处于发育阶段，育肥效果差，饲料转化率低，出栏时羽毛还没有长齐。

育肥鹅按大小强弱分群饲养，要限制鹅的活动，实行圈养，用栏高 0.6 米的竹围栏，饲养密度控制在 3~4 只/米^2；或用网架搭离地 50~60 厘米高的棚架，以便清除粪便。食槽和饮水器挂在栏外，围栏留缝让鹅采食饮水。育肥期间控制光照并保证安静，减少对鹅的刺激，让其尽量多休息，使体内脂肪迅速沉淀。要保持场

水禽养殖减抗
技术指南
Shuiqin Yangzhi Jiankang
Jishu Zhinan

地、饲槽和饮水器的清洁卫生，定期消毒，防止疾病发生。

为提高育肥效率，可采用填饲方式，如肉用仔鹅作烤鹅，需积聚皮下脂肪，填饲育肥可提高鹅胚品质，另外鹅肥肝生产、狮头鹅粉肝生产等均需要填饲。填鹅的饲料所含能量要高些，选用玉米、大米等为主，用人工或机械填喂，每天填喂 4～6 次，喂后供足饮水。

5. 后备种鹅管理

（1）选留季节　在 60～70 日龄的育成鹅群中选留后备种鹅。华东地区的选留一般在 3—6 月进行，这时的鹅育成期饲料充裕，生长发育好，至 9—11 月开产，春节前可齐蛋孵化，接上下一个养殖季节；南方地区选留季节还可适当提早 1～2 个月；东北地区则在 9—10 月选留为宜，第二年 5—6 月可生产种蛋，正适合于孵化和肉鹅饲养的季节。

（2）饲养　后备种鹅仍处于生长发育期，为提高其今后的种用价值，必须加强管理，既保证后备种鹅的正常发育，又要防止其性成熟过早，影响成年体重和产蛋能力。为保证其正常的生长发育，不宜过早粗饲。转入限制饲养阶段后，要促进种鹅骨架的继续生长，并控制性成熟期，做到开产时间一致。

（3）管理　后备种鹅先要做好调教合群工作，可采用公母分开或混合饲养方式。对舍饲的鹅群要提供适当的运动场面积，保证其一定的运动量，保持鹅体格的健壮和避免活动不足引起的脂肪沉积，以免影响繁殖性能发挥。限制饲养期间应按免疫程序进行免疫接种和体内外寄生虫的驱除工作。同时，为促使换羽保证今后产蛋一致，在换羽阶段可进行人工拔羽（拔去翼羽和副翼羽）。接近产蛋期时要求种母鹅全身羽毛紧贴、光泽鲜明，尤其是颈羽应光滑紧凑，尾羽和背羽整齐、平伸，后腹下垂，耻骨开张达 3 指以上，肛门平整呈菊花状，行动迟缓，食欲旺盛；公鹅达到品种的成熟体重要求，行动灵活，精力充沛，性欲旺盛。在开产前还应准备好产蛋窝，对新母鹅的产蛋窝内还应放些"样蛋"，以防开产后母鹅到处乱产蛋，造成种蛋污染。

三、鹅产蛋期饲养管理与繁殖

1. 饲养　产蛋期种鹅的饲养是关键，决定种鹅健康状况和产蛋量、种蛋品质。产蛋鹅的饲养一般以舍饲为主，有条件的还可进行适度放牧。判断饲料是否满足产蛋鹅营养需要，一是察看产蛋前种鹅的营养状况，体重过小的比常规补料量要多，体重过大的则要相应减少，尤其是降低日粮的能量含量；二是看种鹅的行为状况，采食欲望较强的，拉出的鹅粪粗大、松软呈条状、表面有光泽，表明营养和消化正常，补料比较合理，若采食欲望不强，则鹅粪细小、发黑、有黏性，表明精饲料补充过多，需要适当减量，并增加鲜草的喂量；三是在产蛋期间观察产蛋情况，若畸形蛋增加、蛋重下降，则说明精饲料不足，营养不平衡，应增加补充料中的蛋白质含量，并注意氨基酸的平衡。对种公鹅在配种期间要喂足精料和青绿饲料，有条件的应单独饲养，并加强种公鹅的运动，防止过肥，保持强健的配种体况。

2. 管理

（1）产蛋管理　产蛋前期在管理上要及时查看产蛋情况，注意产蛋量的上升情况，按繁殖要求确定配种方案，保证种蛋的受精率，对所产种蛋应及时收集、除污、消毒和贮存，若有个别母鹅在产蛋窝外产蛋的，要立即拣走种蛋，并消除窝外产蛋环境。种鹅舍保持清洁、卫生、干燥。产蛋窝垫草要柔软干燥，发现就巢母鹅占窝要随时移出。在上午集中产蛋期间，尽量保持环境安静。

母鹅初产、产蛋高峰或产双黄蛋和泄殖腔损伤等原因会引起脱肛、输卵管阴道部外翻而露出泄殖腔，易引起污染或遭其他鹅啄而感染淘汰，要及时发现，单独饲养，待恢复后归群。

（2）光照控制　除了季节性繁殖（错季繁殖）实行光照控制程序外，常规繁殖的种鹅在临近产蛋时要适当延长光照时间，可刺激母鹅适时开产。种鹅饲养过程中要注重光照控制，以促进产蛋、减少就巢，从10月以后，可在鹅舍（非露天饲养的鹅群）适当开灯补充光照后，再达到基本稳定或逐渐缩短光照时间，最后光照时间的范围为每天12～14小时，这样能提高一定的产蛋率。

（3）就巢管理　对有就巢性的品种，要加强母鹅恋巢期的管理。采取醒巢措施，把就巢母鹅从产蛋窝或就巢窝里移出，放在有水的光线充足处关养，还可进行断水断料（气温高时不可断水），以促进醒巢。另外，可用一些药物促进醒巢，以缩短醒巢时间，使用药物醒巢时，一定要在刚出现就巢时马上进行，否则影响醒巢效果。确认醒巢后，要进行日夜加料，任其吃饱尽快恢复体质，为产下一窝蛋打下基础。

3. 错季繁殖饲养管理

（1）饲养　鹅在传统产蛋年中，在自然光照下有一个休产期。错季繁殖就是通过人工光照调节，使鹅在休产期产蛋。鹅错季繁殖饲养管理措施要与光照处理模式适应。实现错季繁殖要先对母鹅进行长光照处理而使其停产，在接受长光照初时，可能会表现出产蛋率升高的现象，并减少采食量，由于产蛋高而采食量低，会出现软脚问题，甚至完全不采食而死亡。因此这一时期需要喂营养价值高一些的饲料。长光照处理后鹅群开始换羽，在此期间喂休产期饲料，并保证青绿饲料的饲喂。换羽结束至开产阶段，要增加饲料（约为产蛋期的75%左右）。母鹅开产后，应该给予营养价值较高的饲料，提高鹅饲料中的蛋白含量。天气炎热时，应多喂电解多维等抗热应激添加剂。

（2）管理　长光照时最好公母鹅分开管理，并采用不同光照制度。长光照处理后鹅群换羽时，对种鹅进行拔羽（拔去主、副翼羽），保证换羽的一致性，提高高峰期产蛋量。夏季产蛋，要在运动场上架遮阳膜遮阴，同时保持良好通风，降低炎热对产蛋的不良影响。

4. 休蛋期

（1）换羽　鹅每个产蛋年都有休蛋期，一般种鹅在5—6月后开始进入休蛋期。进入休蛋期种鹅群产蛋率和种蛋品质下降，母鹅羽毛逐渐干枯并开始脱落，体重下降；种公鹅生殖器官萎缩、配种能力下降、体重减轻，也出现换羽现象。

当种鹅休蛋并开始换羽时，为便于鹅群的一致性和提早产蛋，可采用强制拔羽的办法，达到统一换羽的目的。拔羽一般先拔主翼羽、副翼羽，后拔尾羽，并可拔去腋下绒羽（绒羽的经济价值较高，可以利用不容忽视）。一般公鹅拔羽要比母鹅提前10～20天，拔羽应在温暖的晴天进行，拔羽前后要加强营养和管理，并在饲料中添加抗生素、抗应激和防出血药物，拔羽后当天不能下水，以防毛孔感染。强制换羽后一般鹅群产蛋整齐，并能提早产蛋，增加产蛋量。

（2）饲养管理　休蛋种鹅可进行放牧，舍饲的以喂青绿饲料为主，适量添加一些糠麸类粗饲料。有条件的在休蛋期可自然放牧，不再补饲。在休蛋期做好整群工作，检查并淘汰不健康或生殖系统异常的种鹅，对体质较弱的种鹅进行单独饲养，有条件的进行公母分开饲养。

四、"鹅草耦合"健康养殖模式

鹅是草食水禽，健康养殖需要牧草，养鹅产生排泄物可进入草地作有机肥，促进牧草生长，养鹅、种草生态系统有互相亲和的趋势。在当前养鹅空间制约、土壤贫瘠化及鹅产品质量安全问题显现

的情况下，实现养鹅与种草两个生态系统耦合，成为新质的较高层次的生态耦合系统，使系统的有序耦合产生放大或抑制作用，具有生态服务功能与提高生产力的价值。

（一）"鹅草耦合"模式的形成背景

低碳耗、高碳汇是现代生态型农牧业的发展趋势。随着规模养殖的发展，养鹅业及关联环节存在的矛盾制约了现代农牧业发展方向，促进了"鹅草耦合"模式的形成。

1. 养鹅业的发展与养殖空间天花板、环境卫生的矛盾　鹅的健康养殖需要一定的活动空间和鲜草供应，目前，水源、土地已不能满足健康养鹅的发展要求，原有传统养殖模式的鲜草、农作物副产品-鹅粪（排泄物）循环系统被规模化养殖的推进和闲置土地减少打破，进入鹅不吃草、鹅产品质量安全堪忧、鹅粪污染环境的窘境。

2. 化肥、农药过度施用等掠夺式经营与耕地质量下降、单位土地产出减少的矛盾　为了片面追求粮食的单位面积产量，化肥、农药无节制过度施用，造成土壤酸化、盐渍化、板结和贫瘠化，致使农产品质量下降、出现了增产不增收，影响农民种植积极性，有背乡村振兴战略。

3. 养鹅饲料成本提升与产品质量下降的矛盾　由于片面追求粮食产量，忽视农作物的综合利用，每年农作物秸秆饲料化利用率仅为20%左右，加之农业劳动力成本提高，推高了饲料价格，养鹅饲料来源缩减，导致饲料成本增加。

4. 养殖污染产生与治理的矛盾　原来分散经营的养殖业规模小，养殖废弃物可及时就地处理与自然净化，形成生态循环。集约化饲养的管理模式转向立体、高密度、机械化方向，单位面积载畜量加大，使废弃物大量集中，粪便也从过去的垫栏或半固态转向液态，粪尿及污水产生量大为增加，有的对养殖废弃物不加处理任意排放或处理不当，以致于排放的养殖废弃物超过环境的自然净化能力。

5. 种养和产销脱节的矛盾 随着城镇化建设的加快，人口集中的城镇，对畜产品的需求明显增多，为便于加工和销售，养殖场已趋向集中于城郊，使农牧业种养脱节，导致粪肥不能及时用于农田、果园，造成粪尿随意堆积、排放，引起环境污染。

（二）"鹅草耦合"系统及其功能

由于养鹅和种植两个生态系统内部自由能积累的结果，使两个生态系统各自开始失衡，并驱使这两个系统汇聚耦合，促进系统的进化，形成新的、相比原有系统特殊结构功能更高一级的新系统——耦合系统。

1. 解决原有系统的问题 鹅草耦合形成的有机整体系统使内部各要素之间产生相干性、协同性（图3.6），解决了原有系统中鹅的饲草、健康、排泄物、产品安全、土地产出、耕地质量等问题，可使生态效益扩大，有利于健康养鹅持续发展，促进土地产出效率提高。

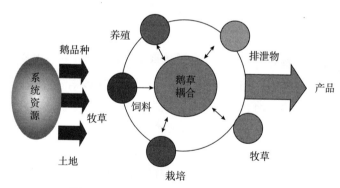

图3.6 "鹅草耦合"生态循环系统模型

2. 提高系统效率 "鹅草耦合"系统建立了牧草生产和健康养鹅间新的生物关系，鹅饲喂牧草可增强抵抗力、提高鹅产品质量；鹅场排泄物可提高土壤有机质含量，增强土壤的固碳能力，提

水禽养殖减抗 Shuiqin Yangzhi Jiankang
技术指南 Jishu Zhinan

升耕地地力；牧草的光合产物量大，增加耕地产出率，降低养鹅成本；另外，牧草生产对农田杂草兼容性较强，一般不需要使用农药、除草剂，对保护系统中物种多样性具有重要意义。

传统养鹅与现代科技的应用结合，保持鹅产品原有优良品质的同时，提高生产性能，扩大生产规模，增加产出量；现代营养学与鹅产品风味结合，牧草风味营养成分在鹅产品中的积累目前还不能在饲料生产中解决，易出现口感差的问题。

3. 形成新的生产层　"鹅草耦合"产生有牧草生产层、健康养鹅生产层、优质鹅产品加工流通层3个生产层；各个生产层包含了多个子系统并相互联系，发生系统耦合，不断丰富系统内涵。

(三)"鹅草耦合"模式的亲和要素

1. 草的亲和要素

(1) 牧草可全株利用　种植单位面积牧草的光合物质生物产量高。

(2) 牧草生产设施要求低　一般仅需播种、收割植株的设施。

(3) 牧草吸收鹅排泄物中的营养成分　牧草具有发达的根系，可在土壤中积累、增加有机质含量，改善土壤结构；牧草生产可增强土地碳汇能力，提高耕地地力，为有机农业提供基础。

(4) 牧草有毒有害物质残留少　利用鹅粪种植牧草减少或杜绝化肥施用，一般不施农药，可大大降低土壤中有毒有害物质的残留，相当于耕地修复。

(5) 牧草喂鹅有利于健康、保证产品品质和降低养殖成本　牧草养鹅可以多种形式调制利用，调剂牧草收获量的丰歉，节约成本；饲喂牧草可增强鹅的体质，提高生产性能，保持鹅产品的原有品质。

2. 鹅的亲和要素

(1) 鹅属草食水禽　鹅是牧草利用率最高的家禽，可最大限度利用所种植的牧草，喂草符合鹅的生理健康需求。

（2）生产安排灵活　鹅比牛羊小，可根据牧草地面积调整养殖规模，根据牧草产量调整食草量。养鹅设施投入少，南方可以露天饲养。

（3）鹅品种丰富　我国拥有丰富的地方鹅品种，以肉用为主，蛋肉兼用、绒肉兼用和肥肝生产等品种性能均有一定的潜力。

（4）鹅产品品质独特　鹅肉是国际推荐肉食品，有市场潜力；风味独特，营养全面、丰富；牧草基本不施用农药，喂鹅可增强鹅的抵抗力，用药少，肉中有毒有害物质残留少；羽毛、羽绒产品、鹅肥肝等其他鹅产品的市场需求大。

（四）"鹅草耦合"生态健康养殖模式

鹅草耦合系统形成的生态健康养殖模式，经过实践，目前可以推行的有"种草养鹅""鹅-草-虾循环""稻-草-鹅（鸭）""林下养鹅""鹅-藕、草"等模式。

1. "种草养鹅"模式　根据鹅场规模和牧草利用方式确定种草面积，或根据种草用地状况和面积确定鹅场规模和牧草利用方式，草、鹅、粪（排泄物）循环，形成的一种健康养鹅生产模式。

2. "鹅-草-虾循环"模式　利用养虾塘休闲时间种植牧草养鹅，牧草吸附虾塘底淤泥的养分，可加快生长速度，增加牧草产量；同时，留下的牧草根系和鹅粪可增加虾塘有机质含量，减少养虾的清塘成本和肥水投入，形成鹅-草-虾生态耦合。

3. "稻-草-鹅（鸭）"模式　在水稻种植后到抽穗时放养鹅、鸭，进行稻田除草、除虫，改善水稻田生态环境，促进水稻生长；在水稻收获后种植牧草养鹅，增加养鹅收入，留下的牧草根系和鹅粪可提高稻田有机质含量，稻、草、鹅（鸭）形成的生态耦合模式，不但可获得鹅（鸭）产品收入，还可减少或避免化肥农药的使用，生产无公害稻谷，提高稻米品质和价格（经济效益）。

4."林下养鹅"模式 利用不同林地进行林下种草养鹅，林、草、鹅耦合，可以消除林地杂草，保护林木生长，增加养鹅产出。主要类型有果园种草养鹅、林地（苗圃）养鹅除草、林地放鹅等。

5."鹅-藕、草"模式 藕池、草地、养鹅耦合，草地种草养鹅，鹅粪肥田，鹅场废水进入藕池，藕吸附养分净化废水，藕池水灌溉草地或在鹅场循环利用，产出鹅、藕产品，并形成生态循环。

第四章
水禽减抗养殖中的饲料营养调控技术

　　本章主要根据水禽具有生长速度快、耐粗饲、消化能力强等生理特性，从饲料营养的角度，全面考虑水禽的营养需要特点和营养源的选择，重点考虑非粮型饲料原料的选择、适宜用量及其应用时的注意事项，提出了肉鸭配合饲料中危害因子的安全预警参数；从营养物质、营养源、添加剂和营养水平等方面剖析了营养结构优化的方法及重要性；提出了原料的质量控制要点及其预处理方法、添加剂的单独或配伍使用及其应用方案、饲料配方的优化及加工工艺的改进；剖析了从饲料端如何做到无抗的关键点，并结合精细化的饲喂策略，为水禽健康安全养殖的总体减抗提供科学参考。

第一节　水禽减抗养殖中的饲料配方设计

一、配方设计原则

（一）精准满足水禽的营养需求

　　营养不仅是水禽生长发育的物质基础，也是保障水禽免疫器官生长发育、免疫系统发挥正常功能的关键要素。因此，精准满足水禽营养需要，是提高水禽抗病能力的前提，是饲料无抗和养殖减抗的重要基础。

水禽养殖减抗
技术指南
Shuiqin Yangzhi Jiankang
Jishu Zhinan

水禽的生物学特性与猪、肉鸡等差异较大，具有其独特的营养需要特点。

1. 水禽具有"为能而食"的习性，对饲粮能量水平耐受范围大　水禽采食量大、消化能力强、代谢旺盛、生长发育快、脂肪沉积能力强。水禽生命活动的能量来源的是碳水化合物、粗蛋白质和粗脂肪。易消化的碳水化合物是肉鸭最经济的能量来源，粗蛋白质作为能量来源的经济效益低。

水禽具有"为能而食"的习性，饲粮能量浓度是决定其采食量的最重要因素，在自由采食的条件下，可根据能量需要量来调节采食量，饲粮能量浓度低则提高采食量，而饲粮能量浓度高则降低采食量。同时，水禽具有很强的采食能力，尤其是肉鸭在3周龄以后，能一次性采食大量大容积饲料。在自由采食条件下，饲料能量水平在一定范围内的变化对肉鸭增重无显著影响，如饲喂低能量浓度饲料，肉鸭会通过提高采食量满足能量需要。但在肉鸭采食量受到限制时，随饲料能量浓度降低，肉鸭增重呈线性下降，且增重的降低主要是降低了体内脂肪的沉积。

2. 水禽对饲粮粗蛋白质和氨基酸水平要求高　肉鸭生长速度快，对粗蛋白质和氨基酸的需要量高。随饲粮粗蛋白质含量提高，肉鸭胴体蛋白质含量有提高的趋势，但胴体脂肪含量显著下降。肉鸭早期（0～3周龄）生长以沉积粗蛋白质为主；3周龄后，肉鸭体脂沉积速度加快。因获得最大胸肌或腿肌比率所需要的饲粮中粗蛋白质水平高于获得肉鸭最大增重所需要的粗蛋白质水平；若仅追求快速育肥，则肉鸭前期饲粮粗蛋白质含量保持在一定水平即可；但为获得较好的胴体品质，则需提高饲粮中粗蛋白质水平；但要注意，能量蛋白比是影响肉鸭胴体组成的主要因素而不仅仅是能量或蛋白质水平本身。

水禽羽毛质量受饲粮蛋白质和氨基酸水平的影响。水禽羽毛生长良好，可减少体热散失和维持需要；羽毛生长不良会增加鸭群的恐惧感，容易产生啄羽行为并发展为啄癖，导致肉鸭皮肤受伤和死亡率增加。饲料中蛋白质供给不足会降低水禽羽毛中的蛋白质沉积量，从而影响羽毛的生长量。限制水禽羽毛生长的氨基酸主要为含硫氨基酸和支链氨基酸，其中含硫氨基酸水平是最重要的限制因素，临界缺乏即可引起肉鸭羽毛生长不良。此外，必需氨基酸缺乏可使水禽羽毛生长异常和覆盖不良（包括羽毛向外卷曲、易碎易断和羽毛粗乱等），而非必需氨基酸缺乏可导致羽鞘生长不良而使主翼羽呈勺状。另外，亮氨酸过量可干扰肉鸭对缬氨酸和异亮氨酸的利用而使羽毛生长不良。

蛋鸭饲粮中的能量和粗蛋白质水平应根据其体重和产蛋率进行调整。在蛋鸭的产蛋率为 80% 以上时，要特别注意在保障饲粮粗蛋白质的水平基础上确保粗蛋白质的品质。

3. 水禽对饲粮粗纤维的消化能力较强 水禽相对于陆禽而言对粗纤维消化能力较强，适宜水平的饲粮纤维可促进水禽的胃肠道发育、提高饲粮养分的利用率和标准回肠氨基酸消化率、改善肠道形态等；饲粮纤维还可通过调控盲肠挥发性脂肪酸和肝脏脂质代谢相关基因的表达来降低肉鸭肝脏及机体脂肪的沉积。纤维水平过低或过高会降低饲料营养物质的利用效率。鸭生长前期（1～14 日龄）肠道微生物菌群还不够成熟，代谢产生的乙酸、丙酸和丁酸等挥发性脂肪酸的数量相对较少，肠道对挥发性脂肪酸的吸收利用率相对较低。鸭生长后期（大于 15 日龄）盲肠微生物菌群趋于成熟，代谢产生的乙酸、丙酸和丁酸等挥发性脂肪酸的数量相对较多，肠道对挥发性脂肪酸的吸收利用率相对较高。因此，不同生理阶段水禽饲粮纤维的适宜水平是不同的。蛋鸭能够很好地适应纤维源并加以利用；以玉米皮作为纤维来源时，蛋鸭饲料的适宜粗纤维水平为 3.84%，且可溶性纤维与不可溶性纤维搭配使用效果更佳。鹅对粗纤维的消化能力较强，消化率高达 40%～50%；鹅饲粮中适宜的粗纤维水平有助于维持鹅肠道正常结构及基本功能，提高饲料利用

水禽养殖减抗 Shuiqin Yangzhi Jiankang
技术指南 Jishu Zhinan

效率；饲粮中粗纤维含量过低，会影响鹅的胃肠蠕动，影响各种营养成分的消化吸收。

（二）根据水禽种类配制全价配合饲料或精料混合料

1. 饲料配合的概念　饲料配合是根据水禽种类和营养需要、饲料来源和营养价值科学确定配合饲料种类及配方，并按照配方和工艺流程把不同来源的饲料按一定比例均匀地混合、加工成饲料产品的过程。饲料配合的依据包括水禽的种类、饲料的使用目的、动物所处生长阶段及相应生理要求、生产用途、营养需要标准、饲料营养价值、饲料法规和饲料管理条例等。饲料配合还需要有利于保证水禽产品质量，有利于人类和动物的健康，有利于环境保护和维护生态平衡。

2. 配合饲料的类型　配合饲料产品若按照饲料营养组成成分和用途不同可分为全价配合饲料、浓缩饲料、添加剂预混合饲料和精料补充料等。

全价配合饲料是根据水禽种类及不同饲养阶段配制，其养分种类齐全、营养全面，能够满足相应阶段水禽的营养需要，不需要额外补充其他饲料，可直接饲喂的饲料。

浓缩饲料由蛋白质饲料、矿物质饲料和添加剂预混料组成，其营养组成不全面，使用时必须和适宜比例的能量饲料配合才能成为全价配合饲料饲喂。

添加剂预混料由维生素、微量元素、有机酸等添加剂及载体或稀释剂组成，其营养组成不全面，使用时必须和适宜比例的能量饲料、蛋白质饲料混合才能成为全价配合饲料饲喂。

精料补充料由部分能量饲料与浓缩饲料构成，其营养不能完全满足水禽的需要，使用时必须和一定量的青饲料或酒糟等搭配使用，才能满足水禽的营养需求，适用于在青饲料或酒糟资源丰富地区养殖的水禽。

此外，饲料配合产品若按照饲料的外观形态不同可以分为粉状饲料、颗粒饲料、破碎饲料、液体饲料等。颗粒饲料便于水禽采食，但颗粒大小需与水禽生长阶段相适应，对于育雏阶段的水禽宜采用粒径为2毫米及以下的颗粒料。粉料容易糊喙，降低水禽采食量。在水禽生产上使用粉料时，宜加入适量水拌和成湿拌料或液态料，以方便水禽采食，但往往损耗料增加，需加强管理，减少损耗和变质。生产上也可以将精料补充料和青饲料或酒糟按一定比例混合加工成全价混合饲料，方便饲喂，防止水禽挑食。

3. 配方设计的原则

（1）科学性原则　饲料配方设计要根据水禽种类、品种、生理阶段、养殖模式和目标性能选择适宜的营养标准，并结合市场的需求和实际养殖效果确定出饲料配方的营养浓度。同时要考虑到季节变化、饲养管理条件、原料供应、动物健康状况等诸多因素的影响，对饲料配方进行灵活调整。不同生理阶段的水禽其营养需要不同。理论上讲，生理阶段划分越细，营养供给越精准。生产实践中为了方便饲养管理应避免频繁换料。在配制蛋鸭饲粮时，一般根据蛋鸭饲养管理阶段的育雏期、育成期、产蛋期、产蛋后期设计对应的育雏料、育成料、产蛋高峰料、产蛋后期料。在配制鹅饲粮时，应充分考虑鹅的食草性和耐粗饲能力，多考虑利用青绿饲料和粗饲料，使饲料达到一定的体积，保证其采食量，并可扩大鹅的饲料资源，降低生产成本，保证鹅产品质量；如长期使用精饲料，不使用青绿饲料，不但会造成饲料资源浪费，还会改变鹅的消化生理特性，慢慢失去其食草性和耐粗饲能力。

（2）经济性原则　在设计水禽饲料配方时必须结合水禽养殖的实际和当地自然条件，因地制宜、就地取材，充分利用当地的饲料资源，合理搭配饲料原料，实现配方的营养原则和经济原则。例如，肉鸭饲料配方类型中的玉米-豆粕型饲粮、玉米-杂粕型饲粮或小麦-杂粕型饲粮等均应根据性价比和市场目标调整。

（3）可行性原则　即原料采购、质量控制及生产加工上的可行

性。配方中所用原料种类、质量、理化特性、价格及数量等都应与市场情况及企业条件相配套，确保设计的配方能在原料采购、质量控制及生产加工等环节高效、精准地执行。例如，水禽料对颗粒稳定性要求高，配方设计要求综合考虑原料组成、加工工艺和成品质量，以确保配方能精准、高效地执行。

（4）安全性原则　原料和成品中的有毒有害物质含量不得超出允许限度；对动物不产生急、慢性毒害等不良影响；在水禽产品中的残留量不能超过规定标准，不得影响产品的质量和人体健康。例如，在水禽饲粮中使用抗营养因子含量高的普通菜籽饼（粕）、棉籽饼（粕）、木薯等饲料原料时，要控制其用量。

（5）合法性原则　原料和饲料产品应严格符合国家法律法规、条例及有关标准的规定，如营养指标、感官指标、卫生指标和包装等。

（6）阶段性原则　理论上讲，生理阶段划分越细，营养供给越精准。例如生产实践中为了方便饲养管理、减少频繁换料，一般将快大型肉鸭划分为两个阶段，即育雏期（1～10日龄或1～14日龄）和生长期（11日龄～上市或15日龄～上市）。在四川及西南地区吊白鸭养殖一般分为三个阶段，即育雏期（1～10日龄）、生长期（11～35日龄）和限饲期（36日龄～上市）。

（7）适口性原则　配合的饲粮要具有较好的适口性和适当的体积，与水禽的生理特性相适应，以保证其采食量。例如，鹅的饲粮配合中应多考虑青绿饲料和粗饲料的利用，使其达到一定的饲料体积。饲粮中应少用动物性蛋白质饲料。

（8）可消化性原则　水禽对不同饲料原料的可消化性有区别，特别是粗饲料的不同纤维比例、不同结构，要根据水禽的消化能力选择种类及使用量。例如，为了提高饲料的可消化性，对一些粗饲料在饲粮配合前要进行粉（切）碎、揉压、浸泡、发酵等处理。配合饲粮还可以添加微生物制剂，以改善肠道环境、提高消化率。

二、营养源的选择

（一）水禽的采食与消化特性

与陆禽的食物来源相比，水禽饲料原料的来源更广、更耐粗饲。有句谚语说"鸭吃72种无名食"，说明鸭的饲料原料来源可以更多样化，我们可以充分利用当地的饲料资源，根据鸭的营养需求和生长情况做出最优化的饲料配比。因为水禽的嗅觉、味觉不发达，所以不论精、粗饲料或青绿饲料等合理搭配后都可以作为水禽的饲料。

鹅是典型的节粮型畜禽。鹅偏好食入植物来源的饲料，它具有强健的肌胃、比身体长10倍的消化道和发达的盲肠。鹅的肌胃在收缩时产生的压力比鸭大，能更有效地裂解植物细胞壁。鹅的盲肠中含有较多的厌氧纤维分解菌，能将纤维发酵分解成短链脂肪酸，因而鹅具有消化利用大量青绿饲料和部分粗饲料的能力。

（二）生产上常用营养源的种类

营养源就是营养素的来源。水禽营养素的来源是多种多样的，对生产上的营养源按营养素种类归纳为6类，见表4.1。

表4.1 生产上常用的营养源的种类

营养素种类	来源
粗蛋白质	植物来源、动物来源及微生物来源
氨基酸	天然蛋白质、工业生产氨基酸单体或氨基酸盐
能量	天然饲料原料中的碳水化合物、粗脂肪或粗蛋白质
碳水化合物	淀粉、糖、非淀粉多糖
脂肪	植物来源和动物来源
矿物质	有机矿物盐和无机矿物盐
维生素	天然饲料、工业生产

（三）不同品种水禽对营养源需求的特点

动物营养研究的核心问题是解决动物吃什么（营养素种类）、吃多少（营养水平）和怎么吃（饲喂方式），三者与营养源密切相关。相同营养素和营养水平的饲粮配方，饲喂效果不同的核心原因就是营养源的差异。营养源的差异可通过营养源的比较效应体现，具体表现在动物生产性能、营养代谢、营养需要、代谢调节、微生态效应等方面。

1. 肉鸭　肉鸭耐粗饲，觅食能力强，嗅觉和味觉不发达，能够大量吞咽各种饲料，因此，肉鸭饲料中非常规饲料原料用量大、种类多。但因非常规饲料原料抗营养因子种类多且含量高，粗纤维、粗灰分等含量高且氨基酸不平衡等，其在肉鸭饲料中使用时应慎重。表4.2总结了目前关于肉鸭部分营养源的比例及使用注意事项。

表4.2　肉鸭营养源应用比例及其使用注意事项

原料	适宜比例（%）	最高限量（%）	使用注意事项
喷浆玉米皮	≤10.00	20.00	较高比例的喷浆玉米皮含量会降低肌肉品质
干啤酒糟	≤8.00	16.00	注意霉菌毒素对免疫机能的损害
棉籽粕	≤5.00	10.00	游离棉酚影响生长性能和肠道健康
菜籽粕	≤5.00	10.00	异硫氰酸酯含量较高,会降低免疫力
酒糟菌糠	≤2.00	6.00	对回肠肠黏膜形态有一定损伤
玉米胚芽粕	≤10.00	15.00	黄曲霉毒素易超标
玉米干酒糟及其可溶物	≤10.00	25.00	注意霉菌毒素和色泽问题
米糠粕	≤10.00	20.00	木聚糖含量较高，需要添加酶制剂
酿酒酵母培养物	≤2.50	5.00	注意培养基的选择

2. 蛋鸭　表 4.3 总结了目前关于蛋鸭营养源的应用比例及使用注意事项。

表 4.3　蛋鸭营养源应用及其使用效果

原料	适宜比例（%）	最高限量（%）	使用注意事项
去壳大麦	≤13	60	应用比例过高会影响蛋黄颜色，建议复配葡聚糖酶使用
棕榈粕	<3	12	用量过高会影响平均蛋重并增加单位蛋重成本
发酵酒糟	≤4	4	可改善蛋鸭产蛋性能、蛋品质和免疫功能，发酵酒糟要严格执行发酵程序,减少异常发酵
膨化油菜籽	≤3.5	5.5	用量过高会影响蛋品质
玉米干酒糟及其可溶物	≤18	24	用量过高时，有提高料蛋比的趋势
膨化亚麻籽	≤3	6.4	用量过高会影响产蛋率
低单宁高粱	≤20	60	用量过高会影响蛋黄颜色

3. 鹅　鹅减抗饲料配方的营养源选择应充分利用鹅草食水禽的生理特性，确保鹅饲料营养平衡的前提下，降低饲料成本。传统饲养过程中鹅是采食鲜草的，从牧草中获取主要营养，因此，鲜草在营养源选择中具有重要地位，在实际生产中应尽量满足鹅对鲜草的需要。当鹅饲粮含水量为 60% 时，鹅的营养物质利用率最高。从鹅耐粗饲角度看，饲料中尽量减少玉米、稻谷、大麦、小麦等粮食类营养源的比例，可以选择纤维素含量较高的糠麸糟渣类等非常规性营养源。例如豁鹅对紫花苜蓿鲜草的各种养分的表观消化率高于干草。但在养鹅生产中，由于鹅的饲粮基本上由植物性饲料组成，导致鹅很容易缺乏蛋氨酸、赖氨酸、色氨酸和苏氨酸等必需氨基酸。因此，为完善配方营养成分，还要添加维生素、微量元素、氨基酸等微量成分添加剂。

三、营养结构优化

(一) 营养结构概念

营养结构是指构成饲粮的营养素、营养源及饲料添加剂的构成关系。营养结构包括四级结构：营养的一级结构是指饲粮营养素及其相互关系，如能量、蛋白质、氨基酸、矿物质、维生素、水等营养素及其相互关系，如能蛋比、氨基酸平衡模式等；营养的二级结构是指提供营养素的营养源及其相互关系，如提供蛋白质的酪蛋白、大豆蛋白、玉米蛋白、鱼粉蛋白及其比例关系；营养的三级结构是指营养素与营养源的相互关系，如以脂肪作为能量源时，微量元素的有机源比无机源可能更好，但以碳水化合物为能量源时，微量元素的有机源和无机源的差异变小；营养的四级构是指营养素、营养源与饲料添加剂的相互关系，如用小麦作为能量源时，添加适宜的酶制剂可提高小麦的有效能值。

科学的营养结构概念既是配制真正全价饲粮的指南，又是检验饲粮质量的标准。目前，对于水禽营养结构的研究尚处于初步阶段，主要针对营养一级结构的研究，重点是围绕水禽营养需要量及其对不同饲料原料的营养价值评定等方面。

(二) 营养结构优化的原则

营养结构优化的方案应秉承营养调控动物的生产目标、动物产品的安全和优质、营养素的搭配比例合理和来源明确、环境因素和经济因素的原则。

1. 动物的生产目标　饲料营养结构的优化需按照不同生产需要进行，弄清饲料的功效定位，比如促生长、保健抗病、品质改良等，如调控饲粮氨基酸营养可以有效提高种鹅繁殖率、降低饲粮营养浓度或调控饲喂策略可达到四川及西南地区"吊白鸭"养殖模式下的生产目标（49 日龄体重控制在 2.5 千克左右；胸骨硬化程度高）。通过优化饲料营养的结构，可以生产出更加优质的肉蛋制品，达到安全、优质的饲养目标。

2. 营养素的搭配比例合理和来源明确　建立完善的饲料原料营养价值数据库，全面推广饲料精准配方和精细加工技术，加快生物饲料开发应用进程，研发推广新型安全高效饲料添加剂，调整优化饲料配方结构，促进玉米、豆粕的减量替代。明确每种营养源的来源是保证饲粮安全的基础。不同性别、日龄和生理阶段的水禽消化生理特点有差异，应选择更符合其消化生理特点的营养源，根据养分的可加性，进行合理搭配。遴选与营养源有正向互作效应的非营养性饲料添加剂，如消化酶、益生菌制剂、饲料品质调节剂等。

3. 环境因素　通过饲料营养的结构优化，提高水禽对饲料营养物质的利用率，减少养殖过程中碳、氮、磷等的排放，实现环境友好型养殖。如在肉鸭玉米杂粮型饲粮中添加高剂量植酸酶（≥5 000 单位/千克）能降低磷酸盐及微量元素预混料的添加量，进而降低粪磷和微量元素的排放量；如鹅可以利用大量的牧草，调整优化饲粮配方结构，不仅有利于鹅的健康生长，还可以节约大量的粮食，降低实际耕地面积减少带来的饲养压力。

4. 经济因素　原料动态价格合理与原料的替代；非常规原料使用的最大限量与组合；对原料有效营养与饲用价值的估测；原料非营养功能的挖掘与价值比；对原料进行适当物理或生物加工预处理；酶制剂等添加剂中可利用营养的挖掘；"精准营养"与个性饲养标准的选择；"平衡饲粮"与特别饲料原料的选择。如种草养鹅是典型的生态农业项目；饲用前对牧草进行适当的物理或生物加工处理。

第二节　饲料加工贮藏管理与质量控制

一、饲料原料质量控制及预处理

（一）水禽常用饲料原料质量控制措施

　　原料质量是饲料企业产品质量的源头，若原料质量得不到有效控制，生产出的产品就没有竞争力。水禽的饲料资源种类丰富多样（表4.4），大体可以分为谷实类饲料原料、蛋白质类饲料原料和脂肪类饲料原料。

表4.4　水禽常用饲料原料列表

序号	饲料原料	序号	饲料原料
1	普通玉米 CP 8.7%	12	高粱
2	普通玉米 CP 8.0%	13	稻谷
3	玉米淀粉	14	碎米
4	玉米干酒糟及其可溶物	15	糙米
5	玉米蛋白粉 CP 50%	16	米糠
6	玉米胚芽饼	17	米糠粕
7	皮大麦	18	黑麦
8	小麦	19	木薯干
9	次粉	20	大豆
10	小麦麸 CP 15.6%	21	大豆粕 CP 44%
11	小麦麸 CP 14.8%	22	大豆粕 CP 46%

序号	饲料原料	序号	饲料原料
23	大豆粕 CP 48%	38	肉粉
24	花生仁粕	39	肉骨粉
25	菜籽粕	40	羽毛粉
26	菜籽饼	41	血粉
27	双低菜籽粕	42	啤酒酵母
28	棉籽粕 CP<47%	43	苜蓿草粉 CP 17%
29	向日葵仁粕（壳仁比 16∶84）	44	牛脂
30	向日葵仁粕（壳仁比 24∶76）	45	猪油
31	亚麻仁粕	46	玉米油
32	芝麻饼	47	大豆油
33	棕榈仁饼	48	家禽脂肪
34	椰子饼	49	菜籽油
35	豌豆	50	椰子油
36	鱼粉 CP 53.5%	51	棉籽油
37	鱼粉 CP 62.5%	52	棕榈油

注：CP 为粗蛋白。

1. 原料质量控制要点

（1）原料验收人员必须了解饲料厂所需各种饲料原料的品质规格和质量标准，并亲自到现场对饲料原料进行看、闻和触来判别质量。

（2）有异议原料质量可用实验室分析结果做依据进行判别。

（3）执行标准可参照国家标准、行业标准、地方标准或企业内控标准。

（4）样品采集必须具有代表性，否则分析结果无客观性。

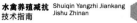

2. 原料质量检测要点

（1）查验原料的感官指标，如水分、颜色、异味、杂质、特征与一致性、受热情况和受生物污染破坏程度等。

（2）不同种类的原料分别确定具体的检测指标并进行实验室检测分析工作。化学分析分为常规分析（水分、粗蛋白、粗纤维、粗脂肪、粗灰分及钙磷含量等）和专项分析（细菌类、微生物类的化验等）两种，一般采用细菌培养和分离培养、生化试验、血清学鉴定等方式进行，如对饲料中沙门氏菌的检验是评价饲料产品质量的重要指标。

（3）及时递交原料检验报告并留存一定数量的样品。

（二）饲料原料预处理技术

1. 饲料原料预处理概念　饲料原料预处理主要是在动物体外进行，根据不同原料的具体特性，利用相应的技术手段，进行特定的加工处理，以提高原料的营养物质利用率、降低或消除抗营养因子、改善适口性，从而提高原料的营养价值和饲喂价值。对饲料原料进行适当的预处理可以拓展饲料资源、提高饲料营养物质利用率，同时契合当前无抗养殖与环保的需求。但目前，水禽饲料原料的预处理研究与应用较少。

2. 饲料原料预处理方法　原料预处理的方法主要包括物理法、化学法和生物学法。

（1）物理法　物理法包括脱壳、晾晒、蒸煮、焙烤、调质、膨化等。该方法主要改变原料的物理形态，钝化部分抗营养因子，改善原料的适口性和可消化性。通过物理法处理，可以改变原料的质地和结构，且饲料中的部分抗营养因子在热环境下不稳定，如蛋白酶抑制剂、凝集素、尿酶等通过充分加热即可使之变性失活。物理方式预处理对原料可消化性的改善幅度有限；此外，高温处理的温度过高或时间过长时，会导致美拉德反应、氨基酸损失和饲料转化率降低，影响原料营养价值。

（2）化学法　化学法主要是用化学试剂如酸、碱、乙醇、尿素、硫酸盐等化学试剂对原料进行处理。其原理是这类化学试剂能破坏维持蛋白质高级结构的次级键和二硫键。化学法大多都采用化学试剂浸泡原料的方式，化学处理会导致部分营养物质的流失，还会有溶剂残留的安全和环保问题，并且化学处理后的原料还需进行烘干除残处理，不利于大规模推广使用。

（3）生物学法　与物理法和化学法相比，生物学法预处理原料具有高效、低成本、绿色无污染等优势。生物学方法主要包括两个方面，即直接加酶进行酶解处理和通过微生物发酵处理。

酶解预处理饲料是根据酶与底物的特异性、高效性和可调节性的原理，利用酶制剂在体外适当条件下酶解处理饲料原料，用以提高饲料原料的营养价值和饲喂价值。饲料原料在体外进行酶解处理，可破坏植物细胞壁，促进营养物质的消化吸收，消除饲料中的抗营养因子，降低抗营养作用，有益肠道健康和调节机体免疫力，提高饲料的利用效率。酶的来源、酶的生物学特性、酶谱组合及酶解工艺条件设定与控制是酶解的核心技术，直接影响酶解效果和酶解产品的质量。

发酵预处理是利用微生物在一定条件下生长繁殖产生的直接代谢产物或次级代谢产物，用以降低原料抗营养因子、提高饲料原料的营养价值。发酵预处理技术主要包括菌株筛选与组合技术、原料选择与配伍技术、发酵工艺参数和产品后处理技术等四大关键技术。在菌株筛选与组合方面，不同菌株、不同组合方式对预处理效果有较大影响；在原料选择与配伍方面，不同原料具有不同的发酵目标与发酵潜力；在发酵工艺参数方面，含水量、温度、pH、发酵时间、发酵底物、微生物数量等会影响微生物的生长和产品质量；在产品后处理方面，发酵产物是否需要粉碎、烘干、冷却、混合，取决于产品的含水量、黏度、粒度等理化特性和客户需求。

利用酶解和发酵等生物技术拓宽饲料资源范围，加强非粮型饲

水禽养殖减抗
技术指南
Shuiqin Yangzhi Jiankang
Jishu Zhinan

料资源的开发，实现非常规饲料资源的规模化产销，并通过这些生物饲料在养殖中的应用，来改善动物的生产性能，降低养殖对环境的污染程度，可促进我国养殖业的可持续发展。

二、饲料加工及质量控制

（一）水禽饲料加工工艺

水禽饲料加工工艺复杂（图 4.1），一般由原料的接收与清理、

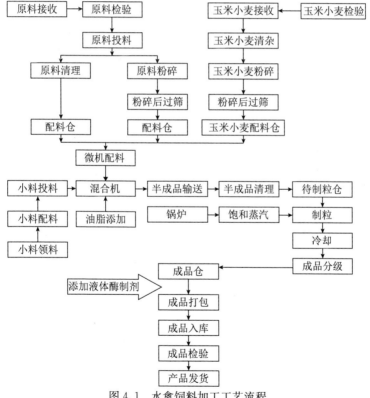

图 4.1　水禽饲料加工工艺流程

粉碎、配料、混合、制粒、冷却和成品包装等主要工段及相应的液体添加系统、蒸汽系统、压缩空气系统、通风除尘系统等组成。

1.原料粉碎粒度　根据不同的饲料品种和工艺要求，按国家标准选用不同孔径的粉碎机筛片，并及时检查和更换已经破损的筛片；定时按照配合饲料产品的粉碎粒度测定方法（GB/T 5918—2008）进行测定。

2.配料工序　在保证电子秤配料精度的前提下，要先称量大料，再称量小料；配料时，应先倒入容重小的原料，再倒入容重大的原料以免原料溅出仓外，对工人造成不必要的伤害。

3.混合　混合就是将配好的物料倒入具有良好加工性能的混合机中充分混合，使物料的各种成分均匀地分布，避免物料出现营养不均衡、物料内部的各个区域容重不一致等情况，而影响饲料的后续加工过程和动物的饲养效果。同时要遵循逐级预混原则：为了提高微量养分在全价料中的均匀度，原则上讲，凡是在成品中的用量少于1％的原料，均应先进行预混合处理，否则混合不均匀就可能会造成水禽生产性能下降、整齐度差、饲料转化率低，甚至造成水禽死亡。

4.调制　调制就是使饲料通过具有高温、高压蒸汽的调制器，促使饲料中含有的粗蛋白质变性，增加淀粉糊化的程度，促进淀粉转化成可溶性碳水化合物，改变饲料的物理和化学性能，使其更利于动物的饲养。在调制工序中，加入蒸汽过多会使物质太软，堵塞模孔，影响制粒，蒸汽不足会使物料的糊化程度差，难以成型。不同的饲料原料要求调制的蒸汽和水分不同，要正确掌握，选择相应的调质工艺即选择适宜的蒸汽量、蒸汽压力、温度、水分和调制时间等。

5.制粒　制粒是将调制后的饲料压实，挤出模孔、制成颗粒饲料的过程。颗粒的硬度及粉化率影响水禽采食量，应根据水禽种

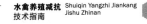
水禽养殖减抗技术指南　Shuiqin Yangzhi Jiankang Jishu Zhinan

类和生产阶段选择适宜的硬度。对难以制粒的水禽配合饲料可在配方中加入适量的次粉或面粉等。控制方法：一是掌握原料特性，尽量选择成粒能力强的原料；二是选择粒度适宜的制粒原料；三是添加液体饲料；四是选择适宜的调制工艺和相关参数；五是调节合理的压模压辊间隙；六是选择合理的制粒系统工艺设置。

6. 冷却　冷却效果跟通风量、时间、温度和速度有关。时间太短，易造成冷却不充分而无法取得预期的效果；温度太高则会减慢冷却速度，降低了生产效率。在低温、快速和短时的冷却条件下，又会使颗粒内外温差大，形成颗粒的内应力，从而加速饲料颗粒的破裂进程。控制方法：一是选择性能优良的逆流式冷却器；二是根据不同季节和地区控制调节冷却通风量。

（二）水禽配合饲料质量控制要点

饲料在加工过程中会发生一系列物理、化学变化，从而影响水禽对饲料中各种营养成分的利用率，最终影响水禽的生产性能。配合饲料的加工质量受饲料中原料质量的影响、饲料配方的影响、饲料加工工艺的影响和成品贮藏的影响。

1. 原料的质量　饲料原料的质量和配合饲料质量密切相关。当前一些企业更关注饲料成本和饲料配方本身而对饲料原料质量往往重视不够，导致配合饲料质量达不到预期目标。

2. 饲料配方　饲料配方是保证配合饲料质量的关键。作为饲料厂或养殖场，为使配合饲料质优价廉，应花费精力制作优良配方。合理的配方是提高饲料产品质量、降低饲料成本、提高饲料转化率的重要保证。优良的饲料配方能确保生产的配合饲料达到设定的营养指标、符合饲料卫生标准、综合价格合理、原料价廉易得、与生产工艺及设备相互适宜、饲喂效果好等。

3. 饲料加工工艺　配合饲料加工工艺复杂，其成品颗粒饲料加工质量评价主要从加工性能指标包括颗粒硬度、粉化率、颗粒耐久性、含水量等方面来进行综合评价。

4. 配合饲料成品的贮藏 饲料贮藏条件的好坏也将直接影响到饲料的质量，这就需要正确选择饲料的贮藏方法，保证饲料不发霉（霉菌会使饲料结块、发热、变硬，其颜色和味道也将发生变化）、不腐败变质。贮藏饲料的仓库应该不漏雨、不潮湿、门窗齐全、防晒、防热、防太阳辐射、通风良好、干净、卫生；不要把饲料同有毒有害物品放在一起，并禁止与化肥、农药以及有腐蚀性、易潮湿的物品存放在一起。

5. 饲料危害因子的检测及限量标准 因水禽配合饲料中使用大量的非粮型饲料原料，这些原料往往含有大量的抗营养因子且易发霉变质，应引起高度重视。这些危害因子在不影响水禽生产性能的前提下损害了机体健康，导致水禽处于亚健康状态，抗应激能力减弱，料肉比和死淘率增加，增加了水禽养殖的隐形经济损失，在水禽无抗养殖中要务必注意。表 4.5 列举了部分肉鸭饲料危害因子的临界预警参数。

表 4.5 肉鸭饲粮中危害因子临界预警参数

序号	饲粮危害因子	临界预警值	应用阶段	生物学标识	饲料卫生标准
1	黄曲霉毒素 B_1（AFB$_1$）	≥25.33 微克/千克	1～14 日龄	生产性能下降	肉用仔鸭后期、生长鸭、产蛋鸭浓缩料和配合饲料 ≤15 毫克/千克
2	黄曲霉毒素 B_1（AFB$_1$）	≥61.74 微克/千克	1～14 日龄	肝脏损伤、肠道发育受影响	
3	黄曲霉毒素 B_1（AFB$_1$）	≥74.08 微克/千克	1～28 日龄	肠道形态受影响	
4	黄曲霉毒素 B_1（AFB$_1$）	≥39.06 微克/千克	15～35 日龄	生产性能下降	
5	黄曲霉毒素 B_1（AFB$_1$）	≥80.48 微克/千克	15～35 日龄	肝脏损伤	
6	黄曲霉毒素 B_1（AFB$_1$）	≥157.16 微克/千克	15～35 日龄	肠道发育及肠道形态受影响	

序号	饲粮危害因子	临界预警值	应用阶段	生物学标识	饲料卫生标准
7	游离棉酚	≥107.8毫克/千克	15～35 日龄	平均日增重下降	
8	游离棉酚	≥77.6毫克/千克	15～35 日龄	料肉比增加	
9	游离棉酚	≥41.7毫克/千克	15～35 日龄	平均日采食量下降	
10	游离棉酚	≥98.9毫克/千克	15～35 日龄	干物质利用率下降	
11	游离棉酚	≥60.2毫克/千克	15～35 日龄	能量利用率下降	
12	游离棉酚	≥44.4毫克/千克	15～35 日龄	粗脂肪利用率下降	
13	游离棉酚	≥37.2毫克/千克	15～35 日龄	血清总蛋白含量下降	家禽（产蛋禽除外）配合饲料≤100毫克/千克
14	游离棉酚	≥77.4毫克/千克	15～35 日龄	血清白蛋白含量下降	
15	游离棉酚	≥36.4毫克/千克	15～35 日龄	血清球蛋白含量下降	
16	游离棉酚	≥51.8毫克/千克	15～35 日龄	血清白蛋白/球蛋白比率受影响	
17	游离棉酚	≥109.0毫克/千克	15～28 日龄	血清肌酐浓度受影响	
18	游离棉酚	≥104.3毫克/千克	15～35 日龄	血液红细胞计数受影响	
19	游离棉酚	≥43.1毫克/千克	15～35 日龄	血液血红蛋白含量受影响	
20	游离棉酚	≤36.4毫克/千克	15～35 日龄	胸肌和腿肌棉酚残留量	

序号	饲粮危害因子	临界预警值	应用阶段	生物学标识	饲料卫生标准
21	异硫氰酸酯(ITC)；噁唑烷硫酮(OZT)	ITC≥39.6毫克/千克；OZT≥49.1毫克/千克	15～28日龄	体重下降	家禽配合饲料异硫氰酸酯（以丙烯基异硫氰酸酯计）≤500毫克/千克；产蛋禽噁唑烷硫酮（以5-乙烯基噁唑-2-硫酮计）≤500毫克/千克；其他家禽配合饲料≤1 000毫克/千克
22	异硫氰酸酯(ITC)；噁唑烷硫酮(OZT)	ITC≥42.1毫克/千克；OZT≥52.1毫克/千克	15～35日龄	体重下降	
23	异硫氰酸酯(ITC)；噁唑烷硫酮(OZT)	ITC≥45.8毫克/千克；OZT≥56.7毫克/千克	15～21日龄	平均日增重下降	
24	异硫氰酸酯(ITC)；噁唑烷硫酮(OZT)	ITC≥33.6毫克/千克；OZT≥41.6毫克/千克	15～35日龄	平均日增重下降	
25	异硫氰酸酯(ITC)；噁唑烷硫酮(OZT)	ITC≥92.1毫克/千克；OZT≥114.1毫克/千克	15～35日龄	平均日采食量下降	
26	异硫氰酸酯(ITC)；噁唑烷硫酮(OZT)	ITC≥210毫克/千克；OZT≥260毫克/千克	15～35日龄	除组氨酸外，所有必需氨基酸或非必需氨基酸回肠表观消化率及标准回肠氨基酸消化率下降	
27	异硫氰酸酯(ITC)；噁唑烷硫酮(OZT)	ITC≥160毫克/千克；OZT≥200毫克/千克	15～35日龄	总氨基酸消化率下降、甲状腺显著肿大	
28	异硫氰酸酯（ITC）；噁唑烷硫酮（OZT）	ITC≥50毫克/千克；OZT≥70毫克/千克	15～35日龄	血清谷草转氨酶和谷丙转氨酶活性下降	
29	脂肪酸值	≥88.2毫克/100克氢氧化钾	15～35日龄	采食量下降；机体氧化还原系统受影响	无
30	脂肪酸值	≥66.8毫克/100克氢氧化钾	15～35日龄	皮脂颜色变浅、变灰	

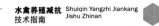

水禽养殖减抗
技术指南
Shuiqin Yangzhi Jiankang
Jishu Zhinan

序号	饲粮危害因子	临界预警值	应用阶段	生物学标识	饲料卫生标准
31	过氧化值	≥3.2 毫克当量/千克	1～35 日龄	回肠黏膜谷胱甘肽过氧化物酶活性受影响	无
32	过氧化值+丙二醛	≥3.2 毫克当量/千克+≥4.50 毫摩尔当量/升	1～35 日龄	皮脂颜色变浅、变灰；肠道形态及盲肠微生物菌群受影响	

第三节　饲喂技术

一、饲料形态选择

（一）肉鸭

肉鸭饲料形态一般为颗粒料和粉料，以颗粒料为主。颗粒料是以粉料为基础，经过高温高压蒸汽调制、制粒后冷却而成，避免了原料分级，确保了饲料营养的全价性。与采食颗粒料相比，肉鸭采食粉料时，会出现体重增加减缓、料肉比增加的现象，原因可能是肉鸭的喙和舌是片状物，没有牙齿，同时饮水较多，食入粉料时，饲料易发生黏结，不利于肉鸭的吞咽。

(二)蛋鸭

中国蛋鸭养殖的品种、规模、模式和养殖习惯差异较大,因而饲料形态的选择和使用方式也存在较大差异。饲料工业中蛋鸭料的形态包括颗粒料、破碎料和粉料,饲喂时可以根据需要调制成各种形态,主要包括颗粒饲料、干粉料、颗粒饲料加整粒谷物及农副产品、湿拌料、稠粥料等。但每种饲料形态都有其优缺点,生产上应根据具体情况,选择适宜的饲料形态。

对于集约化蛋鸭养殖场,颗粒料更加便于投食,且损耗少、不易霉变,饲喂效果最好,使用颗粒料饲喂可以减少人工成本,减少饲料浪费,提高饲料报酬。中小规模蛋鸭养殖场通常也采用湿拌料的方式饲喂,有利于蛋鸭采食,但有饲料浪费和霉变的风险。农户小规模自养蛋鸭一般采用颗粒饲料搭配谷物及农副产品混合饲喂的方式,既能充分利用农副产品,又能降低饲料成本。

(三)鹅

鹅是以食草为主的水禽,鹅喜食具有颗粒感的饲料,饲喂颗粒料有利于鹅的采食,可以增加鹅的采食量,减少饲料的浪费率,避免鹅挑食,有利于提高群体生长的整齐度。颗粒料作为全价饲料,其营养架构全面合理。颗粒饲料在制作过程中,经过蒸汽处理和机械作用,能够破坏植物性饲料原料的细胞壁,使营养物质更容易被动物消化、吸收和利用。颗粒饲料能够节省鹅采食的能量消耗并能够提高鹅的采食量,在鹅增重方面颗粒饲料的效果优于粉料。研究发现,苜蓿草粉颗粒饲料能够提高扬州鹅屠宰性能,促进器官发育和改善血液生化指标。根据不同饲养周期,颗粒大小有一定差别。

二、精细化饲喂方案

（一）肉鸭

依据商品代肉鸭生长发育及生产性能特点，将其饲养期分为育雏期、生长期和育肥期（包括自由采食、填饲和限饲）3个阶段，各阶段的营养需要量可参考《肉鸭饲养标准》（NY/T 2122—2012）。

育雏期肉鸭应尽早饮水开食，有利于雏鸭的生长发育，锻炼雏鸭的消化道，开食过晚会使雏鸭体力消耗过大、失水过多而变得虚弱。一般采用直径为2毫米左右的颗粒饲料开食。雏鸭在此阶段胃肠道发育还不完善，需要优质的饲料原料和精准高效的饲料配方来提供营养。

生长育肥期阶段的肉鸭可自由采食，在食槽或料盘内保持昼夜均有饲料，做到少喂勤添、随吃随给，保证料槽内常有料，余料又不过多。水线的高度随鸭的大小调节，水线应略高于鸭背，以免使鸭吃水困难或打湿其羽毛。此阶段可适当提高粗纤维的水平，促进胃肠道的发育。

（二）蛋鸭

《中国畜禽遗传资源志（家禽志）》对不同品种蛋鸭依据体重进行体型分类（表4.6），小型蛋鸭是指43周龄体重在1~1.6千克的麻鸭，包括但不限于山麻鸭、缙云麻鸭、攸县麻鸭。中型蛋鸭是指43周龄且体重≥1.6千克的麻鸭，包括但不限于绍兴鸭、金定鸭、荆江鸭。

表 4.6　蛋鸭饲养阶段划分

阶段	小型蛋鸭	中型蛋鸭
育雏期	0～4 周龄	0～4 周龄
生长期	5～12 周龄	5～12 周龄
育成期	13～16 周龄	13～18 周龄
产蛋初期	50%＜产蛋率＜80%	50%＜产蛋率＜80%
产蛋高峰期	产蛋率＞80%	产蛋率＞80%
产蛋后期	产蛋率＜80%	产蛋率＜80%

目前，我国蛋鸭的饲养方式主要以地面平养为主，但蛋鸭全密闭式笼养技术也在日渐成熟，即将成为主流。蛋鸭育雏育成期往往采用地面平养或网床饲养，饲粮各阶段营养需要详见蛋鸭营养结构部分，饲喂程序详见表 4.7。

表 4.7　蛋鸭饲喂程序

阶段	饲喂程序
50 日龄前	自由采食
51～89 日龄	限饲，每周称重
51～70 日龄	自由采食量的 75%～80%
71～89 日龄	自由采食量的 80%～85%
90 周龄至淘汰	自由采食

蛋鸭精细化饲喂的目的是为了达到蛋鸭相应阶段的生产性能，从而实现蛋鸭终生体现最优生产性能。小型和中型蛋鸭的预期生产性能详见表 4.8 和表 4.9。

表 4.8　小型蛋鸭各阶段满足最低营养需要量时达到的产蛋性能

项目	体重[a]（克）	日增重（克/天）	采食量[b]（克/天）	产蛋率（%）	蛋重（克）
育雏期	480	15.8	40	—	—

水禽养殖减抗
技术指南
Shuiqin Yangzhi Jiankang
Jishu Zhinan

项目	体重[a]（克）	日增重（克/天）	采食量[b]（克/天）	产蛋率（%）	蛋重（克）
生长期	1 215	15	120	—	—
育成期	1 229	2.6	140	—	—
产蛋初期	—	—	140	67	54
产蛋高峰期	—	—	160	88	64
产蛋后期			155	70	66

注：a. 体重分别为 4 周龄、12 周龄和 16 周龄空腹体重；b. 采食量为自由采食状态下的采食量。

表 4.9　中型蛋鸭各阶段满足最低营养需要量时达到的产蛋性能

项目	体重[a]（克）	日增重（克/天）	采食量[b]（克/天）	产蛋率（%）	蛋重（克）
育雏期	652	21.6	58	—	—
生长期	1 322	11.97	155	—	—
育成期	1 622	7.15	150	—	—
产蛋初期	—	—	145	65	60
产蛋高峰期	—	—	170	85	68
产蛋后期	—	—	165	65	72

注：a. 体重分别为 4 周龄、12 周龄和 18 周龄空腹体重；b. 采食量为自由采食状态下的采食量。

（三）鹅

我国是世界上鹅品种最多的国家。国家畜禽资源管理委员会调查表明我国现有鹅品种 27 个，目前适合养殖的鹅品种中有 6 个品种被列入国家级保护名录。

鹅有不同的分类方法。快速生长可产肉的鹅，称为肉用型；以产蛋为主且体型小而紧凑的鹅称为蛋肉型或蛋肉兼用型；生产羽绒的称为绒肉兼用型；以生产肥肝为主的称为肥肝型；还有观赏、警戒等其他专用型。

肉鹅生长阶段一般分为育雏期、育成期、育肥期。育雏期为1~4周龄；育成期为5周龄至催肥前的阶段；肉鹅的主翼羽长出后，即可开始催肥，称为育肥期。产蛋鹅繁殖（产蛋）期包括产蛋期和休产（蛋）期。

1. 肉鹅育雏期　此阶段采用自由采食或按时喂食，饲料饲喂次数一般为3日龄前每天喂8~10次（其中夜间2次），4~9日龄每天喂8次（其中夜间1~2次），10~19日龄每天喂6次（其中夜间1次），20~28日龄后每天喂4次（其中夜间1次）。饲喂青绿饲料有利于雏鹅健康生长，饲喂时应先喂青绿饲料，再喂精饲料。

2. 肉鹅育成期　从5周龄开始至催肥前的时期称为肉鹅育成期，这段时间的鹅称为中鹅。该阶段鹅的觅食力、消化力、抗病力明显提高，食量大、耐粗饲，对外界环境的适应力增强。育成鹅的饲养方式是以放牧为主，补饲为辅。放牧时，选择水草肥美、谷物丰盛的地带，让鹅多吃青绿饲料，并经常轮换牧地，让鹅每次出牧均能吃饱，也就是人们常说的"鹅要壮，需勤放；要鹅好，放青草"。如果天然水草不足，可辅以人工种植黑麦草、饲用高粱、菊苣、苜蓿等作为鹅用牧草品种，进行人工种植或者补充粗饲料，满足肉鹅的饲草供应，并适量补饲精料。

育成期鹅体快速增大，采食量也同时加大，饲料中可以提高粗饲料的比例。为防止青绿饲料浪费，喂前应切碎，最好拌入精饲料中饲喂（夏季控制饲料保存时间，以防饲料酸腐）。在鹅的放牧过程中要适时放水洗浴、饮水。

3. 种鹅的育成期　从5周龄开始至产蛋前的时期为后备种鹅育成期，这段时间的鹅称为育成鹅。在种鹅育成期间，饲养的重点是对后备种鹅进行限制饲养，目的在于控制体重，防止鹅体重过大和过肥，使鹅具有适合产蛋的体况，进入性成熟时期后适时开产；

水禽养殖减抗 Shuiqin Yangzhi Jiankang
技术指南 Jishu Zhinan

训练鹅耐粗饲的能力。

需要特别注意的是，运动场内必须堆放砂砾，让鹅自由采食，以提高肌胃对青粗饲料的磨碎能力，以防消化不良。鹅的消化速度快，为促进生长，饲喂次数一定要多，一般白天喂 3～4 次，夜间 1 次。如青、精饲料分喂，则可增加青绿饲料的饲喂次数。

后备种鹅选留后，放牧后应每日补喂精饲料 2～3 次，补饲的精饲料、青绿饲料比例以 1：2 为宜。大型鹅种 110～130 日龄，中小型鹅种 90～120 日龄后开始转入限制饲养阶段，对于放牧的鹅应吃足青绿饲料，一般不加喂精饲料。

舍饲也以青绿饲料为主，适当添加以糠麸饲料为主的粗饲料和其他必需营养成分。后备种鹅在开产前 30 天左右开始加料，数量由少增多，在产蛋前 7 天加喂至产蛋期的饲料量。

4. 育肥期　当肉鹅的主翼羽长出后，即可开始催肥。商品肉鹅育成鹅在出栏前 10～15 天（60～80 日龄）应进行育肥。育肥期的饲喂方法一般以自由采食为主，饲料要多样化，以富含碳水化合物且易于消化的玉米、稻谷、小麦、糠麸等为主，适当搭配蛋白质饲料和粗饲料，也可使用配合饲料与青绿饲料混喂；育肥后期改为先喂精饲料，后喂青绿饲料。饲喂配合饲料时需加水拌湿软化后饲喂，每天喂 4～5 次，其中夜间 1～2 次，供足饮水。采食结束后适时赶鹅下水洗浴。

5. 繁殖（产蛋）期　种鹅分产蛋期（包括产蛋前期、产蛋高峰期、产蛋后期）和休蛋期。产蛋的母鹅采取圈养为主、结合放牧饲养的饲养管理方式。圈舍内喂养要定时、定量喂料。饲料品种要多样化，不能饲喂单一原料，可以用 2 份谷实类（玉米粉、碎米等）和 1 份粗糠作饲料。每天晚间可多加些精料。产蛋期饲喂次数一般为每日 2～3 次，产蛋多时，一定要确保鹅的营养需要，若采食量不足，母鹅会停止产蛋并开始换羽。因此，夜间要加喂 1 次食，确保鹅的自由采食。产蛋后期可以适当减少投喂量。大型产蛋鹅每天每只投喂谷实类饲料 200～250 克，小型产蛋鹅投喂 120～200 克。投喂饲料一定要按先喂青绿饲料、后喂精饲料再休息的顺序进行。投喂量是否合适，可根据鹅的粪便情况来确定。

鹅的饲养过程中要留有一定的放牧和运动时间，让鹅能够充分地采食、晒太阳、洗羽毛、交配。运动场内应堆放砂砾和贝壳供种鹅自由采食，有利于维持鹅的肌胃功能。休蛋期饲喂次数为每天 1～2 次，且少用或不用精饲料，以青绿饲料和粗饲料为主。至母鹅产蛋前 30～40 天开始加料，饲料数量由少增多、质量由低增高，至产蛋前 7 天达到产蛋期的喂料水平。对于公、母鹅分开饲养的，公鹅加料应比母鹅提前 15 天，以确保配种的顺利进行。

第四节　替抗饲料添加剂的应用

一、饲用酸化剂

酸化剂，又称酸度调节剂，我国《饲料添加剂品种目录》（2013）中允许使用的酸化剂种类丰富，主要包括甲酸、甲酸铵、甲酸钙、乙酸、双乙酸钠、丙酸、丙酸铵、丙酸钠、丙酸钙、丁酸、丁酸钠、乳酸、苯甲酸、苯甲酸钠、山梨酸、山梨酸钠、山梨酸钾、富马酸、柠檬酸、柠檬酸钾、柠檬酸钠、柠檬酸钙、酒石酸、苹果酸、磷酸等。

（一）酸化剂的种类及特点

酸化剂的种类和特点详见表 4.10。

水禽养殖减抗 Shuiqin Yangzhi Jiankang
技术指南 Jishu Zhinan

表 4.10　饲用酸化剂的种类和特点

类别	特点	代表酸
单一无机酸化剂	酸性强、成本低，可显著降低肠道 pH，但气味带有刺激性，影响采食量，易造成口腔溃疡甚至腐蚀生产设备	磷酸
单一有机酸化剂	风味好，可改善饲料适口性，具有降低肠道 pH、破坏菌膜结构、作为肠道上皮细胞能量源等功能，但成本相对较高	乳 酸、甲酸、丁酸
复合酸化剂	抑菌范围更广泛。重点是酸的优化组合配比，且全酸缓冲能力不足，易造成肠道 pH 波动，酸盐型复合酸化剂能避免这个问题	磷酸、柠檬酸 （盐）、苹果酸
包膜缓控释酸化剂	通过脂化缓释技术，避免氢离子释放过快且能够在水禽后肠发挥抑菌作用，实现延长发挥酸化肠道的作用。	包膜缓释复合酸化剂
微囊丁酸钠	丁酸是肠上皮细胞偏爱的直接能量源，可有效修复受损肠道、改善肠道形态，在保护肠道的屏障功能中发挥重要作用。丁酸钠由于自身理化特性（有特殊性气味，相对易挥发）的原因，尤其是饲料在制粒过程中，均易产生损失和异味。此外，丁酸极易被消化道的上皮细胞吸收利用，因此为了避免前消化道（嗉囊、腺胃和肌胃）等对丁酸的利用，通过微囊化缓控释技术，可以有效解决以上问题。	30% 微囊缓控释丁酸钠

（二）酸化剂的作用原理与效果

1. 酸化剂的作用原理

（1）改善胃肠道环境　酸化剂通过降低饲料系酸力及胃肠道 pH 来改善胃肠道微生物结构，抑制病原菌生长，刺激乳酸菌等有益菌的生长，促进动物体对营养物质的消化吸收。

（2）参与机体代谢　乙酸、丙酸、丁酸、柠檬酸、富马酸和乳酸是能量转化过程中的底物或中间产物，可以直接参与动物机体的生化反应。

（3）增强机体免疫力，缓解应激反应　提高免疫器官指数，增强机体免疫力。

2. 酸化剂的应用效果　饲粮中添加30％包膜缓释型丁酸钠能够提高鹅的日增重、降低料肉比，改善十二指肠、空肠和回肠形态，缓解沙门氏菌、球虫和梭菌对鸭肠道的损伤作用，提高血清的免疫球蛋白A、免疫球蛋白G含量，降低死淘率和肉鸭浆膜炎的发病率；53～56周龄蛋鸭饲粮添加250毫克/千克30％包膜缓释丁酸钠能够提高产蛋率和蛋重并降低料蛋比。

（三）酸化剂应用方案

自饲料禁抗令实施以来，针对水禽养殖而言，面临的最严峻挑战就是肠道健康。众所周知，动物的肠道是营养物质消化、吸收的重要场所，同时也是动物机体最大的免疫器官，动物机体70％疾病的发生都来源于肠道。目前水禽养殖中常见的肠道健康问题主要受到饲料原料中的抗营养因子和饲粮中的氧化油脂、霉菌毒素等的影响。此外，很多的微生物（寄生虫、细菌和病毒），如大肠杆菌、沙门氏菌、球虫和梭菌等，这些影响因素均可影响水禽肠道健康。因此，酸化剂的最佳应用方案最好从肠道的结构健全、形态完好、免疫机能正常、机体菌群结构平衡等方面着手，这样既能够保证动物机体的肠道健康，又可以充分发挥动物的生产潜能。

1. 单一酸化剂的复配方案　酸化剂的主要作用机制是降低动物肠道pH，改善饲料系酸力，这样有助于动物对营养物质的消化，同时杀菌抑菌，有利于肠道菌群平衡，因此，通过使用不同单一酸化剂复配出的复合有机酸（盐），不但可以很好地改善动物的消化能力和肠道菌群的平衡，而且可使受损肠道的结构屏障得到有效修复并促进机体发挥正常的免疫机能。

2. 酸化剂和单宁酸的复配方案　目前，在畜牧行业中酸化剂应用较为普遍，主要问题是酸化剂在饲粮中的添加比例较高。在养殖过程中，常用酸化剂与单宁酸进行复配，酸化剂发挥了改善肠道内环境的作用，单宁酸能够起到收敛受损肠道的作用。酸化剂与单宁酸的复配既改善了肠道内环境、维持了肠道的菌群平衡，又可以提升肠道的屏障功能。

3. 酸化剂和酶素的复配方案　酶素作为一种含有多种酶、多酚类、益生菌、益生元、维生素、有机酸等生物活性物质的功能性复合物，在维护肠道健康方面发挥着重要的作用，因此酶素在改善动物肠道菌群平衡、免疫调节、改善消化等方面均具有一定作用。动物肠道一旦出现问题，往往会导致腹泻，酸化剂通过降低肠道pH，能够很好地改善营养物质的利用效率，减少后肠道的异常发酵。同时，酶素可以通过后生元参与到动物机体的免疫调节，酶素中的益生菌能够很好地维护肠道的菌群平衡。

4. 酶素和包膜缓控释丁酸钠的复配方案　酶素除了能够与复合酸化剂进行协同配伍增效外，酶素还可以与包膜缓控释丁酸钠进行配伍，构建肠道健全的屏障功能，一方面维护结构屏障的完整性，另一方面可以改善动物的菌群平衡。在实际养殖应用中发现，酶素和包膜缓控释丁酸钠合用可以改善动物肠道健康，提高产蛋率、蛋重和料蛋比并降低死淘率。

5. 酶素和单宁酸的复配方案　酶素和单宁酸合用，单宁酸在其中的作用主要是对肠道中受到损伤的结构进行收敛。酶素和单宁酸的合用，一方面可以维持肠道的结构不再进一步损伤，一方面可通过有益菌等作用，维持肠道的菌群结构平衡，减少水禽腹泻的发生，改善水禽的肠道健康。

二、微生态制剂

微生态制剂又称益生菌、益生素、饲用微生物添加剂等，是指在微生态学理论的指导下，可调整微生态失调、保持微生态平衡、提高宿主健康水平的正常菌群，及其代谢产物和选择性促进宿主正常菌群生长的物质制剂的总称。微生态制剂作为抗生素替代品，目前受到人们的广泛关注。

（一）益生菌的简介

益生菌最早由 Parker（1974）提出，Fuller（1989）将其定义为"可通过改善肠道菌群平衡，对宿主施加有利影响的活的微生物饲料添加剂"，后来对益生菌的定义进一步扩大为通过摄入一定数量，可对动物健康产生超出动物固有基础营养之上的有利影响的活的微生物。另外，目前的研究认为，益生菌还应包括益生菌的死菌体及其代谢产物。益生菌能够调节动物肠道微生态平衡起到预防疾病、促进动物生长和提高饲料转化率的作用。

可用作益生菌的微生物种类很多，美国食品药品监督管理局和美国饲料管理协会 2009 年公布允许作为饲料添加剂使用的微生物菌种有 46 种，我国农业部 2013 年公布了允许使用的菌种有 36 种。目前研究得较多的菌种有乳酸菌、芽孢杆菌和酵母菌等，由于菌株本身特性、发酵工艺较为成熟等因素，这些菌种被广泛应用于动物养殖。另外，国内外还相续报道了很多新菌种，如丁酸梭菌、环状芽孢杆菌、芽孢乳杆菌、海洋红酵母、红法夫酵母等。

乳酸菌是动物微生态制剂中使用最多的益生菌。乳酸菌可以改善动物的肠道功能，产生一些酶系促进动物体对营养物质的消化吸收，降低血清胆固醇和血脂浓度，还可以调节动物的免疫功能。目前饲料中常使用的乳酸菌有肠球菌、嗜酸乳杆菌、植物乳杆菌等。

芽孢杆菌在肠道中主要通过微生物夺氧来维持肠道生态平衡。芽孢杆菌能耐酸、耐碱、抗高温和挤压，在饲料制粒过程中的稳定性较好。芽孢进入肠道后，在肠道中的复活率为 $70\% \sim 80\%$。芽孢杆菌能产生高活性的蛋白酶、淀粉酶、脂肪酶、植酸酶及纤维素酶等，补充动物内源酶的不足。它还能产生多种维生素、蛋白质或多肽、氨基酸等营养物质。目前饲料中常使用的芽孢杆菌有枯草芽孢杆菌、地衣芽孢杆菌、凝结芽孢杆菌和纳豆芽孢杆菌等。

酵母是一种来源广、价格低、氨基酸比较全面的单细胞蛋白，含有多种维生素和微量元素。酵母菌可以促进动物体对营养物质的消化、吸收和利用，并可提高动物对磷的利用率，还能增强动物机体免疫力、提高抗病力。酵母菌细胞壁成分中的葡聚糖和甘露聚糖有增强免疫的作用。目前应用于饲料中的酵母主要有酿酒酵母、啤酒酵母、产朊假丝酵母等。

光合细菌是一类有光合作用能力的自养微生物，目前已被发现的光合细菌有 60 多种。光合细菌的细胞成分优于酵母和其他种类微生物，不仅能为动物体提供丰富的蛋白质、维生素、矿物质等营养物质，还可以产生辅酶 Q10 等生物活性物质及类胡萝卜素、番茄红素、虾青素等天然色素。目前，应用于养殖的光合细菌是沼泽红假单胞菌，主要在水产养殖中用于改善水质，也可以用于水禽养殖场的水质改善。

（二）益生菌的作用原理与效果

1. 改善胃肠道微生态环境　微生态制剂主要通过黏附定殖、竞争、拮抗等方式维持有益菌在胃肠道中的优势地位。黏附性是有益菌定殖动物肠道生长繁殖的前提，黏附能力取决于细菌的菌体结构、菌体表面的配体、肠道细胞的结合受体。有益菌与受体结合后有利于抵抗肠道蠕动引起的排空作用。有益菌可以通过排斥、竞争、置换等作用抑制宿主肠道中大肠杆菌、沙门氏菌、梭菌、念珠菌等致病菌的黏附和定殖。有益菌在动物肠道内通过分泌大量的有机酸、抗生素等物质拮抗其他微生物，能杀灭或抑制病原菌和阻碍致病菌的定殖，从而维持肠道内微生态环境的稳定。

2. 调节机体免疫功能　微生态制剂可以提高机体细胞免疫和

体液免疫的免疫效果，主要表现为激活单核吞噬细胞，增强自然杀伤细胞的活力，促进 T、B 淋巴细胞的增殖和成熟，促进细胞因子和抗体的表达，从而提高机体局部或全身的免疫功能，发挥自稳调节、抗感染、抗肿瘤的作用。微生态制剂调节动物免疫机能，可能是益生菌向机体提供信号物质，即病原体相关分子特质结构如肽聚糖、胞外多糖等，它被识别后向胞浆内传导信号，激活 NF-κB 等转录因子和蛋白激酶，释放细胞因子、一氧化氮合成酶等，在动物机体的免疫应答中发挥作用。

3. 净化养殖环境　硫化物、氨态氮、吲哚等是使畜禽粪便发臭的主要物质，控制或减少粪便中硫化物、氨态氮、吲哚等物质的积累量是降低臭味的主要措施之一。枯草芽孢杆菌可在大肠中产生氨基氧化酶、氨基转移酶及分解硫化物的酶，它们可将臭源吲哚化合物完全氧化，将硫化物氧化成无臭、无毒的物质，从而降低动物血液及粪便中有害气体的浓度，并减少其向外界的排放，从而改善饲养环境。另外，乳酸菌能明显增加挥发性有机酸的浓度，降低粪便的 pH，减少粪便中甲酚、吲哚等有毒有害物质的浓度，从而改善肠道环境。

（三）益生菌的应用方案

微生态制剂被认为是抗生素的有效替代品。但是，微生态制剂是活菌产品，存在菌株的筛选、生产工艺及设备、活菌含量方面的问题而导致微生态制剂的使用效果不一致。另外，日粮中添加的微生态制剂易受动物肠道内环境的影响，如胃酸、胆盐、肠道"原著"菌群等，从而影响其作用的发挥。为了使微生态制剂的应用效果更加稳定，将多菌株进行复配及微生态制剂与功能性寡糖、酶制剂、酸化剂等添加剂联合使用，这些成分之间具有一定的协同作用，使其作用更加专一、效果更显著。

1. 多菌株科学配伍使用　根据微生态制剂的发展趋势，并充

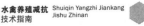

分考虑中国实际养殖特点，发展复合微生态制剂的效果要明显优于单一菌种制剂。微生态制剂如以产酶、产抗菌物质的芽孢杆菌等菌株与具有免疫刺激作用的乳酸菌等菌株配伍，就形成了复合微生态制剂，能在提高动物饲料营养利用率的同时增强其免疫和抗感染能力，这样复配而来的微生态制剂的功能及效果要优于单一菌种制剂。另外，微生态制剂对一种动物的作用效果与活菌数量间的关系呈正态分布，也就是说，活菌数量并非越多越好，而且不同种类及年龄段的动物获取最佳经济效益所需的添加量各不相同。在所添加活菌数量超过最佳添加量后，其增重效果和料肉比反而呈下降趋势，其原因在于过多地添加活菌本身也会争夺肠道内的营养物质。在养殖生产中，可将不同作用的菌种复配，实行"强强"联合和互补，增强微生态制剂的作用，并减少活菌的添加量，降低生产成本。目前，常用的配伍有枯草芽孢杆菌与地衣芽孢杆菌组合，主要用于肉禽和蛋禽饲粮中，成本较低，同时可以高温制粒；另外，还有不同芽孢杆菌组合后再与丁酸梭菌、肠球菌或乳酸杆菌配伍等。

2. 微生态制剂与功能性寡糖配伍　寡糖又称为低聚糖或寡聚糖，是由2～10个单糖单位经脱水缩合并由糖苷键连接而成的具有直链或支链的低度聚合糖类的总称。功能性寡糖是指具有特殊的生理学功能，不被人和动物肠道吸收，能够促进肠道有益菌的增殖，有益于肠道健康的一类寡糖。常用的功能性寡糖主要有果寡糖、壳寡糖、低聚木糖、甘露寡糖等。寡糖不能被消化道和病原菌利用，却能被乳酸菌等益生菌利用，作为益生菌的增殖因子，使益生菌大量增殖，从而调节动物肠道微生态平衡。寡糖还具有免疫佐剂和抗原特性，可以调节机体免疫功能，增强机体免疫力，从而促进动物健康。因此，微生态制剂和寡糖联合使用可提高益生菌在肠道内的成活率及稳定性，增强微生态制剂的作用。枯草芽孢杆菌和低聚木糖联合应用于肉鸭饲粮中，可使肉鸭平均日增重和成活率显著提高、盲肠中乳酸杆菌的数量增加且大肠杆菌和沙门氏菌的数量减少，并显著提高肉鸭对饲粮粗蛋白、钙、磷等营养物质的利用率，二者的复合使用效果优于低聚木糖或枯草芽孢杆菌单独使用。因此，微生态制剂与寡糖联合，更有利于微生态制剂发挥作用。

3. 微生态制剂与酶制剂配伍　酶制剂作为一种高效饲料添加剂，可以补充动物内源酶的不足，增加动物自身不能合成的酶，从而促进畜禽对养分的消化和吸收、提高饲料转化率、促进生长。微生态制剂和酶制剂联合使用，微生态制剂有利于动物肠道微生物区系的建立和维持，还能分泌大量的酶，能够提高酶制剂的活性；同时，酶制剂可通过降解饲料营养物质，为益生菌提供生长增殖所必需的营养物质。微生态制剂和酶制剂配伍在生产中也表现出了较好的使用效果，具有一定的协同效应，使微生态制剂和酶制剂的进一步开发利用有了广阔的前景。在蛋鸭日粮中联合添加复合微生态制剂和复合酶制剂，可提高蛋重和饲料转化率，降低肠道食糜黏度，提高蛋鸭对粗蛋白、磷的利用率，降低氮、磷排放量，同时还能改善鸭蛋的蛋品质，提高鸭蛋的哈夫单位和蛋黄指数。

4. 微生态制剂与酸化剂配伍　酸化剂可以降低日粮 pH 和酸结合力，使动物肠道 pH 降低，提高消化酶的活性，促进营养物质的消化吸收，促进动物生长。酸化剂和微生态制剂的联合应用可以产生一定的协同效应。乳酸菌、双歧杆菌等益生菌的耐酸特性为其与酸化剂的联合使用提供了良好的基础。肠道中主要的几种有害微生物最适生长环境的 pH 为 7 左右，而乳酸菌、双歧杆菌等益生菌适宜的生长环境偏酸性。因此，酸化剂可通过降低动物肠道 pH，抑制有害菌的生长，从而有效调控动物消化道微生物区系平衡。在肉鸭前期饲粮中添加微生态制剂和酸化剂组合，可提高日增重和采食量，降低料肉比和死亡率，降低空肠和盲肠中大肠杆菌数量，提高乳酸杆菌数量，提高饲粮粗蛋白质和能量利用率，其改善效果优于酸化剂或益生素单独使用。因此，饲粮中添加酸化剂有利于微生态制剂发挥作用。在微生态制剂和酸化剂的联合使用过程中，二者

水禽养殖减抗
技术指南
Shuiqin Yangzhi Jiankang
Jishu Zhinan

也会在动物的肠道内发生复杂的生理生化反应，因此，为达到动物的最佳生产性能，应寻求一个适宜的添加比例。

三、酶制剂

酶制剂是根据动物的消化生理特点及内源性消化酶的特性，应用现代生物工程技术，选用特殊的微生物菌株经发酵产生的具有活性的单酶或复合酶所组成的一种饲料添加剂。

（一）酶制剂的种类

酶制剂主要包含两大类：消化酶和非消化酶。

消化酶是动物自身可以分泌的（内源消化）酶，能直接消化水解饲料的营养成分，如降解多糖和生物大分子物质，主要包括蛋白酶、淀粉酶、糖化酶、脂肪酶，添加消化酶可以弥补动物自身消化酶分泌的不足，从而直接促进动物对养分的消化利用。

非消化酶是动物自身不能分泌，只能获取来自微生物的外源酶。它不直接消化水解大分子的营养物质，而是分解或水解饲料中的抗营养因子，主要功能是破坏植物细胞壁，降解细胞壁和细胞间质中的果胶成分，使细胞内容物充分释放出来，间接促进了动物对营养物质的消化利用。非消化酶主要包括纤维素酶、半纤维素酶、果胶酶和植酸酶等。

（二）酶制剂作用原理与效果

关于酶制剂的作用原理主要包括以下几个方面。

1. 降低消化道内容物的黏度　植物性原料中含有较高的非淀粉多糖：玉米中可溶性非淀粉多糖和不可溶口性非淀粉多糖的含量分别为 0.9%～1.3%、6.0%～7.7%；豆粕含有 6%可溶性非淀粉多糖和16%～18%不可溶性非淀粉多糖;双低菜粕的总非淀粉多糖含量为5.21%～11.82%。非淀粉多糖含量和胃肠道内容物的黏度存在正相关关系。另外,单胃动物不能分泌内源酶降解饲料中植物细胞壁的非淀粉多糖,向饲粮中有针对性地添加一些酶,可明显降低动物肠道中内容物的黏度,从而消除较高内容物黏度带来的不利影响,提高动物的生产性能和经济效益。

2. 消除饲料抗营养因子 目前,我国水禽的典型饲粮是玉米-杂粮型饲粮,主要采用植物性饲料原料作为主要的原料进行配合饲料的生产,但是植物性饲料中抗营养因子的存在极大地影响了其应用范围和用量。饲粮中主要的抗营养因子有蛋白类抗营养因子、非淀粉多糖抗营养因子和植酸。目前对这3类抗营养因子的抗营养机制研究最多,研究最成熟的是植酸,植酸的抗营养机理主要是因为植酸分子中的六个碳原子上每个都连有一个带负电荷的磷酸根,这个磷酸根有很强的螯合力,它能够与多种矿物离子如磷、钙、钠、钾、镁等形成难以被动物利用的螯合物,进而妨碍这些矿物质的吸收和利用。植酸还可能与蛋白质、氨基酸、消化酶形成复合物,这些复合物很难被动物消化和吸收,导致其营养作用减弱。向饲粮中有针对性地添加以植酸酶、蛋白酶、淀粉酶和碳水化合物酶为主的复合酶,可有效地降低和消除以上抗营养因子的抗营养作用,从而达到提高饲粮营养物质消化率的目的。

3. 改善动物体内的消化环境 酶制剂的使用可改变水禽消化器官的重量、增加消化道内酶的活性和微生物的种类与数量。饲料中的可溶性非淀粉多糖可导致动物小肠壁的黏膜层增厚,导致小肠黏膜蛋白增加、消化液分泌增加、消化器官增生肥大等;它还可直接与肠道中的胰蛋白酶、脂肪酶等消化酶发生作用,降低这些消化酶的活性,可溶性非淀粉多糖对消化酶活性影响的次序为:淀粉酶>脂肪酶>蛋白酶。外源酶的添加能够减少或消除食糜在消化道内的黏度,减少食糜在消化道的停留时间,从而减少肠道细菌群落。

4. 破坏植物性饲料原料细胞壁结构   植物细胞壁的纤维组成为纤维素（40％～45％）、半纤维素（30％～35％）和木质素（20％～23％），其中半纤维主要有木聚糖和甘露聚糖两种。饲粮中添加木聚糖酶可降解可溶性多糖、减少肠道内容物的黏性、降低畜禽肠道疾病的发生率、增强动物的免疫力、增进机体健康、提高成活率。

5. 补充内源酶不足，提高内源酶活性   正常健康的成年动物，在适宜的生产条件下，能分泌足够消化饲料中淀粉、蛋白质、脂类等养分的酶，但幼年、老龄动物或动物处于高温、寒冷、转群、疾病等应激状态时，动物分泌酶的能力较弱或者易出现消化机能紊乱、内源性消化酶分泌减少，因此在饲粮中添加消化酶，可以补充内源酶的不足，提高饲料的利用率，改善动物的消化能力，缓解应激条件下动物生产能力的下降。

（三）酶制剂应用方案

考虑到水禽的采食生理特点和玉米、豆粕等常规优质原料价格的持续上涨和资源短缺，为降低动物饲养成本，非常规原料（菜籽粕、棉籽粕、甜菜粕、稻壳、米糠和酒糟等）逐渐广泛且大量应用于鸭、鹅饲料中，但由于这些原料中往往能值较低且粗纤维、植酸、非淀粉多糖等物质含量高，导致非常规饲料原料的浪费，而酶制剂复合添加或与其他添加剂联合添加将提高非常规原料的利用率。

1. 多种酶制剂复配   酶制剂是微生物发酵的天然产物，在畜禽饲料中的功能具有多元性，主要包括促进消化吸收、维护肠道功能、免疫、抗病原菌、抗氧化等方面的功能。酶制剂在替抗中能发挥替代抗生素促生长功能的作用，能够通过提高胃肠道消化酶的活性和消除抗营养因子来提高机体消化吸收能力，能发挥抑菌杀菌作用提高机体免疫力，进而改善畜禽生长性能。常见的酶制剂包括用于增强机体消化吸收功能的酶制剂，如蛋白酶、淀粉酶等；用于消除抗营养因子的酶制剂，如木聚糖酶、纤维素酶等；用于促进免疫反应的酶制剂，如β-甘露聚糖酶；用于抑菌杀菌的酶制剂，如溶菌酶、葡萄糖氧化酶等。水禽饲粮中添加的复合酶往往具有协同效应或加性效应，合用效果优于单一使用效果。例如，以植酸酶和非淀粉多糖酶为主的复合酶添加剂可提高饲料能量的利用，减少饲料中非植酸磷和钙的添加比例。在玉米-杂粮型饲粮中同时添加聚糖酶、甘露聚糖、葡聚糖酶和纤维素酶，可有效提高肉鸭的生产性能。饲粮中添加果胶酶、纤维素酶和β-甘露聚糖可提高肉鹅的生产性能并有提高胸肌率和降低腹脂率的趋势。

2. 酶制剂和胆汁酸的配伍　胆汁酸是动物胆汁的重要成分，是肝脏细胞内胆固醇的一种代谢产物，其分子既具有亲水性又具有亲脂性，这种两性结构使其成为一种表面活性较强的乳化剂，能有效乳化脂类物质，加速机体对脂类营养物质的消化和吸收，在体内通过介导胆汁酸受体结合调控胆汁酸的肠肝循环而发挥相应的生物学效应。脂肪酶能催化不溶性酯的水解、醇解、酯化等多种生化反应，最终将脂肪水解为甘油和脂肪酸，从而促进脂肪被机体吸收。饲粮中添加外源性脂肪酶可以提高小肠的脂肪酶活性，补充内源性消化酶的不足，为水禽生长提供能量。水禽因其自身的生理特点，容易沉积大量的脂肪，脂质代谢旺盛。饲粮中胆汁酸和脂肪酶的联合使用可提高肉鸭的胸肌率、降低腹脂率、改善胴体品质并提高饲料转化率。

四、中草药及植物精油

中草药在我国有着悠久的历史，是我国传统文化的宝贵财富。

中草药具有营养与药性两种作用，除含有一定量的营养物质外，还含有抗菌、抗病毒、免疫调节、抗氧化等其他生物学作用的活性成分。中草药及其提取物可作为饲料添加剂起到改善机体代谢、促进生长发育、提高免疫功能及防治畜禽疾病等多方面的作用，目前已成为替代抗生素研究与应用的热点之一。

（一）中草药简介

我国中草药在人类和动物上的应用有着悠久的历史，如《本草纲目》《元亨疗马集》等均有记载。长期的实践表明，多种药用植物尤其清热解毒类药用植物能够抑制或杀灭多种细菌、真菌、病毒和寄生虫，防止动物疫病的发生，例如金银花、蒲公英、紫花地丁等具有广谱抗菌作用，板蓝根、大青叶、黄芩、黄连等具有抗病毒作用，青蒿、黄柏具有抗螺旋体作用，槟榔、贯众等具有抗寄生虫作用。

在国外，植物提取物已逐步应用于畜牧生产上，在理论及应用方面进行了深入细致的研究并取得了丰硕的成果。近年来，欧盟、美国、日本等对植物提取物投入了大量研究经费进行了基础和应用研究，甚至韩国、新加坡和中国香港都由政府立项和资助了大量的相关研究项目。我国是中草药的发源地，使用中草药的历史已有5 000多年，目前我国饲料原料目录中有115种可饲用天然植物能用于畜禽饲料，饲料添加剂品种目录和药物饲料添加剂品种目录中有10多种单方或复方提取物能用于畜禽饲料。

中草药饲料添加剂是以天然植物的物性（阴阳、寒凉、温热）、物味（酸、苦、辛、甘、咸）及物间关系等传统中医药理论为主导，辅以饲养和饲料工业等学科理论技术而制成的纯天然饲料添加剂，将其添加于饲料中供动物食用，用于预防疾病、提高生产性能和改善肉品质量等。

中草药是中医学长期实践的产物，其不仅具有防病治病、无药残、无耐药性等特点，还对畜禽动物具有促生长的作用。中草药与抗生素及其他替代抗生素的添加剂相比，具有天然性、无抗药性、无药残、毒副作用小、功能多样性等特点。中草药主要是以植物的根、茎、叶、果，动物的皮、骨、内脏器官，以及天然矿物组成，其中大多数为植物来源。中草药中各种有效成分均保持了较完整的天然结构状态及自然生物活性。同时，经过长期实践检验对人和动物有益无害，且在应用之前经过炮制去除了其中的有害成分。中草药的有效成分是天然的有机物，并具有独特的抗菌与抗寄生虫作用，不易产生抗药性，并且多数不在畜禽体内残留蓄积，毒副作用小，可长期使用。另外，中草药本身是天然的有机体，含有丰富的多糖、挥发油、有机酸、生物碱、黄酮、多酚等生物活性成分，通过配伍组合具有调节免疫力、抑菌抗病毒的功能，并可通过调节畜禽的生理状态，起到抗应激的作用。同时，中草药中的一些成分还具有类激素或类维生素的功能。此外，中草药中均含有少量的淀粉、糖、氨基酸、脂肪、矿物质等养分，具有一定的营养功能。

（二）中草药作用原理与效果

在畜禽生产中添加中草药的主要目的是促进动物体对养分的消化吸收、疾病保健、驱虫等。中兽医学理论认为这是由中草药祛邪去因、扶正固本、调整整体、平衡阴阳的特点决定的，通过不同药材的配伍从而达到消食健脾、活血散瘀、补气壮阳、养血滋阴、清热解毒、安神定惊、驱虫除积的作用。而目前对中草药的作用机理研究主要集中在其免疫调节、抑菌抗病毒、增食欲促消化、抗应激、抗氧化等方面。

1. 免疫调节作用　中草药可从神经、体液和细胞分子水平对动物机体进行全方位的调节，从而起到调节免疫的作用。中草药的成分非常复杂，其中含有的多糖类、生物碱、挥发油、有机酸和皂苷类等有效成分，能够增强机体的特异性和非特异性免疫功能，从而增强机体的抵抗力。多糖能促进胸腺反应、增强网状内皮细胞特异性抗原反应能力；生物碱能有效地增强淋巴细胞转化与抗原抗体反应，从而改善畜禽的体液与细胞免疫功能；挥发油类可增强巨噬细胞吞噬能力，以提高畜禽的免疫力。常见的补益类的中草药都具有提高免疫力的作用，如黄芪、党参、淫羊藿、茯苓、女贞子、五味子、当归、白芍等。黄芪和党参能增强动物的单核巨噬细胞的功能，淫羊藿能促进特异性抗体的产生。黄芪多糖、黄芪皂苷、当归多糖、淫羊藿多糖、淫羊藿黄酮、决明子多糖、刺五加提取物等中药成分均表现出明显的多重免疫增强作用。

2. 抑菌抗病毒作用　许多中草药，尤其是清热解毒、解表和补虚类中草药能抑制或杀灭多种细菌、真菌和病毒。如清热解毒药中的金银花、蒲公英、连翘、板蓝根、大青叶、贯众等，解表药中的薄荷、柴胡、桂枝、紫苏、生姜等，补虚药中的黄芪、甘草、五味子、女贞子等，都是常用的抗菌抗病毒中草药。从其有效成分来看，主要是生物碱、黄酮、苷类、挥发油、有机酸、鞣质等成分具有抗菌抗病毒作用。少数具有抗菌抗病毒作用的中草药所含有效成分可直接作用于菌体，而大多数具有抗菌抗病毒作用的中草药的抗菌抗病毒机理是激发和调动动物机体内的抗菌因子，如细胞吞噬、屏障、非特异性血清杀菌素、溶酶素、补体等的活性和数量，以及降低病原菌的毒力和消除病原菌对组织细胞的破坏作用，加快机体康复。黄连的小檗碱、黄芩的黄酮物质、连翘的挥发油等对禽流感病毒有抑制作用。黄柏能抑制细菌呼吸和 RNA 合成，对多种革兰氏阳性菌和革兰氏阴性菌有抑制作用，对结核杆菌、皮肤真菌、流感病毒、钩端螺旋体及原虫也有抑制作用。杜仲及其提取物对大肠杆菌、金黄色葡萄球菌及肺炎球菌等均有不同程度的抑制作用，且对肠道中有益菌如乳酸杆菌和双歧杆菌均有不同程度的促增殖作用。此外，部分中草药的挥发油成分也具有广谱抗菌活性，如肉桂的肉桂醛、丁香的丁香酚、百里香的百里香酚、牛至的香芹酚、薄荷的薄荷精油、大蒜的大蒜素、迷迭香的迷迭香精油等对大肠杆菌、沙门氏菌、金黄色葡萄球菌、魏氏梭菌等具有不同程度的抑制或杀灭作用。

3. 增食欲促消化作用　中草药含有的挥发性油、有机酸等有效成分能兴奋动物胃肠道，促进消化腺的分泌功能，提高消化酶活性，促进动物对营养物质的消化吸收，提高饲料利用效率，同时还能增强机体代谢水平，进而促进动物生长。常见的消导类中药，能够健脾开胃、增进食欲、促进消化吸收，如神曲消食化积、健胃和中，山楂消食健胃、活血化瘀，麦芽消食和中，鸡内金消食健脾、化石通淋，莱菔子消食导滞、理气化痰。在饲料中添加消导类中药可以促进动物的消化吸收功能，提高采食量和生长速度。香辛料含有大量的挥发性精油成分，具有止痉挛、祛风、开胃、促进消化酶和胆汁分泌、保肝护胆的作用，如肉桂、八角、茴香、芥末等，对畜禽也具有增强食欲、促进消化的作用。另外，辣椒中含有的辣椒碱能通过神经中枢的活动刺激消化器官，从而引起小肠收缩，促进动物采食。

4. 抗应激作用　中草药中的"适应原"物质，能在恶劣的饲养环境中调剂畜禽生理功能，提高其适应能力。许多中草药具有清热解毒、提高抵抗力及缓和应激原的作用，同时一些中草药也能通过调节应激反应各阶段的异常生理变化，表现出抗应激的作用。此外，中草药中含有的维生素 C、有机酸等也具有抗热应激的作用。中草药可通过改善畜禽的免疫力，维持机体内环境的稳定，保证动物体内生理活动的正常进行，从而提高畜禽的抗应激能力，缓解应激对畜禽生产的不利影响，改善畜禽生产性能。常用的抗应激中草药有藿香、苍术、薄荷、甘草、人参、党参、黄芪、柴胡、延胡索等。

5. 抗氧化作用　在正常状态下，动物体内自由基的产生和清除系统保持平衡。当动物处于应激等不良状态时，动物体内自由基

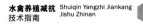

所占比例过高，包括超氧阴离子、氢氧自由基、过氧化氢、单线态分子氧等，可损害细胞中的蛋白质、脂质和核酸，产生羰基化合物、丙二醛和8-羟基脱氧鸟苷等氧化产物，从而改变生物体的结构和功能，甚至出现组织损伤和疾病。在氧化应激的情况下，动物激活机体复杂的调节机制，动员用于自身生长或生产所需的大量能量和营养物质，来防御氧化损伤，这将导致养殖成本的增加，还会直接影响动物健康，并可能引起炎症反应，出现生长受阻、生产性能及动物产品质量下降等现象。中草药富含黄酮、多酚、萜烯、多糖、生物碱等具有抗氧化作用的活性成分，可有效提高动物机体的抗氧化能力，及时清除细胞内的氧自由基，抑制动物生产中的脂质氧化、蛋白质氧化和核酸氧化。常用的抗氧化中草药包括黄芪、茯苓、香菇、枸杞、云芝、党参、淫羊藿、杜仲、金银花、葡萄籽、桑葚、松树皮等。

（三）应用方案

1. 植物精油与植物提取物配伍　我国水禽饲养主要集中在东部和南部江河纵横、湖泊众多的地区，且以散养为主，给水禽的无抗养殖带来严峻挑战，因此有必要通过饲养管理和营养调控等措施来促进水禽改善肠道健康、预防疾病和抗热应激，从而提高水禽的生长速度。然而，在水禽的无抗养殖中，无抗的关键问题是肠道健康问题。单纯用一种饲料添加剂，很难达到替代抗生素的效果，这时我们需要协同替抗思路，也就是利用不同作用的饲料添加剂进行协同作业达到替代抗生素的效果。

同样，单方中草药或提取物也很难达到替代抗生素的效果，所以复方中草药或提取物能更好地解决无抗养殖中的问题。在水禽无抗养殖中需要系统地解决动物抗菌、肠道健康、促消化、抗应激的问题。肉桂醛、百里香酚、丁香酚等植物精油在细胞和动物模型中具有优良的抑菌、杀菌效果，同时还具有抗氧化、抗炎等作用，其某些作用机制与抗生素有相似之处，且多种植物精油配伍可以增强植物精油的抗菌能力和抗菌谱，效果要优于单一植物精油，因此复方植物精油能更多地解决抗菌问题。肉桂具有补火助阳、散寒止痛、温通经脉等作用；丁香具有温中降逆、补肾助阳等作用；藿香可化湿醒脾、和中止呕、发表解暑，具有保护肠道、抗菌抗炎、抗过敏、解热镇痛、抗肺损伤、抗氧化等作用；黄连可清热燥湿、泻火解毒，具有抗菌、抗炎、改善心脑血管系统和消化系统等作用。肉桂、丁香、藿香和黄连四者配伍，可以解决肠道健康、促消化和抗应激的问题。

将肉桂、丁香、藿香和黄连四者组合进行乙醇提取，再与植物精油配伍，可以全面地解决抗菌、肠道健康、促消化、抗应激的问题，同时原料来源广、成本低廉适合于水禽养殖。植物精油与植物提取物的复合物应用于肉鸭饲粮中，可提高肉鸭的日增重和出栏重，降低养殖全程的死淘率和料肉比，效果与维吉尼亚霉素相当；盲肠中乳酸杆菌属比例增加，大肠杆菌属、梭菌属比例降低，有利于肠道健康；另外，十二指肠中蛋白酶、脂肪酶活性提高，同时十二指肠中氨基酸产物增加、回肠中脂肪代谢产物增加，说明肉鸭对蛋白质和脂肪的消化率有所提高。这种将植物精油和植物提取物结合的方案，给水禽的无抗养殖技术的研究与应用提供了一种思路。此配伍方案可用于肉鸭、蛋鸭及鹅的养殖全程，起到替抗、护肠道，保障肠道健康的作用，同时还能改善动物的消化能力，促进食欲、增加采食量，增强自身免疫功能，提高生长速度和饲料转化效率。

2. 植物精油与单宁酸配伍　将肉桂醛、香芹酚等植物精油与具有收敛作用的植物来源的单宁酸进行配伍，起到抗菌、收敛的作用，可用于肉鸭、蛋鸭及鹅的育雏期，对肠道健康、水便、过料等现象起到一定的改善作用。

3. 博落回提取物与单宁酸配伍　博落回提取物中的血根碱等

水禽养殖减抗 Shuiqin Yangzhi Jiankang
技术指南 Jishu Zhinan

生物碱具有较强的抗菌、抗炎等作用，与单宁酸配伍，对肠道健康起到整肠抗炎、收敛的作用，可用于肉鸭、蛋鸭及鹅的养殖全程。

4. 消导方曲蘖散　《元亨疗马集》中的消导方曲蘖散主要由神曲、麦芽、山楂、厚朴、枳壳、陈皮、苍术、青皮、甘草等组成，有消积化谷、破气宽肠的作用。方中用神曲、山楂、麦芽为主药消食化谷；辅以青皮、厚朴、枳壳、萝卜行气宽肠，助主药消胀；陈皮、苍术理气健脾，使脾气得升，胃气得降，运化复常，皆为佐药；甘草和中协调诸药，为使药；诸药合用，共奏消食导滞、化谷宽肠之功。消导方曲蘖散或其提取物可应用于肉鸭、肉鹅的生长育肥期，起到促进营养物质的消化和吸收、调节糖和蛋白质的代谢、促进营养物质的沉积、提高生长速度、降低料肉比的作用，进而提高肉鸭、肉鹅养殖的经济效益。

五、溶菌酶

溶菌酶最早由 Flemming 在鼻腔分泌物中发现存在一种可抑制细菌生长的成分，因其具有溶菌作用，故命名为溶菌酶。它广泛存在于机体分泌物中，如眼泪、唾液和乳汁中都可检测出溶菌酶。

（一）溶菌酶的简介

溶菌酶（1，4-β-N-乙酰胞壁质聚糖水解酶）具有抗菌作用，它通过水解肽聚糖中 N-乙酰葡萄糖胺和 N-乙酰胞壁酸之间的 β-1，4糖苷键，以此使细菌细胞壁破裂、细胞膜丧失完整性，导致细胞坏死。此外，水解后的产物还可生成免疫球蛋白 A 对机体进行局部保护、预防肠道疾病、抵抗病原菌侵袭。溶菌酶是机体的重要防御机制，可调控动物的先天免疫力。

溶菌酶一直广泛应用于畜牧养殖中，然而，为了高活性溶菌酶能够在消化道保持高活性，且避免颗粒饲料生产加工中的高温高压高湿等影响，通过微囊化包膜可以实现对有效成分的充分保护，减少蛋白酶对溶菌酶的分解，实现有效成分在肠道尤其在后肠道的杀菌抑菌、消炎、抗病毒等功效。

（二）溶菌酶的作用原理与效果

溶菌酶能够提高畜禽饲料转化率，从而促进畜禽机体的生长。值得注意的是，溶菌酶应避免与抗生素共用，二者间可能存在拮抗作用，影响应用效果。溶菌酶还可以通过促进动物肠道绒毛高度增加、隐窝深度降低，从而改善肠道形态。此外，溶菌酶还可以维持动物机体的肠道菌群平衡，溶菌酶对细菌有选择性作用，可以直接清除体内致病性细菌，却对肠道益生菌无效，可以维持肠道菌群平衡，有助于调节机体健康。同时，细菌对溶菌酶不产生耐药性。

最后，溶菌酶还可以调节动物机体的免疫力，在饲料中添加溶菌酶后，发现溶菌酶可以作为动物机体自身的非特异性免疫因子调控畜禽先天免疫力，进而提高动物生产性能。此外，溶菌酶作为机体非特异性免疫因子之一，可改善和增强巨噬细胞的吞噬功能，激活白细胞的吞噬功能，并且改善细胞抑制剂所导致的白细胞减少，从而增强机体免疫力。

（三）溶菌酶应用方案

溶菌酶可以通过破坏有害菌的细胞膜，使其失活，因此在杀菌抑菌、消炎和抗病毒方面发挥着重要作用，从而发挥维护肠道菌群结构的作用。首先溶菌酶可以与复合酸化剂合用，通过降低 pH，改善肠道菌群结构，减少水禽腹泻率的发生，改善生产性能。此外，溶菌酶可以与包膜缓控释丁酸钠合用，保证肠道结构屏障功能

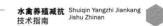

的完整性，从而促进肠道健康。

六、单宁酸

单宁酸，又叫单宁，鞣酸，是一种可溶于水的酚类化合物，几乎所有蔬菜和许多植物作物中都含有少量单宁，同时，单宁也是一种天然抗毒素，相对分子质量为500～3 000。

（一）单宁酸的简介

单宁包含水解单宁酸和缩合单宁酸，其中水解单宁酸容易被化学水解或遇酶水解；缩合单宁酸则往往是以黄烷醇为单位的聚合物，分子质量较大，如高粱中的缩合单宁酸，涩味明显，会明显降低饲粮的适口性和采食量，影响氨基酸消化率。目前，栗木单宁酸是一种普遍用于饲料中的水解单宁酸，其主要生产于欧洲，是从欧洲的栗树叶中提取而成的，栗木单宁酸也已经被批准为新型饲料添加剂应用于动物生产。目前，国内很多企业也采用五倍子提取五倍子单宁酸。

然而，无论何种来源的单宁酸，由于单宁酸自身的理化特性，使得水解单宁酸在应用中存在一定问题。首先是自身带有的苦涩味，若使用不当极易降低动物的采食量，甚至出现拒食；其次，单宁酸可以影响酶的活性，如淀粉酶、蛋白酶等。因此，在单宁作为添加剂时普遍使用包膜水解单宁酸，一方面通过包膜控释技术，可以实现对其苦涩味的遮掩，不影响适口性；另一方面通过控释技术，可以减少水解单宁酸对酶活性的影响。包膜缓释技术，可以使水解单宁酸在肠道发挥作用，尤其是在有害菌较多的肠道后段，实现肠道缓释，从而发挥水解单宁酸的肠道收敛、抗炎、杀菌抑菌等功效，进而改善家禽的生产性能。

（二）单宁酸的作用原理和效果

目前，研究已明确单宁酸具有以下几个方面的作用。

1. 抗菌作用　对多种细菌和真菌都有明显的抑制作用，针对金黄色葡萄球菌、弯曲杆菌、肠炎沙门氏菌、鸡伤寒沙门氏菌、大肠杆菌、产气荚膜梭菌等均有较好的抑制效果，通过抑菌，可以平衡菌群结构，保护肠道健康。

2. 抗氧化作用　由于单宁酸分子中含有的邻位酚羟基是一种优良的供氢体，能够有效清除自由基，并对脂质过氧化有明显的抑制作用，是一种非常有效的天然抗氧化剂。

3. 保护肠道健康的作用　单宁酸具有与蛋白质结合生成鞣酸蛋白的能力，到达小肠后遇碱性肠液再被分解放出鞣酸，使血管收缩、炎性渗出物减少，炎症表面的蛋白质凝固，形成保护膜，减轻刺激，发挥止泻作用。此外，也有研究表明，单宁酸能够维护家禽黏膜屏障的完整性和改善肠道形态，进而提高动物的生产性能。

4. 抗病毒作用　水解单宁酸能够抑制病毒糖蛋白的合成、干扰病毒在宿主细胞膜上的吸附，从而达到抗病毒的效果。

5. 抗寄生虫作用　单宁酸可以通过直接抑制寄生虫，降低其存活率或通过结合寄生虫的蛋白，阻碍寄生虫的正常生理代谢；还可以通过调节宿主免疫反应，排出进入宿主体内的虫体，达到抗寄生虫的作用。

目前，在家禽上的应用发现，添加 $1 \sim 2$ 千克/吨水解单宁酸能够改善肠道菌群，提高消化酶活力，改善肠道形态，降低粪便中的氨含量，提高生产性能和屠宰性能。单宁酸还可以改善冷热应激对家禽的影响，是一种较为理想的抗氧化剂。

（三）单宁酸的应用方案

单宁酸具有抗菌、抗氧化等方面的功效。因此，通过单宁酸与酶制剂合用，可以改善动物对营养物质的消化吸收，维持肠道菌群结构，增强机体抗病力。此外，单宁酸可以与包膜缓控释丁酸钠合用，提高动物肠道屏障结构完整性，减少腹泻，改善动物对营养物质的消化吸收。

第五章
水禽养殖场生物安全管理

第一节　水禽养殖场生物安全
　　　　　　管理体系的建立

一、养殖的生物安全简介

　　健康的动物、安全的食品，是全人类的共同心愿。随着动物源产品细菌耐药性和药物残留等问题日益突出，动物和人类的食品安全、公共卫生安全和生命健康均受到严重威胁。近年来，联合国和世界卫生组织联合提出"全球行动计划"，包括中国在内的近百个国家，也发布了对抗细菌耐药性的行动计划。农业农村部自2018年开始开展兽用抗菌药使用减量化行动试点工作；自2020年开始，养殖业中饲料药物添加剂已经全面禁止，养殖端的减抗和限抗政策不断推行。对于集约化养殖中出现的疫病防控方面的挑战，亟待制订切实有效的生物安全防护措施，从源头上控制传染源，是做好养殖业禁抗、减抗工作的关键所在。

　　2021年颁布施行的《中华人民共和国生物安全法》是生物安全制度执行的总纲领，是制定生物安全制度和法规的行动准则。水禽养殖场的生物安全是为了防止疫病的发生和蔓延，维护禽群健康状态，保障水禽场安全生产而采用的一系列综合防范措施。采用物理的、化学的、生物的、专业化的技术手段，确保养殖场内不被病

水禽养殖减抗
技术指南
Shuiqin Yangzhi Jiankang
Jishu Zhinan

原污染，能有效控制病原增殖，消灭传染源，切断传播途径，保护易感动物。

二、生物安全制度的建立

在非洲猪瘟和新冠疫情的双重生物安全威胁下，《中华人民共和国生物安全法》（简称《生物安全法》）于 2021 年 4 月 15 日正式在我国开始施行。《生物安全法》强调，生物安全是国家安全的重要组成部分。其中，与水禽养殖相关的活动是防控重大新发突发传染病、动物疫情以及应对微生物耐药。《生物安全法》"第三章 防控重大新发突发传染病、动植物疫情"重点强调了动物疫病相关的生物安全制度：①农业农村主管部门应当建立动物疫情监督网络，完善监督信息报告系统，开展主动检测和病原检测，纳入国家生物安全风险监测预警体系；②动物疫病预防控制机构应当对动物疫病开展主动监测，收集、分析、报告监测信息，预测新发突发动物疫病的发生、流行趋势；③任何单位和个人发现新发突发动物疫病的，应当及时向有关专业机构或者部门报告；④发生重大新发突发动物疫情，应当依照有关法律法规和应急预案的规定及时采取控制措施；⑤国家加强动物疫情联合防控能力建设，建立动物疫情防控国际合作网络，尽早发现、控制重大新发突发动物疫情；⑥国家保护野生动物，加强动物防疫，防止动物源性传染病传播；⑦国家加强对抗生素药物等抗微生物药物使用和残留的管理，支持应对微生物耐药的基础研究和科技攻关；⑧农业农村等主管部门和药品监督管理部门应当根据职责分工，评估抗微生物药物残留对人体健康、环境的危害，建立抗微生物药物污染物指标评价体系。

为了加强对动物防疫活动的管理，预防、控制、净化、消灭动物疫病，促进养殖业发展，防控人畜共患传染病，保障公共卫生安全和人体健康，制定了《中华人民共和国动物防疫法》。这是指导动物生产生活的最重要的法律法规，适用于在中华人民共和国领域内的动物防疫及其监督管理活动。修订后的《中华人民共和国动物防疫法》自 2021 年 5 月 1 日起施行，共分为 12 章 113 条内容，主要围绕动物疫病的预防、动物疫情的报告、通报和公布、动物疫病的控制、动物和动物产品的检疫、病死动物和病害动物产品的无害化处理、动物诊疗、兽医管理、监督管理及保障措施这些方面展开。

根据上述《生物安全法》《动物防疫法》，结合各地《动物防疫条例》，每个养殖场应建立严密的生物安全管理体系，有系统的生物安全管理方案、固定且职责明确的生物安全管理人员，做好管理制度、档案记录等建设，建立科学、有效、可操作的生物安全措施标准操作程序（SOP），并定期开展监督检查和培训工作，积极参与无规定动物疫病区建设。

三、水禽养殖场生物安全管理要点

生物安全是健康养殖的综合保障，针对水禽养殖场的常见疫病，为了保证养殖业的持续发展和规模化养殖场生产平安，保证养殖禽群的安康，排除疫病威胁和风险，做好生物安全防控主要包括三方面的要求：防止有害病原进入水禽场内；防止有害病原在水禽场内传播扩散；防止场内病原扩散到其他水禽场。

针对水禽场传染性疫病传入、发生或扩散等各种风险因素，由养殖场生物安全管理小组制定《生物安全管理手册》，建立健全的生物安全管理体系，内容包括组织体系、范围界定及屏障设施、生物安全计划、生物安全措施标准操作程序（SOP）、监测、应急响应和疫情报告、记录、追溯、培训、内部审核与改进等制度，尤其需要分析其关键控制点，并在关键控制点设置相应的生物安全措施。水禽场生物安全管理关键控制点：

（1）健全的生物安全管理组织体系　建立专门的生物安全管理职能部门或管理小组，采用责任人负责制，其下设置生物安全管理员，配有执业兽医等专业人员，开展动物防疫、诊疗等生物安全相关工作。

（2）合理的养殖场选址与建筑布局　养殖场选址与交通干线、居民区、屠宰场及其他养殖场保持适当距离；场区整体布局合理，场内分设生活管理区、生产区、无害化处理区；养殖场车辆、人员通道，生产区入口、禽舍入口应设有消毒设施设备；场区主要路面应硬化，净道和污道、雨水管道和污水管道应严格分开；具备就地无害化处理粪便、污水的足够场地和排污条件。有病死动物无害化处理的设施和渠道。

（3）良好的生产设计及环境控制　禽舍建设与设施配备应与水禽品种、养殖阶段和养殖模式相适应，应配备通风换气、升温和降温、光照等环境控制设备；鼓励配备数字化环境控制设施。宜采用"全进全出"的饲养模式，水禽引入前和出场后，禽舍和设施应彻底清洁消毒，空舍时间不少于2周。含水面的养殖场可采用微生态制剂、消毒剂等对水面进行处理，确保安全。

（4）安全的动物种群健康管理　应从具有《种畜禽生产经营许可证》《动物防疫条件合格证》等资质的种禽场或专业孵化场引种，严禁从经常发生疫情或正在发生疫情的种禽场引种；引进禽应符合品种标准，不携带有垂直传播的疾病，雏禽应有较高水平且均匀的母源抗体，具备畜禽检疫合格证；引种后至少应隔离饲养30天；鼓励引进品种性能稳定、抗病能力强的抗病品系。

（5）严密的消毒措施　养殖场应制定严格的消毒工作制度和标准化操作程序，并记录。根据消毒能力、杀菌能力、残留、价格、使用便捷性、环境中的稳定性、病原特性和流行特点、水禽日龄和品种、有效成分等选择合适的消毒药，同时要注意消毒药的配制方法，以防影响应用效果。消毒药应定期调换类别，同类消毒药不宜长期使用；根据疫病的流行特点，合理制订消毒频次，以确保消毒效果有效。消毒应包括进出人员，工作服和鞋、帽，出入车辆，场区道路和环境，新建、排空及带禽舍内外，饮水及饲喂设备用具，饲料、垫草等，粪污、污水、兽医室、兽医器械及用品等。

（6）规范的人员管理　养殖场工作人员应每年进行一次健康检查，健康合格方能从事水禽饲养工作；养殖场应建立出入登记制度，外来人员未经许可不得进入；进场人员应洗手、消毒，更换饲养区工作服、鞋、帽方可进入。养殖场工作人员不应将日常生活用品（尤其是外购的动物肉品或相关产品）带入饲养区；场内兽医不应对外开展诊疗业务。养殖场应对工作人员进行养殖和卫生防疫法规、标准等相关知识的培训和考核。

（7）优良的兽药管理　用于疫病诊断、预防及治疗的试剂、兽药及其他生物制品的购买合法合规；养殖场应制定并执行兽药出入库管理制度，建立兽药出入库记录，按流水和品种建账，凭单出入库及凭证存档，定期盘库、盘存账物平衡；所有兽用抗菌药应专账管理，应完整记录购入、领用及库存等信息，记录内容包括兽药通用名称、含量规格、数量、批准文号、生产批号、生产企业名称等，内容准确，可追溯。

（8）合理的免疫接种　养殖场应建立免疫接种制度；根据疫病和抗体水平的监测结果，制订本场疫病免疫预防计划；并开展疫病监测、报告、控制扑灭及净化、免疫接种、免疫效果监测工作，并记录。免疫用疫苗应有国家兽药批准文号；实施强制免疫时，应使用《国家动物疫病强制免疫计划》规定的疫苗。

（9）到位的兽医人员　一般应配备与养殖规模相匹配的执业兽医或中专以上兽医专业人员，兽医人员应具备水禽疫病诊断的基本理论知识，涉及兽医临床诊断、动物流行病学、兽医传染病学、兽医微生物学、兽医药理学等。兽医人员还应具备水禽疫病防治的基本技能和经验，包括临床检查、流行病学调查、病理剖检、实验室检测和药敏感性试验等，并能依据水禽发病状况、用药指征和药物敏感性测试结果合理选择抗菌药，并制订用药方案。

（10）规范的疫病诊断与用药　养殖场应建立疫病诊断与用药制度，基本内容包括兽医岗位职责、兽医工作规范、国家制度执行（禁用药管理、处方药管理、兽医处方管理、休药期管理）及规范用药等相关内容。药物使用按有关规定执行，当国家对兽用抗菌药的使用有新规定时，应从其规定执行；应严格执行休药期的规定；产蛋期确需使用兽用抗菌药的，应执行弃蛋期规定。治疗性用药均应有完整的兽医诊疗记录，记录内容至少包括动物疾病症状、检查、诊断、用药及转归情况；应有病死水禽或典型病例剖检记录，包括大体剖检和必要的病理解剖学检查；应有抗菌药敏感性试验记录（包括委托试验记录）；抗菌药的使用应有兽医处方记录，包括用药对象及其数量、诊断结果、兽药名称、剂量、疗程和必要的休药期提示。兽用抗菌药用药记录应完整。用药记录内容应详实，应具体到品种、规格、使用量和用药次数，且与兽医诊断处方、药房用药记录一致。

（11）完善的粪污和病死动物无害化处理　养殖场病死动物、废弃物及养殖垃圾中含有大量病原体，是引发动物疫病的重要传染源，对病死动物及废弃物要及时进行无害化处理，有利于防止病原扩散，防止疫病的发生。水禽的无害化处理是指采用物理、化学等方法将病死水禽及其相关的禽产品进行科学处置，消灭其所携带的病原体，进而避免病死水禽所引发的各种危害，病死水禽无害化处理方法主要包括焚烧法、化制法、掩埋法、发酵法等，采用哪种方法，宜根据养殖场的实际情况。

（12）及时的应急处置　为及时、有效地预防、控制和扑灭突发重大动物疫情，最大限度地减轻突发重大动物疫情对畜牧业及公众健康造成的危害，保持经济持续稳定健康发展，保障人民身体健康安全，针对重大动物疫病，国家已出台制定《国家突发重大动物疫情应急预案》。对于养殖场而言，应根据《国家突发重大动物疫情应急预案》制定相应的养殖场应急预案，一旦发生重大疫情，能及时启动应急预案，在最短时间内进行疫情报告和应急处置等工作。

第二节　水禽养殖生物安全风险评估与控制

一、生物安全风险评估

养殖场生物安全是所有疫病预防和控制的基础，也是最有效、成本最低的健康管理措施，风险评估是人们日常工作中进行预防管理的一种重要手段。生物安全风险评估指的是识别威胁水禽生产的一些风险因素，通过科学有效的技术手段和管理措施加以控制，防止或阻断病原体侵入、侵袭水禽，从而将养殖动物发病风险降至最低，确保养殖场生产的健康、稳定。根据生物安全基本原则，需要对外部生物安全和内部生物安全进行风险评估，掌握影响养殖场主要传染病发生和传播的环境风险因素，并根据风险评估结果，不断提升和调整生物安全管理措施，加强养殖场的生物安全体系建设，切断病原传播链条，保障养殖安全。

1. 风险评估方法　掌握防疫条件等硬件配置情况，查阅抗体监测、免疫、用药等相关记录和资料，了解养殖场的疫病史和生物安全控制措施执行情况，分析生物安全措施执行不到位的原因和存

在问题。并根据预先制订的科学的生物安全风险管理工作方案（关键点、风险因子、评估程序，以及高、中、低风险状况的划分），逐条逐项评定生物安全现状，形成报告，提出养殖场生物安全风险控制意见和建议。

2. 风险评估内容　养殖场生物安全体系涵盖了从建场选址到禽舍建筑布局、养殖设施、种禽来源、疫病预防监测计划、防疫消毒制度、饲养管理配套技术乃至废物无害化处理等饲养全过程的每一个环节的科学管理。

（1）硬件设施　设计看三个适应，遵一个原则。三个适应，即养殖面积与饲养量是否相适应；选址布局与周边环境是否相适应；粪便污物处理与自然条件是否相适应。一个原则为单向流动原则，即为净区流向污区。

（2）生产要素　生产过程看三大要素：即饲养人员、水禽健康和用具科学管理情况。

（3）生物安全控制管理　管理看三大重点：即生物安全管理制度、记录完整性、周边疫情信息通报。

（4）封闭独立运行　查看厂区的封闭独立运行情况。尽量减少厂区内病原微生物的进入，定期开展卫生消毒工作；种禽进场时须经过检疫、隔离、消毒，方可混群饲养。

二、生物安全风险控制

1. 环境控制

（1）养殖场外环境　水禽场的防疫设施设备、环境是保证生物安全管理和动物疫病防治工作的基本条件，是开展疾病防治、避免或减少发病或死亡的基础，直接影响水禽场生产效率和经济效益。水禽场实行全封闭式管理，周围 3 千米范围内不得有其他养禽场、活禽交易市场、家禽屠宰加工厂等；场址应位于环境安静、偏僻、远离居民点的区域，距离主要公路、铁路 1 千米以上；养殖场厂区外环境应建立物理隔离屏障。必要时，沿水禽场物理隔离屏障向外设立环形缓冲区；场外设立三级洗消点，所有的人、车、物必须经过严格的三层清洗、消毒，检测合格后方可进入场内。

（2）养殖场内环境　养殖场内基础设施建设对于做好生物安全防控具有举足轻重的作用，应该在基础设施建设上下功夫。水禽场的设计和建造，洁净通道和污染通道的设置，应符合国家有关规定或标准要求。养殖场内净区和污区应严格分开。养殖场内设置生活区、管理区、生产区、隔离区、废弃物品处理区等功能区，各区之间用物理隔离屏障隔开，并设置专用通道和消毒设施，跨区必须经过消毒。养殖场设有人员淋浴消毒间、物品消毒间，防疫、消毒设施及隔离条件良好。配备消毒灭菌设施设备、清洗设施设备、免疫接种设备、物品贮存设施设备、疾病诊断与防治设备和废物处置相关设施设备。设置专门的污水、粪便、病死动物处理站和运输路线。

2. 生物传播媒介控制　在水禽养殖场中，病原水平传播的生物媒介主要有野禽类、啮齿动物和节肢动物，这些媒介能传播多种疾病，危害较大，水禽场需要做好防鸟、防鼠、防虫等相关措施，切断传播途径。

（1）野鸟和禽类　野鸟和禽类是最重要的水禽疫病传播媒介。阻止野鸟、禽类进入水禽养殖场也是需要重点防护的一方面。场区内不得种植大型树木，不应有水塘等容易吸引野鸟的环境和设施，及时扫除撒落的饲料，工作人员进出禽舍及时关好门，场区附近配备有防鸟网、超声波驱鸟器等防止鸟类等进入的防护设施。

（2）防鼠灭鼠　养殖场各个门口须有专门的挡鼠板，围墙外和饲料间外围铺设宽 50 厘米的碎石防鼠带，可防鼠进入。另外，养殖场内定期灭鼠，可使用捕鼠夹、捕鼠笼、粘鼠胶及安全的灭鼠药，最好请专业灭鼠队进行定期灭鼠。投药前告知养殖场全体人员，说明投药地点，灭鼠期间要注意鼠药管理，避免人或水禽误食。养殖场生活区的餐厅、厨房内，应备粘鼠板，慎用灭鼠药，并及时处理泔水和剩余食物。投放灭鼠药之后，应及时对投放点及附近进行检查，发现死亡鼠或其他野生动物尸体时，需要统一收集后进行无害化处理。

（3）防蚊、蝇、蚂蚁、蜱等节肢动物　蚊、蝇、蚂蚁、蜱等昆虫是传播病原的重要媒介，开展杀虫灭虫，是做好生物防控工作的关键。厂区内保持环境卫生清洁，无杂物、无卫生死角，生产垃圾有指定堆放地点，严禁随意丢弃。应具有完备的防蚊、蝇、蜱等昆虫的防护措施，特别是每年的 4—11 月，应每月全场集中进行灭蚊、蝇工作，采用灭蚊蝇灯、粘蝇贴、杀虫剂、纱网、门帘等防护手段，范围包括场区内所有房间、禽舍、道路等，特别是粪污和无害化集中处理区以及阴暗潮湿的角落等。生活区的宿舍、办公室、厨房和餐厅也应该抓好灭蝇蚊工作，避免昆虫介导的病原传播。

3. 人员管理

（1）内部工作人员　水禽场应制订严格的出入场人员控制程序；水禽场新进人员或内部人员外出、休假和回场时间都要做好登记报备。离场前，应把回场进场所需的衣物鞋子密封后放在门卫处；外出期间，不宜接触活禽或进入其他禽类养殖场等可能存在禽类病原交叉污染的场所；回场时禁止携带食品、包裹等可能存在病原污染的个人物品；进场后在生活区做好隔离消毒工作。场内工作服、鞋子、手套等防护物资实行专人专用，并定期清洗消毒，不得带出场区。对养殖场内文化水平较低、防护意识不足、生物安全措施执行不到位的部分工人，通过定期开展培训、讲解，增强员工生物安全管理意识，加强日常监督检查，提高对生物安全措施的执行力。

（2）外部工作人员　养禽场应谢绝外来人员参观；如因维修、

环保检查或兽医局检查等确需外来人员进入生产区时，应经淋浴、消毒、更换衣帽和鞋子后，方可入内。进场后由场内人员陪同在指定路线行走，在必要的检查区开展维修和检查工作。

4. 物资安全

（1）兽药　兽药在水禽场的疫病防控中起着非常重要的作用，抗菌药、抗寄生虫药、疫苗、消毒防腐药等，主要用于预防、治疗和诊断水禽疾病。兽药采购：水禽场应指定专人负责兽药的采购工作，采购药品须在允许采购的目录中，从具有《兽药生产许可证》和产品批准文号的生产企业或具有《进口兽药许可证》的供应商处购买。所购兽药包装必须贴有标签，注明"兽用"字样并附说明书，标签或说明书须注明商标、兽药名称、规格、企业名称、产品批号和批准文号，写明兽药的主要成分、含量、作用、用途、用法、用量、有效期和注意事项等内容。严禁购入未经农业农村部批准或已淘汰的兽药，以及未经国家畜牧兽医行政部门批准的用基因工程方法生产的兽药。严禁购入盐酸克仑特罗、β兴奋剂、镇静剂、激素类等违禁药物和添加剂。兽药入场：兽药入场后，需对兽药的质量进行严格检查，并清点入库；对于购入的兽药，一旦发现假冒伪劣产品，应立即停止使用，并及时对剩余的药品进行退货或销毁处理。兽药保存：应根据不同兽药的性质和保存条件分别存放，并登记药物入库单，包括兽药名称、生产厂家、购入日期、有效期、包装规格等信息。在保存过程中，兽药管理人员应随时检查药品有效期及感观变化，包括液体有无浑浊、粉剂是否结块、冻干苗是否解冻、乳剂是否破乳等情况，发现有过期或感观变化的药品应及时淘汰处理。兽药使用：必须在兽医或兽医专业人员的指导下严格按照药品规定的用法和用量使用，并做好用药记录。应充分考虑抗生素耐药菌对水禽业的危害，谨慎使用抗生素，优先使用益生菌、微生态制剂、中草药等，逐步替代抗生素，防治疾病。

为维护养殖业生产安全、动物源性食品安全、公共卫生安全和

生态环境安全，按照《兽用抗菌药使用减量化行动试点工作方案（2018—2021）》，积极参加兽用抗菌药使用减量化试点工作，其重点实施内容包括四方面：

第一，规范合理使用兽用抗菌药。配备兽医技术人员，设立水禽场兽药房，建立兽药出入库、使用管理、岗位责任等相关管理制度，规范做好养殖用药档案记录管理。加强养殖相关人员和兽医技术人员培训，相关人员对兽用抗菌药有正确使用态度、了解使用方式，做到按照国家兽药使用安全规定规范使用兽用抗菌药，严格执行兽用处方药制度和休药期制度，坚决杜绝使用违禁药物。

第二，科学审慎使用兽用抗菌药。树立科学审慎使用兽用抗菌药理念，建立并实施科学合理用药管理制度，对兽用抗菌药物实施分类管理，实施处方药管理制度。科学规范实施联合用药，能用一种抗菌药治疗绝不同时使用多种抗菌药。能用一般级别抗菌药治疗绝不盲目使用更高级别抗菌药。

第三，减少使用促生长类兽用抗菌药。加强养殖条件、种苗选择和动物疫病防控管理，提高健康养殖水平，积极探索使用兽用抗菌药替代品，逐步减少促生长兽用抗菌药使用品种和使用量。

第四，实施兽药使用追溯。开展兽药使用追溯工作，参加兽药使用追溯试点，反馈兽药使用及药效情况。制订并执行本养殖场兽用抗菌药减量实施计划。

（2）饮水　饮用水应符合 GB 5749《生活饮用水卫生标准》的要求。定期对饮水进行病原微生物的监测和消毒，保证充足、清洁的饮水，避免饮用水污染病原微生物引起腹泻等消化道甚至全身感染相关疫病发生。

（3）饲料　由于饲料成分复杂，不同的原料在收获、加工、运输、储存等处理过程中，都不可避免会感染病原微生物。确保饲料优质、安全，原料采购环节是生物安全的第一道防线。原料采购前应对要采购的原料进行充分的生物安全评价，必要时现场取样进行病原核酸检测。

注重饲料产品生产工艺的调整，确保饲料经85℃高温消毒6分钟以上。养殖场可采用自动打料设备直接供给饲料，或者配备饲料封闭散装专用车，不与其他车辆交叉使用，保证成品在运输和使用过程中不与外界接触；应使用符合要求的饲料厂提供的饲料，且饲料和饲料添加剂符合国家规定；饲料和原料储藏室应保持清洁、干燥。

5. 车辆和运输　应设置独立的净区出入口和污区运输路线，净区出入口应对进出车辆进行严格消毒，污区主要用于病死动物和粪便无害化处理和往外运输。粪便和垫料应以封闭方式进行运输，并进行无害化处理；车辆装载前和离开后均需要进行清洗消毒；污水、污物处理符合环保要求。

原则上外来车辆不允许进入任何场区，可以停靠在办公区大门口指定的停车区域，如果运输饲料的车辆等确实需要进入，必须按"车辆入场消毒程序"进行严格消毒。

6. 疫病监测和预警　水禽场疫病种类多样，新城疫、禽流感等传染病严重威胁水禽业发展，新的疫病不断出现，多病原混合感染更是给疫病防控增加难度，养殖场的生物安全体系建设面临巨大的挑战。建立疫病监测和预警制度对于做好生物安全防控具有重要的指导意义，也是种禽场疫病净化工作的重要保障。实施疫病监测，饲养者不能仅仅满足于对水禽个体的检测，重点应加强群体健康性能监测，通过大量的监测数据来预警种禽健康事件发生的概率，达到知己知彼、防患于未然的目的。

饲养场应建立并完善疫病监测体系。养殖场应根据《中华人民共和国动物防疫法》及配套法规的要求，结合当地实际情况制订疫病监测方案。通过实施疫病监测，结合临床诊断、实验室检测等，可以帮助水禽场掌握场内疫病的发生、流行情况等信息，及时把握疫病的发生、发展趋势，出现疫情及时处理。

水禽养殖减抗技术指南　Shuiqin Yangzhi Jiankang Jishu Zhinan

根据《中华人民共和国动物防疫法》的相关法律法规要求，在疫病监测过程中，如发生可疑重大动物疫病，对发病水禽及时隔离的同时，上报有关行政主管部门，并按照重大动物疫病处理规范进行彻底消毒；如发生一般性可疑疫病，应立即对栋舍、处理场所及周围环境进行强化消毒。

为加强养殖场内水禽和环境中病原的检测工作，养殖场应制订科学合理的监测计划。养殖场内建立检测实验室，每周对厂区内外环境和水禽拭子或粪便样品进行检测，特别是对发病死亡的异常水禽等即日进行检测，并对人员和物资开展进场检测等。对常见的病原菌进行筛查，并列入养殖场病原预警清单，对严重危害水禽健康的病原菌进行药敏和耐药性检测，为疫病控制做好防疫准备工作。

7. 动物免疫接种　按照强制免疫计划，做好强制免疫病种的免疫工作，免疫密度保持在100%；根据当地水禽疫病流行情况，制订本场免疫程序，并按照程序实施免疫，建立完整的免疫档案；自觉接受兽医主管部门和动物疫病预防控制机构的监督检查和抽样检测；定期开展免疫抗体检测，评估免疫效果，适时调整免疫程序，保证免疫质量；对于相对幼小、患病的水禽，应先隔离再待适宜时补免；遵守国家兽用生物制品管理规定，使用合法渠道的合法疫苗产品，不使用实验中的产品或试用品；经向当地兽医主管部门备案自行采购或政府发放的强制免疫疫苗仅限本场使用，不得流出或外销；建立疫苗等生物制品出入库管理制度，严格按要求储存运输，保证疫苗质量；严格按照说明书规范使用疫苗，接种过程中做好器械和注射部位的消毒工作，防止交叉感染；失效疫苗、残余疫苗及使用后疫苗瓶、药棉等废弃物需统一集中收集，按规范进行无害化处理；真实详尽记录疫苗采购、使用台账，记录保存至疫苗有效期满后2年。

8. 病死动物无害化处理　水禽场的废物主要包括粪便、污水、有害气体、病死动物等，其中以粪便及污水数量最大，病死动物危害最重。这些废物不仅传播疾病，而且还会带来严重的环境污染问题，必须进行适当的处理。特别是病死动物，处理方法应当迅速、有效、经济并符合防疫卫生要求。

对于病死或死因不明动物，需要在官方兽医监督指导下，按《病死及病害动物无害化处理技术规范》的要求进行无害化处理，不随意处置、出售、转运、加工和食用病死或死因不明的动物。发生重大动物疫情时，服从重大动物疫病处置决定，扑杀染疫动物或同群动物，对病死、扑杀的动物和相关动物产品、污染物进行无害化处理。无害化处理完成后，对动物栋舍、用具、道路等进行彻底消毒，防止病原传播。定期做好动物粪污清洁、处理、收集工作，未经无害化处理，不得随意排放或施用。参与无害化处理的人员，要做好个人生物安全防护。按规定做好无害化处理的记录，详细记录时间、数量、原因、方法等信息。

第六章
水禽主要疾病防控

第一节　水禽疾病发生特点、诊断与防控

一、水禽疾病的发生特点

我国是水禽生产大国，鸭饲养量达 60 亿只，约占世界鸭总饲养量的 75％以上，鸭肉产量约占世界鸭肉总产量的 70％；鹅饲养量达 7.8 亿只，占世界鹅总饲养量的 90％以上。然而，我国并非水禽生产强国，主要表现在品种良莠不一、技术支撑不力、疫病越来越多、疫苗研发滞后和产品加工落后等。随着我国水禽饲养品种的不断增多、饲养密度的不断加大、贸易活动的日益频繁，加上不规范制品的滥用、鸭漂蛋远距离运输、鸭屠宰交易不规范和免疫抑制性疫病的出现等诸多原因，导致危害我国水禽业的疫病越来越多、越来越严重，呈现"老病未除、新病不断"的不良局面，其发生特点主要表现在十大方面。

（一）老的疫病出现新貌

在我国水禽生产中，有的老的水禽疫病出现临床病型的变化，如鸭大肠杆菌病，临床中有急性败血症、"三炎"型（心包炎、肝周炎和气囊炎）、生殖器官病、腹水型、脐炎、脑炎、眼炎、肺炎和窦炎等病型。有的老的水禽疫病发生血清型的改变或增多，如雏

鸭肝炎病毒血清型除 1 型外，还出现血清 3 型和 1 型变异株；引起鸭传染性浆膜炎的鸭疫里氏杆菌的血清型除 1、2、3、7、10 型外，还出现其他血清型，给水禽疫病的防控带来挑战。

（二）新的疫病不断增多

近些年来，危害我国水禽业的新发疫病越来越多，如 2010 年暴发的致种（蛋）鸭产蛋骤降的坦布苏病毒病、2014 年发生的主要引起番鸭肝脏出血的 3 型腺病毒病、2015 年暴发的主要引起樱桃谷鸭短喙侏儒综合征的新型鹅细小病毒病和主要引起（半）番鸭短喙侏儒综合征的新型番鸭细小病毒病。

（三）突破种间屏障疫病

如禽流感、鸡新城疫和禽呼肠孤病毒病等 RNA 病毒病，都是先鸡发病，突破种间屏障，若干年后水禽发病。无独有偶，鹅细小病毒病、番鸭细小病毒病等 DNA 病毒病突破原感染宿主（鹅、番鸭），跨种间感染引起樱桃谷鸭、麻鸭、半番鸭、白改鸭等短喙侏儒综合征。

（四）出现免疫抑制性疫病

通过试验研究和临床检测发现，我国水禽生产中出现诸如呼肠孤病毒病、圆环病毒病等免疫抑制性疫病，导致疫苗免疫效果降低、药物治疗效果降低、临床病例共感染现象更为多见，给临床诊断带来困难，对养殖生产者雪上加霜。

（五）共同感染屡见不鲜

近些年来，我国水禽病的发生和流行越来越复杂，共同感染病例越来越严重，尤其是传统水养模式的老场更为明显，给基层临床兽医诊断带来困难，主要表现在病毒与病毒、病毒与细菌、病毒与寄生虫、细菌与细菌等的双重或多重共感染现象增多。

(六) 垂直传播疫病增多

通过对我国多地种鸭（鹅）胚、出壳1日龄弱雏的检测发现，不少种鸭（鹅）群存在水禽圆环病毒病、呼肠孤病毒病、坦布苏病毒病、病毒性肝炎、细小病毒病、H9亚型禽流感、鸭产蛋下降综合征或沙门氏菌病等的单一或多个垂直传播疫病，给雏鸭（鹅）的健康养殖及成活率、效益的提高造成影响。

(七) 与养殖模式良莠有关

目前，我国水禽小型养殖场（户）依然存在鸭（鹅）与鸡、鸭与鹅、不同品种鸭、不同品种鹅的混养现象，导致病原的适应性变异和跨种间传播。此外，通过对水禽不同养殖模式（如传统水养、半旱养、网床小栏、笼养）疫病发生情况的调查与监测，发现疫病发生的种类及其严重程度与养殖模式直接相关，以笼养模式发生的疫病种类最少、危害程度最小、减少用药（包括抗生素）最多。

(八) 细菌性疫病疗效差

由于细菌的耐药性增强（耐药谱拓宽、耐药期延长、耐药量升高等），以及人为滥用药物、超量用药、多种混合用药、片面追求新药和多种途径用药等，导致抗生素的"有效期"缩短，甚至无效，水禽大肠杆菌病、禽霍乱、沙门氏菌病等细菌性疫病的药物疗效大打折扣。

(九) 发病日龄发生改变

当前，不少水禽疫病的发病日龄出现变化，即发病日龄明显提前或推后，如有的水禽场鸭（鹅）流感提前到4～5日龄发病，雏鸭病毒性肝炎提前到 3 日龄发病；有的 65 日龄鸭发生鸭传染性浆膜炎，57 日龄番鸭仍发生小鹅瘟。

（十）与生物制品滥用有关

由于水禽生产业中新发疫病的发生及其防治的需求，在国家批准的生物制品进入市场前，总有一些不规范的生物制品滥用于水禽生产中，导致有的鸡源疫病适应并传播于水禽中，这也是病原跨种间传播的原因之一。

二、水禽疾病的诊断

（一）临床诊断

在现场、门诊或通过微信等远程方式，依据养殖者反映的水禽发病场及其周边疫病流行情况（如发病情况、疫苗免疫情况等）、流行病学特点、表现的临床症状和剖检所见病变，对发生疾病做出的初步诊断。该种诊断快速，能及时开展治疗和控制发生的疾病，但其准确性有赖于诊断者的临床水平。

（二）实验室诊断

在实验室条件下，借助仪器设备、试剂盒或建立的检测技术，对采集的病例样品进行分子生物学或血清学诊断。实验室诊断不仅快速，而且准确，但对条件和人员的要求相对高，需要配备 PCR 仪和有一定能力的操作人员等。

（三）鉴别诊断

在对水禽疾病进行临床诊断或实验室诊断时，应考虑鉴别诊断，是对疾病发生特点、流行病学特点、临床症状和剖检病变类似

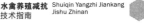

水禽养殖减抗
技术指南
Shuiqin Yangzhi Jiankang
Jishu Zhinan

的水禽疾病，依据彼此间的差异进行临床鉴别诊断或实验室条件下的分子生物学或血清学鉴别诊断。

三、水禽疾病的防控

（一）水禽疾病的预防

水禽疾病的预防，涉及水禽、人、料、车、水、场、鸟、鼠和疫苗等因素，应从消灭传染源、切断传播途径和保护易感动物三方面综合考虑。当前，我们采取的诸多措施主要聚焦于保护易感水禽，其实这是最后一道防线，往往措施被动、成本更高、效果更差，一旦突破，导致无效和巨大损失。因此，要把水禽疫病的防控关口前移，真正树立"养重于防、防重于治"的生物安全理念，着力在消灭传染源、切断传播途径上做文章、花功夫、把好关，把防疫相关工作真正做细、做实、做好。

1. 消灭传染源的主要措施

（1）加强场地日常消毒　水禽养殖场应制订消毒管理办法，加强饲养舍内外场地的消毒等，并验证消毒效果，以防本场内病原感染饲养的水禽及向外扩散。

（2）坚持全进全出制度　对于水禽，尤其是肉用水禽，尽可能做到全进全出，并制定相关管理制度、严格执行，以便对舍内外、垫料、饲养用具等进行彻底消毒，有效消灭养殖场内的病原。

（3）科学处置病死水禽　对于病死水禽的处置，应制订相关管理办法，要配备兽医人员，设立兽医室、病死水禽处置场所，建立病死水禽处置措施，并严格执行，以防病原向外扩散。对每次疫情的病死水禽，应及时采样进行病原学确诊，为制订主要疫病免疫程序提供科学依据。

（4）合理监控带毒水禽　从消灭传染源、切断传播途径和水禽疫病防控总体观考量，对祖代、父母代水禽及其种蛋应制订相关管理办法，加强垂直传播病原的监测，检出阳性者尤其是公鸭（鹅）应淘汰，并按病死水禽处置，不得流入市场，以防病原向外扩散。

（5）资源化利用污粪水　从保护人、水禽和环境的角度出发，坚持变废为宝的理念，对不同养殖模式水禽的污粪水，应因地制宜，采取适于本场水禽养殖污粪的资源化利用模式和技术进行处理，以杀灭污粪中的病原和防止病原向外扩散。

（6）启动实施疫病净化　有条件的祖代、父母代水禽场或水禽原种场，应启动实施个别疫病（如沙门氏菌病、鸭瘟、圆环病毒病或呼肠孤病毒病）的净化，以引领水禽产业向持续健康高质量方向发展。

2. 切断传播途径的主要措施

（1）推行健康养殖模式　为顺应环境保护及水禽疫病防控的要求，改变水禽在河流等水域放牧的饲养方式，推行封闭旱地圈养、网床养殖、小栏饲养、笼养等水禽健康饲养模式。其优点包括可节约养殖用地、提高养殖密度、大大节约饲料、易收集粪污无害化处理、切断经水传播疫病途径和提高水禽养殖生物安全水平等。

（2）做到心中有数引种　对拟引进的种用水禽，应溯源了解其所在场的基本情况、疫苗免疫情况、疫病发生情况、抗体检测结果等，以做到心中有数地引种，防止病原随种而入。

（3）控制垂直传播疫病　水禽原种场或有条件的祖代、父母代水禽场，应制订祖代水禽、父母代水禽及其种蛋的相关管理办法，加强沙门氏菌病、鸭瘟、圆环病毒病或呼肠孤病毒病等垂直传播病原的监测与控制，检出阳性者尤其是公鸭（鹅）应全部淘汰，才能真正有效切断水禽垂直传播的疫病。

（4）实行家禽定点屠宰　在我国，生猪的定点屠宰早已执行，为猪病的控制发挥了作用。我国水禽饲养量居世界首位，为保障我

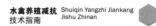

国水禽业的持续健康发展，有效切断疫病传播的途径，实行鸡、鸭、鹅的定点屠宰迫在眉睫。

（5）尽量控制野鸟进入　对于水禽的养殖，尤其是开放式、半开放式养殖模式，野鸟常进入场内采食、戏水等，给水禽养殖带来禽流感、新城疫等疫病传入的风险。因此，应采取有效措施尽可能减少野鸟进入场区内。

（6）尽量控制鼠等出没　当前，水禽养殖条件总体上劣于生猪、鸡的养殖，尤其是小型养殖企业（户），水禽舍内外昆虫、鼠等尤其是鼠活动猖獗，甚至与水禽抢吃饲料，成为场内不同批次、不同栋舍水禽之间疫病传播的重要媒介。因此，应尽可能减少和控制昆虫、鼠等的出没。

3. 保护易感动物的主要措施

（1）加强日常饲养管理　对水禽养殖场除加强硬件建设外，切实加强日常的饲养管理至关重要，树立"养重于防"的理念，制定适于本场的日常饲养管理制度，并严格执行。严格控制无关人员和车辆的进入，保持舍内清洁和干燥，使用合格的匹配饲料和饮用水，加强饲养舍内外场地的消毒等，让水禽真正"吃好""喝好""住好"，为水禽发挥其生产潜能提供良好的条件和环境。

（2）免疫预防主要疫病　应树立"防重于治"的理念，积极主动做好水禽主要疫病的免疫预防工作。对于某一具体的养殖企业（场、户），要切实做到以下"五个确定"，方能有的放矢、安心有效做好防病工作。

◆确定免疫预防哪些疫病
◆确定免疫接种哪种疫苗
◆确定免疫接种有效疫苗
◆确定疫苗免疫接种程序
◆确定免疫接种疫苗效果

（3）按需辅以保健强体　在水禽生产中的某些阶段，可根据生产或防病的需要，使用合规的中药、维生素或免疫增强剂等，以增强水禽的体质和抗病力，并达到提高生产性能或防病的效果。

（二）水禽疾病的治疗

饲养的水禽一旦发病，应尽快先根据临床诊断结果（注意：若怀疑禽流感，应向当地兽医主管部门报告）进行治疗，用药上选择合规的抗体制剂、中药、高效低残留抗病毒药或抗生素。同时，自行或外送科研单位或高校进行确诊，并采取更有针对性的治疗措施。

第二节　水禽主要疾病的防控

一、禽流感

禽流感（Avian influenza，AI）是指一类由 A 型流感病毒引起的禽类急性高热、乏力和呼吸困难等流行性感冒症状的传染病。据致病性的不同可将病毒可分为高致病性禽流感病毒（HPAIV）、低致病性禽流感病毒（LPAIV）和无致病性禽流感病毒（NPAIV）。世界动物卫生组织已将高致病性禽流感归为必须报告的动物疫病，我国将其列入一类动物疫病。

（一）病原

禽流感病毒（AIV）为正黏病毒科 A 型流感病毒属成员，病

毒粒子呈球形，直径 80～120 纳米。基因组为 8 个长度不同的单股负链 RNA 片段，编码病毒聚合酶复合体（PB2、PB1、PA 亚单位）、血凝素（HA）蛋白、核衣壳蛋白（NP）、神经氨酸酶（NA）、基质蛋白（M1 和 M2）和非结构蛋白（NS1 和 NEP）（图 6.1 和图 6.2）。依据病毒 HA 和 NA 蛋白差异，可将 A 型流感病毒分为 18 种 HA 亚型和 11 种 NA 亚型，其中 AIV 有 16 种 HA 亚型、9 种 NA 亚型。水禽中发现了所有 16 种 HA 亚型和 9 种 NA 亚型。

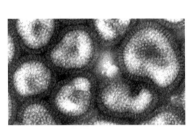

图 6.1　病毒电镜负染图片
（引自 WHO，2011）

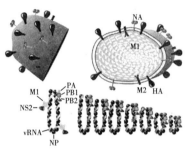

图 6.2　流感病毒病原模式图
（引自 Horimoto，2001）

（二）流行病学

1. 传染源　感染、发病及病死水禽是重要的传染源。被病毒污染的水源、饲料、车辆设备以及禽类副产品等都会成为病毒的传染来源。

2. 易感动物　所有野生水禽（如野鸭、海岸鸟、斑头雁、沙鸥、燕鸥、海鸟、苍鹭、加拿大鹅等）和家养水禽（鸭、鹅等）均可感染，有的甚至发病。

3. 传播途径　病毒可通过感染禽与易感禽的直接接触传播，或通过气溶胶与带有病毒的污染物接触而间接传播，迁徙鸟类在病毒的大范围散布中发挥重要作用，迄今尚无直接证据表明禽流感病毒可垂直传播。

（三）临床症状

◆精神沉郁、嗜睡、头翅下垂、呆立、采食量下降、体温升高。

◆严重病例出现明显的神经和腹泻症状，表现仰翻、侧翻等运动失调，张口呼吸或喘气，排白色或青绿色稀粪。

◆病鸭头部和脸部水肿、眼睑湿润（图6.3）、眼结膜发红、上喙发绀（图6.4）和脚蹼鳞片出血。

 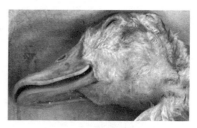

图6.3　眼睑湿润　　　　　　　　图6.4　上喙发绀

◆开产种蛋水禽发病后，产蛋率明显下降，软壳蛋、粗壳蛋、薄壳蛋、无壳蛋、畸形蛋等增多（图6.5）；低产蛋率期延长。

图6.5　软壳蛋、粗壳蛋、薄壳
蛋、无壳蛋、畸形蛋

（四）病理变化

1. 剖检病变

◆心冠脂肪出血（图6.6），心肌表面出现白色条纹样坏死（图6.7），伴有心包炎及心包积液。

◆肝脏肿大或出血，脾脏肿大，肾脏出血、水肿。

图6.6　心冠脂肪出血　　　　图6.7　心肌白色条纹样坏死

◆脑膜出血，脑组织局灶性坏死（图6.8）。

◆胰腺出血，表面大量针尖大小的白色坏死点，或透明样坏死点或坏死灶（图6.9）。

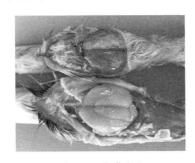

图6.8　脑膜出血　　　　图6.9　胰腺出血,透明样坏死灶

◆腺胃乳头出血，肌胃角质膜下出血。

◆十二指肠、空肠、直肠等黏膜出血，肠道环状出血或坏死

（图 6.10），盲肠扁桃体肿大、出血。

◆开产种蛋水禽表现卵泡膜严重充血、出血（图 6.11）；卵巢水肿、卵泡充血、出血、萎缩，有的可见卵黄性腹膜炎。

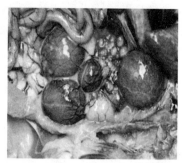

图 6.10　肠道环状出血或坏死　　图 6.11　卵泡膜严重充血、出血

2. 组织学病变

◆心肌细胞颗粒变性（图 6.12）和脂肪变性。

◆肝脏局灶性出血、坏死，血管周围淋巴细胞呈局灶性浸润；脾脏淋巴细胞减少，局灶性坏死；肾脏偶见肾小管上皮细胞颗粒变性。

◆大脑呈非化脓性脑炎、脑膜炎、血管套（图 6.13）。

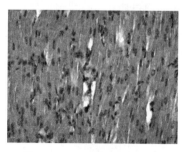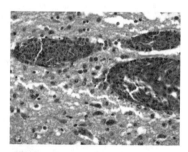

图 6.12　心肌细胞颗粒变性　　　图 6.13　脑血管套

◆胰脏局灶性坏死（图 6.14）。

◆腺胃腺泡内淋巴细胞局灶性增生；肠道呈轻度卡他性炎，肠绒毛断裂（图 6.15）。

◆肺淤血。

水禽养殖减抗
技术指南
Shuiqin Yangzhi Jiankang
Jishu Zhinan

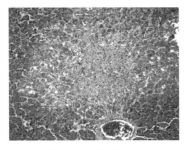

图 6.14　胰脏坏死　　　　　　　图 6.15　肠绒毛断裂

（五）诊断

1. 临床诊断　据以上临床症状和病理变化可做出临床诊断，确诊有赖于实验室诊断。

2. 鉴别诊断　在临诊中易与细小病毒病、禽 1 型副黏病毒强毒株感染、鸭呼肠孤病毒病及鸭病毒性肝炎相混淆，可根据各自的病变特点加以区别。注意鸭流感常引起心包炎，在临诊中应与表现"三炎"（心包炎、肝周炎和气囊炎）的鸭大肠杆菌病和鸭传染性浆膜炎等相区别。

种蛋鸭感染禽流感时多以产蛋异常为主，如表现为产蛋量下降、产畸形蛋、沙壳蛋及软壳蛋等，应与引起种（蛋）鸭产蛋下降的疾病，如禽坦布苏病毒病、鸭产蛋下降综合征、禽 1 型副黏病毒感染、鸭瘟及鸭呼肠孤病毒感染等相区别。

3. 实验室诊断　水禽禽流感的实验室诊断技术主要有病毒分离与鉴定、血凝和血凝抑制试验、RT-PCR 和实时荧光 RT-PCR 等。

（六）防治

1. 预防　目前我国针对禽流感实施全群免疫防控计划，2020年新批准的重组禽流感病毒（H5＋H7）三价灭活疫苗在我国开展推广应用，临床上可基于推荐的使用方法进行微调。建议鸭的免疫程序为，5～15日龄首免（剂量0.3～0.5毫升/羽）、40～55日龄二免（剂量0.5～1.0毫升/羽）、开产前10～15天三免（剂量1.0～1.5毫升/羽）、产蛋中期四免（剂量同三免）。鹅的免疫程序与鸭相似，但剂量需适当加大。

2. 治疗　发生低致病性禽流感，应采取紧急免疫治疗，同时加强消毒工作，改善饲养管理，防止继发感染等综合措施。可以选择一些抗病毒的药物或多种清热解毒、止咳平喘的中草药或中成药来辅助治疗，必要时应用抗生素控制继发感染。一旦发生疑似高致病性禽流感疫情，应按要求上报农业部门，按有关预案和防治技术规范要求，依法防控，做好疫情的处置工作。

二、新城疫

新城疫，又称副黏病毒病，是由新城疫病毒引起的多种禽类易感的急性、高度接触性传染病。其特征是呼吸困难、腹泻、神经功能紊乱、黏膜和浆膜出血。本病在我国水禽养殖地区均有流行，危害严重。

（一）病原

新城疫病毒属于副黏病毒科、正腮腺炎病毒属的成员。病毒粒子呈球形，直径为100～250纳米，是有囊膜的单股负链RNA病毒。能凝集鸡、火鸡、鸭、鹅、鸽、鹌鹑等禽类的红细胞，这种凝集作用可被相应的抗体所抑制，因此可用血凝-血凝抑制试验（HA-HI）来鉴定该病毒。病毒存在于病禽的血液、粪便、肾、肝、脑、脾、肺、气管等，其中脑、脾、肺、气管中病毒含量最高。病毒能在鸡胚、鸭胚、鹅胚中增殖，一般通过绒毛尿囊腔途径接种9～11日龄的SPF鸡胚，可使病毒大量增殖。

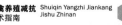

新城疫病毒对热、干燥、日光等敏感，对乙醚、氯仿等有机溶剂敏感；2％氢氧化钠、1％来苏儿、3％石炭酸、1％～2％的甲醛溶液均可在几分钟内杀死该病毒。

（二）流行病学

不同品种、不同日龄的鹅、鸭对本病均有易感性，日龄越小，发病率、死亡率越高，严重者可达90％，随着日龄的增长，发病率和死亡率有所下降。

本病的传染源是病禽和带毒禽。易感鹅、鸭采食和吸入被病毒污染的饲料、饮水、空气通过消化道和呼吸道而感染。本病一年四季均可发生，但冬、春季节多发，饲养管理不良会促进该病的发生。

（三）临床症状

◆鹅、鸭发病后主要表现为精神沉郁，食欲减退或废绝，体温升高，羽毛蓬松；鼻孔周围有黏性分泌物，流出鼻液，口中有黏液，呼吸困难，腹泻，排白色或绿色稀粪。

◆发病后期出现神经症状，表现为角弓反张、扭头、转圈或共济失调等。

◆产蛋鹅、鸭感染后发病率和死亡率不高，多表现为产蛋率下降，软壳蛋、沙壳蛋、无壳蛋增多。

（四）病理变化

1. 剖检病变　特征为消化道和呼吸道黏膜的充血、出血和坏死。

◆肝脏肿大，呈紫红色或紫黑色。胰腺出血。脾脏肿大、出血，表面有大小不一、灰白色或淡黄色的坏死灶。

◆腺胃乳头出血，腺胃与肌胃交界处有出血点（图6.16）。十二指肠、空肠、回肠黏膜局灶性出血、溃疡，肠黏膜纤维素性坏死

（图 6.17）。

◆气管环、喉头出血。肺脏出血。胸腺肿大、出血。

◆产蛋鹅、鸭卵泡变形，严重的破裂（图 6.18）。

◆出现神经症状的鹅、鸭脑膜充血、出血。

 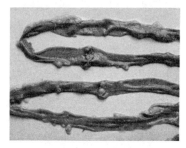

图 6.16　鹅新城疫-腺胃出血　　　图 6.17　鹅新城疫-肠黏膜有大小
　　　（刁有祥　供图）　　　　　　不一的溃疡灶（刁有祥　供图）

图 6.18　鹅新城疫-卵泡变形、破裂
（刁有祥　供图）

2. 组织学病变

◆气管黏膜下层血管充血、出血，黏膜水肿，纤毛脱落；肺脏间质淤血、充血、出血。

◆肝细胞颗粒变性或脂肪样变性。

◆腺胃黏膜上皮细胞坏死、脱落，固有层水肿，有炎性细胞浸润。

◆肠绒毛脱落，固有层炎性水肿，肠道淋巴组织内淋巴细胞坏死，数量减少。

（五）诊断

1. 临床诊断 根据发病鹅、鸭腺胃出血，肠黏膜局灶性出血和肠道有纤维素性坏死，可做出初步诊断。

2. 鉴别诊断 本病应注意与禽流感和禽霍乱的鉴别。鹅、鸭发生新城疫后的症状和剖检变化与禽流感类似，但禽流感不表现肠黏膜纤维素性坏死。禽霍乱的特征性剖检变化表现为肝脏肿大，表面弥漫性有大小不一的黄白色坏死点。

3. 实验室诊断

（1）病毒的分离 无菌采集病、死鸭、鹅的脑、肝、脾、肺脏等组织，置于匀浆器中，按照1∶4的比例加入灭菌生理盐水，制成组织悬液，反复冻融3次，12 000转/分钟离心5～10分钟后取上清液，加入青霉素和链霉素，37℃温箱中作用30分钟。取上清液0.2毫升尿囊腔接种9～11日龄的SPF鸡胚，37℃培养。收集24小时后死亡鸡胚尿囊液对分离的病毒进行鉴定。

（2）病毒的鉴定 新城疫病毒能凝集禽类及某些哺乳动物的红细胞，这种凝集作用可被新城疫抗体所抑制，因此可用血凝-血凝抑制试验鉴定新城疫病毒。

分子生物学方法特异性好、敏感性强，是目前用于快速诊断该病的重要方法之一。可采用RT-PCR方法，该方法可以检测不同毒力、不同基因型的新城疫病毒。

（六）防治

1. 预防 采取严格的生物安全措施，加强卫生消毒措施的落实，加强饲养管理，实行全进全出和封闭式集约化饲养，以减少应激，提高机体抵抗力，减少疫病传播机会。

免疫接种是控制本病的重要措施。种鹅、蛋鹅、种鸭、蛋鸭可在开产前接种3～4次新城疫灭活疫苗；肉鸭或肉鹅可在7～8日龄接种新城疫灭活疫苗。

2. 治疗　鸭、鹅发病后，及时将发病者隔离或淘汰，并采取严格的消毒措施。对尚未出现症状的，用新城疫油乳剂灭活苗紧急接种。

三、鸭瘟

鸭瘟，又称"大头瘟"和"鸭病毒性肠炎"，是由鸭瘟病毒引起的鸭、鹅和天鹅等雁形目鸭科成员的一种高度致死性传染病。该病的病变特征是黏膜和血管壁损伤，表现为主要脏器有明显的出血和坏死病变。该病最早于1923年在荷兰发现，1949年在第14届国际兽医会议上，Jansen和Kunst提议采用"鸭瘟"作为法定名称。我国于20世纪50年代末开始发生该病，之后蔓延至全国。该病具有非常高的发病率和死亡率，给水禽业造成严重的经济损失。

（一）病原

鸭瘟病毒又称鸭肠炎病毒或鸭疱疹病毒1型，属疱疹病毒科的α疱疹病毒亚科，是一种有囊膜的病毒，病毒粒子呈球形。

（二）流行病学

自然情况下，鸭、鹅等水禽都易感，主要是经由消化道感染，也可经由呼吸道、眼结膜、交配感染，且任何品种、各个日龄都能感染。该病多见于1月龄以上的水禽，发病率为5％～100％，死亡率可超过95％。该病的传染源主要是病鸭（鹅）、潜伏期感染鸭（鹅）以及感染康复期带毒鸭（鹅）。易感鸭（鹅）与感染鸭（鹅）直接接触可以感染该病，与污染病毒的饲料、饮水、器具、环境等接触也可感染。在规模大的水禽场，鸭瘟传播快且死亡率高。该病

 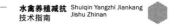

一年四季均可发生。

（三）临床症状

◆病鸭（鹅）首先表现为体温明显升高，呈现高热稽留，精神萎靡、羽毛松乱、采食量减少；后期表现为运动障碍，腿部无力、不能站立、双翅扑地或头低下垂等。

◆部分鸭（鹅）的头部因皮下有大量渗出物而肿大（图 6.19），加之羽毛蓬松杂乱，因此也称为"大头瘟"。

◆眼眶周围羽毛湿染或眼睑粘连，泄殖腔黏糊，水样下痢，甚至血便。

◆一旦出现明显症状，通常在 5 天内死亡。

（四）病理变化

1. 剖检病变　特征是实质脏器及消化道黏膜的出血和坏死。

◆剖检时可见头颈部、腹部及大腿内侧皮下有大量胶冻样渗出物（图 6.20）。肝脏表面散布有不规则的针尖状出血点、出血斑及黄白色的坏死灶（图 6.21）。脾脏肿大，色深并呈斑驳状（图 6.22）。胸腺有明显出血斑（图 6.23）。法氏囊严重充血或出血（图 6.24）。胰腺有不同程度的出血和坏死。肾脏表面有出血斑。

图 6.19　头部肿胀
（黄瑜　供图）

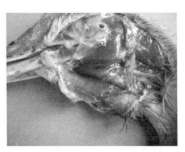

图 6.20　头颈部皮下有大量的胶冻样渗出物（黄瑜　供图）

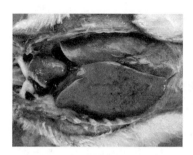

图 6.21　肝脏肿大出血、坏死　　　图 6.22　脾脏肿大，色深并呈斑
（黄瑜　供图）　　　　　　　　驳状（黄瑜　供图）

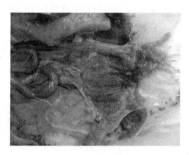

图 6.23　胸腺出血　　　　　　　图 6.24　法氏囊出血
（黄瑜　供图）　　　　　　　　（黄瑜　供图）

◆消化道黏膜的出血主要表现为食道黏膜出血和坏死，病程稍长的病例食道有纵行排列的灰黄色伪膜，剥去伪膜后则留有溃疡（图 6.25）；食道膨大部与腺胃交界处出血；肠道外观可见有明显

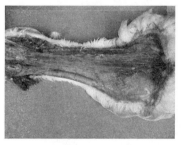

图 6.25　食道出血、坏死，有　　　图 6.26　肠道环状出血
伪膜形成（黄瑜　供图）　　　　（黄瑜　供图）

水禽养殖减抗
技术指南
Shuiqin Yangzhi Jiankang
Jishu Zhinan

的环状出血带（图 6.26），剖开可见黏膜出血，肌层淋巴小结增生、出血、坏死；直肠后段及泄殖腔黏膜有明显的坏死、出血或溃疡（图 6.27）。

◆成年产蛋鸭卵泡变形、出血或破裂（图 6.28）。

图 6.27　直肠末端坏死及泄殖腔出血（黄瑜　供图）　　图 6.28　卵泡变形、出血（黄瑜　供图）

2. 组织学病变

◆食道上皮和腺体结构中散布着坏死细胞（图 6.29），黏膜表面有白喉性伪膜，伪膜内含有大量的细胞坏死碎屑、异嗜性粒细胞和纤维素。

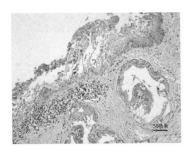
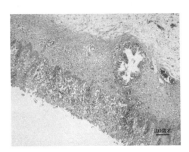

图 6.29（a）　食道黏膜上皮细胞坏死，固有膜出血，异嗜性粒细胞浸润（HE）　　图 6.29（b）　食道黏膜上皮细胞和腺细胞坏死（HE）

◆肠道黏膜层中的固有层和黏膜下层细胞变性坏死（图 6.30），出现核浓缩和核消失现象。

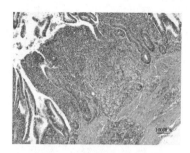

图 6.30（a） 肠道黏膜上皮细胞
坏死,固有膜出血（HE）

图 6.30（b） 肠道肌层淋巴小结
增生,出血、坏死（HE）

◆肝脏小叶结构清楚,有不同程度的出血病变和局灶性坏死灶
（图 6.31）,坏死灶大小不等,形状不规则,周边有单核细胞反
应带。

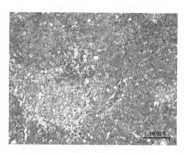

图 6.31（a） 肝脏细胞坏死,伴
有出血（HE）

图 6.31（b） 肝脏局灶性坏
死出血（HE）

◆脾脏红髓和白髓结构不清,白髓内淋巴细胞减少,分布有
大小不等、形状不规则的坏死灶,脾脏组织呈淀粉样变
（图 6.32）。

◆法氏囊的淋巴细胞严重缺失和坏死,淋巴小结皮质部出血及
异嗜性粒细胞浸润,髓质部淋巴细胞坏死（图 6.33）。

◆胸腺中央髓质部网状细胞发生凝固性坏死,大片的坏死细胞
成均质一片。皮质和髓质内可有大量的红细胞,有出血病变。淋巴
细胞严重缺失（图 6.34）。

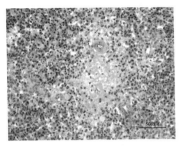

图 6.32(a) 脾脏白髓减少,淋巴
细胞坏死,红髓充满大量红细胞
及异嗜性粒细胞浸润(HE)

图 6.32(b) 脾脏淀粉样变(HE)

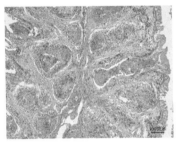

图 6.33(a) 法氏囊淋巴小结淋巴
细胞坏死(HE)

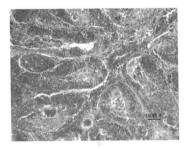

图 6.33(b) 法氏囊严重出血,淋
巴小结坏死(HE)

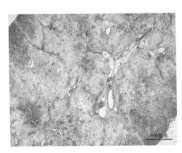

图 6.34(a) 胸腺淋巴细胞严重减
少,有少量坏死淋巴细胞残留(HE)

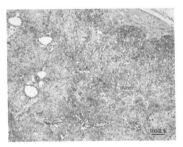

图 6.34(b) 胸腺淋巴细胞严重
减少,出血,有少量坏死淋巴
细胞残留(HE)

（五）诊断

1. 临床诊断　根据鸭群的发病和死亡情况，结合其特征病变即食道黏膜的出血、坏死、纵行排列的灰黄色伪膜，可做出初步诊断，确诊则需要做进一步的病原分离和鉴定。

2. 鉴别诊断　临床诊断时应注意与水禽的其他出血坏死性疾病相区别，包括高致病性禽流感、水禽病毒性肝炎、禽霍乱、新城疫、球虫病、坏死性肠炎以及某些急性中毒性疾病。

3. 实验室诊断　目前可采用 PCR、ELISA 以及间接免疫荧光技术等进行诊断，且随着科技的发展，简单快速的检测方法如胶体金试纸条检测技术等也可应用于该病的诊断。

（六）防治

1. 预防接种　接种鸭瘟疫苗是预防该病最有效的措施之一。一般来说，雏鸭（鹅）适宜在 20 日龄进行首免，每只肌内注射 0.2 毫升疫苗，经过 5 个月后再注射 1 次；种鸭每年注射 2 次，产蛋鸭在停产期注射 1 次，通常在 1 周内即可产生免疫力；2 月龄以上的鸭肌内注射 1 次疫苗，能够持续保护 1 年之久。疫病流行地区受威胁的鸭群，建议在 2 周龄左右经皮下或肌肉接种活疫苗，之后间隔 2～3 周再免疫一次。种鸭群要定期进行加强免疫。

2. 隔离封锁　鸭（鹅）场发病后要立即进行隔离、封锁，不允许转场或者出售，并对场舍、器具等进行严格全面消毒，对病死鸭及其粪便、羽毛等采取无害化处理。当处理完最后一只病鸭（鹅）且 2 周内没有出现新病例时，该场再经过严格消毒即可解除封锁。另外，在空栏期还应在养殖区域用生石灰等进行消毒处理。

3. 对症治疗　治疗该病没有特效药物，主要是采取抗病毒治疗和对症治疗，以改善症状，减少死亡。发病初期，可根据按每千克体重 2～4 毫升肌内注射鸭瘟高免血清，减少病鸭血液中的病毒

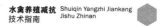

量，同时配合口服 0.01 毫升双歧因子，按每 100 千克水加入 35 毫升黄芪多糖口服液混饮，以增强机体免疫力。发病中后期，还要配合使用适当的抗生素和糖皮质激素类药物，避免出现继发感染，但必须严格遵守休药期的有关规定，防止滥用抗生素。

四、小鹅瘟

小鹅瘟病是由鹅细小病毒引起的雏鹅和雏番鸭急性肠炎及实质性器官败血症为特征的一种急性病毒性传染病。我国学者方定一于 1965 年在国内外首次从发病雏鹅中发现并分离鉴定了该病毒，现该病呈全球性分布。

（一）病原

鹅细小病毒属于细小病毒科细小病毒亚科依赖病毒属成员。该病毒为无囊膜、球形或六角形、单股负链 DNA 病毒。该病毒能耐有机物、酸和热；对紫外线敏感；无血凝活性；对各种禽胚的致病性不同，对番鸭胚和鹅胚致死率高达 90%，对麻鸭胚的致死性低；能在鸭胚成纤维细胞中复制增殖，但不能在鸡胚和鸡胚成纤维细胞中增殖。

（二）流行病学

本病一年四季均可发生，无明显的季节性，但以冬、春两季发病率高。可经水平传播（消化道、呼吸道），也可垂直传播；病鸭或鹅排泄物及被污染的环境等都可能成为传染源。该病主要侵害 4 周龄内各品种雏鹅和雏番鸭，其易感性随日龄增长逐渐降低。发病率 50%～70%，病死率 40%～65%，病愈后变僵鸭且羽毛生长不良。

（三）临床症状

主要表现为精神委顿，两翅下垂，厌食或食饮废绝，严重下痢，排灰白色或淡绿色水样稀粪，最后衰竭而死，但无呼吸道张口呼吸症状，其病死率达 70%～90%，病程可持续 7 天以上。大日龄番鸭感染或病程长的常出现断羽毛现象。

（四）病理变化

1. 剖检病变　大部分病死鸭肛门周围有稀粪粘污，泄殖腔扩张、外翻；肠道外观发红（图 6.35）、肿胀，触压有硬感，肠黏膜充血、出血（图 6.36），尤其在十二指肠和中后段肠道，其中在中后段肠道可见由脱落的肠黏膜和纤维素性渗出物混合而形成的状如腊肠样的特征性栓塞物（图 6.37 至图 6.38）。心包积液；肝脏稍

图 6.35　肠道外观发红

图 6.36　肠黏膜充血、出血

图 6.37　病鹅中后段肠道栓塞

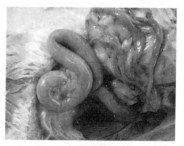

图 6.38　病番鸭中后段肠道栓塞

水禽养殖减抗　Shuiqin Yangzhi Jiankang
技术指南　Jishu Zhinan

肿大呈棕黄色；脾脏明显萎缩；肺多呈单侧性淤血；肾脏充血；胸腺出血；胆囊明显膨大，充满蓝绿色胆汁；胰腺表面散布针尖大灰白色病灶。

2. 组织学病变 组织器官呈现广泛的病理损伤，其中病变最为严重的为肠道，其次为免疫系统、心脏、肝脏、肺脏、肾脏、脑组织。主要表现为小肠黏膜上皮细胞变性、坏死严重甚至脱落，黏膜固有层有大量炎性细胞浸润，肠腺结构紊乱，呈现肠道的急性卡他性炎症；法氏囊和胸腺淋巴细胞减少，局部淋巴细胞变性坏死；脾脏为急性脾炎；心肌呈实质性心肌炎变化；肺脏表现间质性肺炎变化；肾脏呈渗出性肾炎变化；脑膜充血、出血；肝脏、胰腺、腺胃等其他实质器官主要表现为变质性炎。

（五）诊断

1. 临床诊断 临床上可根据临床症状、流行病学、肠栓塞和脾脏明显萎缩等做出初步诊断。确诊还需结合病毒的分离鉴定、聚合酶链反应（PCR）以及免疫荧光技术等。临床上应注意排除与其他细小病毒病的混合感染。

2. 鉴别诊断 小鹅瘟与番鸭细小病毒病在临床症状上难以区别，但小鹅瘟可感染雏番鸭和雏鹅，剖检见肠道栓塞，死亡率高；番鸭细小病毒病仅侵染番鸭，主要表现下痢和张口呼吸等症状，但无肠道栓塞。以单抗介导的免疫荧光试验或胶乳凝集试验、多重聚合酶链反应和限制性片段长度多态性聚合酶链反应（PCR-RFLP），均能鉴别小鹅瘟和番鸭细小病毒病。

3. 实验室诊断 目前实验室诊断方法有病毒分离、PCR、环介导等温扩增技术、中和试验、荧光抗体试验、酶联免疫吸附试验（ELISA）、琼脂扩散试验和胶乳凝集（抑制）试验等。

（六）防治

1. 预防 加强饲养管理、搞好环境卫生消毒和减少应激对预防和控制小鹅瘟有一定作用。疫苗免疫是预防和控制该病的有效措施，雏禽于出壳时免疫注射小鹅瘟活疫苗一次即可。也可免疫种鸭或鹅，为雏禽提供一定的母源抗体保护。番鸭细小病毒病活疫苗免疫后也能产生一定的交叉抗体，但不能完全保护小鹅瘟强毒的感染。

2. 治疗 一旦发生本病，应及时隔离病禽，并按病禽体重肌内注射高免血清或卵黄抗体，每天 1 次，连续 2～3 天，可起到一定的治疗效果；同时配合肠道广谱抗生素或抗病毒中药等进行拌料或饮水，提高疗效。

五、番鸭细小病毒病

番鸭细小病毒病，俗称"番鸭三周病"或"喘泻病"，是由番鸭细小病毒专一引起 1～3 周龄雏番鸭发生的一种以腹泻、喘气和软脚为主要症状的急性病毒性传染病。该病主要侵害 3 周龄以内的雏番鸭，成年番鸭不发病。我国于 1985 年最早报道了该病的流行，随后法国、美国和日本等地也相继报道了本病的流行。

（一）病原

番鸭细小病毒同鹅细小病毒，均属于细小病毒科依赖病毒属。该病毒为无囊膜、球形或六角形、单股 DNA 病毒。该病毒对乙醚、氯仿等有机酸耐受，对酸和热不敏感。

（二）流行病学

本病一年四季均可发生，但以冬、春两季发病较多。雏番鸭是唯一自然感染番鸭细小病毒发病的动物，而其他禽类和哺乳动物均未见发病报道。成年番鸭感染该病毒后不表现任何症状，但会经排泄物排出大量病毒，污染环境和种蛋，成为重要的传染源。本病主要经消化道和呼吸道传播。发病率为 27%～62%，致死率为 22%～43%，病愈鸭大部分成为僵鸭。

（三）临床症状

本病分为急性和亚急性两型。

急性型主要见于 2 周龄内的雏番鸭，病雏鸭精神沉郁，两翅下垂，软脚，行走不便，喜蹲伏和打堆，不同程度的腹泻，粪便呈绿色或灰白色，常黏附于肛门周围。部分病雏鸭呼吸困难，甩头流鼻涕，严重时张口呼吸（图 6.39）。病程后期喙发绀，喘气频繁，最后衰竭而死。病程一般 2～5 天，有的可达 1 周。

图 6.39　病鸭张口呼吸

亚急性型多见于发病日龄较大的雏鸭，前期发病表现与急性型症状相似，主要为精神沉郁、软脚和腹泻，但病死率低，大部分病愈鸭成为僵鸭。

（四）病理变化

1. 剖检病变　特征性病变在肠道和胰腺。

◆肠道呈卡他性炎症或黏膜脱落，肠壁变薄，尤以十二指肠及直肠后段黏膜明显（图 6.40）。

◆胰腺苍白或充血或局灶性或整个表面有数量不等的针尖大、灰白色的坏死点（图 6.41）。

◆心脏变圆、心肌松弛。

◆肝脏稍肿大；胆囊充盈。

◆肾脏呈暗红或灰白色。

◆肺多呈单侧性淤血。

◆脑壳膜充血、出血。

图 6.40　小肠肿胀，内容物水样　　图 6.41　胰腺表面有数量不等的针尖大、灰白色的坏死点

2. 组织学病变

◆病死鸭的心、肝、脾、肺、肾、胰、法氏囊和大脑等器官的血管扩张、充血，以肺脏尤为严重，并见少量淋巴单核细胞浸润（图 6.42 和图 6.43）；

◆心、肝、肾、胰和大脑均呈现不同程度的变性（图 6.44 至

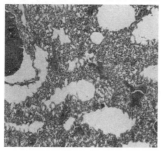 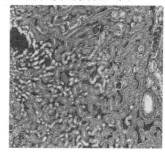

图 6.42　肺充血、肺泡壁增宽　　图 6.43　肾脏充血，间质淋巴单核细胞浸润

水禽养殖减抗技术指南　Shuiqin Yangzhi Jiankang Jishu Zhinan

图 6.47）。

◆免疫器官法氏囊和脾主要表现为淋巴细胞数量减少（图
6.48 和图 6.49）。

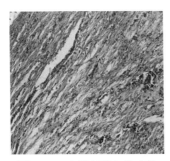

图 6.44 心肌纤维细胞变性

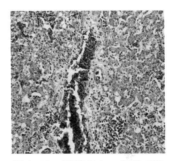

图 6.45 肝脏充血、细胞变性

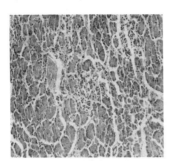

图 6.46 胰腺腺泡上皮变性
和局部坏死

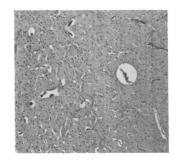

图 6.47 大脑实质充血，神经
细胞轻度变性

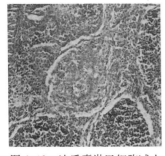

图 6.48 法氏囊淋巴细胞减少

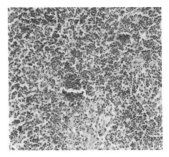

图 6.49 脾脏淋巴细胞减少

（五）诊断

1. 临床诊断　根据流行病学、临床症状和病理变化可做出初步诊断。

2. 鉴别诊断　在临诊上，雏番鸭细小病毒病易与雏番鸭小鹅瘟、雏番鸭流感、雏番鸭出血症、雏番鸭肝炎等疫病相混淆，需根据各病的临诊特征加以鉴别，再结合实验室检查确诊（比如免疫荧光试验和胶乳凝集试验或 PCR 方法，均能加以区别）。

3. 实验室诊断　目前已报道的实验室诊断方法有病毒分离鉴定、血清中和试验、荧光抗体技术、酶联免疫吸附试验、琼脂扩散试验、PCR 方法和乳胶凝集（抑制）试验等，其中以乳胶凝集试验最为简便实用，该方法适合基层兽医防疫部门及专业户开展临床诊断、流行病学调查。

（六）防治

1. 预防　加强饲养管理，搞好环境卫生消毒，减少应激对本病的预防和控制有一定作用。疫苗免疫是预防和控制番鸭细小病毒病的有效措施，于雏番鸭出壳时注射番鸭细小病毒活疫苗一次即可。也通过对种鸭进行活疫苗的多次加强免疫，经母源抗体给雏鸭提供一定的保护。

2. 治疗　一旦发生本病，应及时隔离病鸭并肌内注射高免血清或卵黄抗体，每天1次，连续2~3天，可起到一定的治疗效果；同时配合肠道广谱抗生素或抗病毒中药等进行拌料或饮水，提高疗效。

六、短喙侏儒综合征

20 世纪 70 年代初，在法国西南部的半番鸭出现一种以喙变短和生长不良为主要特征的疫病，直到 90 年代末才由匈牙利的科学者证明其病原是鹅细小病毒。2008 年下半年，我国半番鸭、台湾白改鸭出现软脚、短喙但无舌头外露、翅脚易折断、生长迟缓、体重仅为同群正常鸭体重的 1/3～1/2、出栏时残次鸭高达 60％等症状，经一系列研究确定病原为新型细小病毒。2015 年 3 月底以来，我国山东等地肉鸭出现以鸭喙发育不良、舌头外伸为特征的一种鸭病，感染后期胫骨和翅骨易发生骨折，经研究明确"短喙长舌综合征"的病原是新型鹅细小病毒，其致病力低于传统的鹅细小病毒和番鸭细小病毒，但由于大量残次鸭的出现，严重影响养鸭业的经济效益。

（一）病原

短喙侏儒综合征的病原新型番鸭细小病毒或新型鹅细小病毒。新型番鸭细小病毒（Muscovy duck parvovirus，MDPV）是由经典型番鸭细小病毒作为亲本与鹅细小病毒自然重组而获得。新型 MDPV 仍然具有细小病毒所有的病原学特征：为单股负链 DNA，对乙醚、氯仿等有机物耐受，对胰蛋白酶、酸和热等理化因素不敏感。新型 MDPV 无血凝活性，对多种动物的红细胞均无凝集能力。

（二）流行病学

目前报道的发病品种除了半番鸭外，还见于台湾白改鸭、番鸭、樱桃谷鸭和麻鸭。该病的发病率、病死率因感染鸭品种、日龄的不同而存在较大差异，且感染鸭日龄越小其发病率、病死率越高。种鸭可感染该病但不表现任何症状，是重要的传染源。该病可水平传播，也可垂直传播。鸭群发病率为 5％～60％不等，严重时病死率可达 50％。

（三）临床症状

◆新型 MDPV 或新型 GPV 所致的鸭短喙侏儒综合征略有差别，感染新型 MDPV 主要表现张口呼吸，轻度腹泻，不愿活动和较高病死率，生长迟缓，体重较轻，喙变短但无舌头伸出（图 6.50），翅、脚易断，折断后病鸭行走困难或瘫痪不起，至出栏时僵鸭率高达 83%。

◆感染新型 GPV 主要表现软脚、腹泻、幸存的感染鸭继续饲养后表现生长迟缓、体重轻仅为同群正常鸭体重的 1/3～1/2（即侏儒），上喙变短且舌头外露的病鸭多达 53%（图 6.51），翅、腿骨易断（图 6.52），至出栏时残次鸭比例高达 65%（图 6.53）。

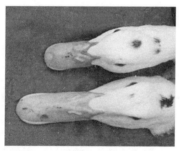

图 6.50　感染新型 MDPV 鸭
上喙变短

图 6.51　感染新型 GPV 鸭
舌头肿胀伸出

图 6.52　病鸭腿骨、翅折断

图 6.53　同一批鸭的大小对比
（中间为病鸭）

（四）病理变化

1. 剖检病变

◆感染新型 MDPV 的雏番鸭除了胰腺和肠道的剖检病变与经典 MDPV 感染相似外，还表现胸腺出血（图6.54），幸存者多表现胸腺出血和胫骨断裂（图6.55）。

◆感染新型 MDPV 的半番鸭或台湾白改鸭表现胸腺出血（图6.56），卵巢萎缩（图6.57），胫骨断裂，其他脏器无肉眼可见病变。

◆感染新型 GPV 的樱桃谷鸭，其主要剖检病变为舌短小外露、肿胀，胸腺肿大、出血，骨质疏松。

图 6.54　番鸭胸腺出血

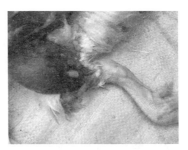

图 6.55　番鸭胫骨断裂

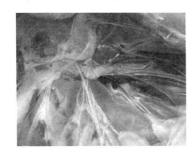

图 6.56　台湾白改鸭种鸭卵巢萎缩

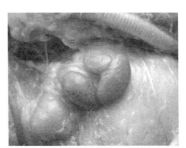

图 6.57　半番鸭胸腺出血

2. 组织学病变

◆感染新型 MDPV 的病鸭，组织学病变主要为腿肌出血、坏死（图6.58），肌纤维断裂、呈竹节状（图6.59），胸腺出血、坏死（图6.60）。

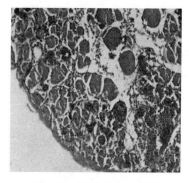

图6.58　腿肌出血、坏死

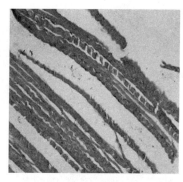

图6.59　腿肌纤维断裂、呈竹节状

◆感染新型 GPV 的病鸭，组织病理学特点主要为舌呈间质性炎症，结缔组织基质疏松、水肿；胸腺髓质淋巴细胞与网状细胞呈散在性坏死，炎性细胞浸润，组织间质明显出血，胸腺组织水肿；肾小管间质出血，并伴有大量炎性细胞浸润，肾小管上皮细胞崩解凋亡，肾小管管腔狭小、水肿。

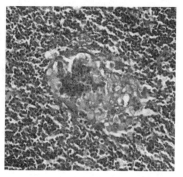

图6.60　胸腺出血、坏死

（五）诊断

1. 临床诊断　根据该病的特征性临床症状及病理变化可做出初步诊断。

2. 鉴别诊断　在临诊中，新型番鸭细小病毒和新型鹅细小病毒引起的鸭短喙侏儒综合征难以区别，可通过病毒分离鉴定及病毒全基因组测序加以鉴别。同时，注意细小病毒的混合感染。此外，也应注意与鸭圆环病毒感染引起的鸭生长迟缓相区别。

3. 实验室诊断　目前已报道的实验室诊断方法有病毒分离鉴定、（荧光定量）PCR 方法、PCR-RFLP 方法、多重 PCR 方法、ELSIA 和胶体金试纸条检测技术等。

（六）防治

对于短喙侏儒综合征的预防，由于其病原为新型细小病毒，因此在明确病原的基础上，加强种鸭的饲养管理、雏鸭选用番鸭细小病毒活疫苗或鹅细小病毒活疫苗进行预防，有一定的预防效果。一旦发生本病，目前尚无很好的治疗方案。

七、坦布苏病毒病

坦布苏病毒病是由坦布苏病毒引起的，以瘫痪、震颤和产蛋下降、卵泡膜出血为特征的传染病。该病主要感染鸭、鹅，给我国水禽业带来较大的经济损失。

（一）病原

坦布苏病毒为黄病毒科、黄病毒属、恩塔亚病毒群成员。病毒粒子呈球形，直径为 40～50 纳米，有囊膜。病毒可在鸭胚、鹅胚和鸡胚中增殖，经绒毛尿囊膜途径接种鸭胚，死亡胚体绒毛尿囊膜水肿增厚，胚体水肿、出血。病毒抵抗力不强，对氯仿、丙酮敏感；56℃作用 30 分钟即可灭活；病毒不能凝集鸡、鸭、鸽、鹅、兔子、小鼠等动物的红细胞。

（二）流行病学

不同品种、不同日龄的鸭和鹅均可感染坦布苏病毒，以鸭的易感性最高。在鸭中，10～25 日龄的肉鸭和产蛋鸭的易感性更强，育成鸭有一定的抵抗力。本病的发病率高达100％，但死亡率一般在5％～10％，若继发其他病原感染，则死亡率上升。本病以水平传播为主，也能通过种蛋垂直传播。病禽通过分泌物和排泄物排出病毒，污染环境、饲料、饮水、器具、运输工具、空气等，通过消化道和呼吸道感染。带毒鸭、鹅跨地区调运能引起该病大范围的传播，蚊虫、野鸟在该病的传播中起着重要作用。本病一年四季均能发生，饲养管理不良、气候突变等会促进该病的发生。

（三）临床症状

坦布苏病毒对不同日龄鸭群的致病性差异明显，雏鸭和产蛋鸭最易感，育成鸭有一定的抵抗力。

1. 雏鸭　自然发病多见于15～25日龄。病鸭采食下降，排灰白或绿色稀粪，瘫痪，双腿伸向一侧或两侧，站立不稳，运动失调，翻滚，腹部朝上，两腿呈游泳状挣扎（图6.61）。病鸭瘫痪后因不能采食，被淘汰率较高。

图6.61　鸭坦布苏病毒病-肉鸭腹部朝上，双腿呈划水状
（刁有祥　摄）

2. 育成鸭　症状轻微，多出现一过性的精神沉郁、采食量下降，很快耐过。

3. 产蛋鸭　采食量下降，排绿色稀粪。产蛋率急剧下降，大约在1周内产蛋由90％以上下降至10％～30％，软壳蛋、砂壳蛋等畸形蛋增多，种蛋受精率降低10％左右，鸭群羽毛脱落增多，

水禽养殖减抗
技术指南
Shuiqin Yangzhi Jiankang
Jishu Zhinan

有的主翼羽脱落。1个月后产蛋率逐渐恢复，但难以恢复到高峰期的产蛋水平。个别鸭表现瘫痪、运动障碍。

4. 鹅　发病后的表现与鸭类似。

（四）病理变化

1. 剖检病变

◆雏鸭、雏鹅以病毒性脑炎为特征。脑组织水肿，脑膜充血、出血。心冠脂肪有大小不一出血点。腺胃出血，肠黏膜弥漫性出血。肝脏肿大呈土黄色。胰腺液化。脾脏肿大，呈紫黑色或紫红色。

◆育成鸭、鹅脑组织有轻微的水肿，有时可见轻微的充血。

◆产蛋鸭、鹅表现为卵泡膜充血、出血，严重的卵泡破裂形成卵黄性腹膜炎（图 6.62）。输卵管黏膜出血、水肿，管腔中有黄白色渗出物。心冠脂肪有出血点，心内膜出血。肺脏出血。肝脏肿大，呈浅黄色。脾脏肿大、出血。

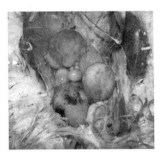

图 6.62　鸭坦布苏病毒病-卵泡膜出血（刁有祥　摄）

2. 组织学病变

◆雏鸭、雏鹅，脑有大量淋巴细胞团。心脏间质水肿，心肌变性、坏死，淋巴细胞浸润。脾脏淋巴细胞崩解、坏死。法氏囊淋巴细胞崩解、坏死。肝脏脂肪变性。

◆产蛋鸭、鹅，主要表现为卵泡膜充血、出血，卵泡中充满大量红细胞，间质中充满大量炎性细胞。输卵管固有层水肿，上皮组织大量炎性细胞浸润。肝脏出血，肝细胞脂肪变性，并有炎性细胞浸润。肠绒毛脱落，固有层有大量炎性细胞浸润。大脑有噬神经现象，小胶质细胞增多，脑膜边缘淋巴细胞浸润。脾脏淋巴细胞坏死。肺淤血、出血。

（五）诊断

1. **临床诊断** 根据该病的流行病学、临床症状及病理变化特点可初步诊断，确诊需要进行实验室诊断。

2. **鉴别诊断** 本病应注意与禽流感的鉴别，鸭、鹅感染禽流感后呼吸道症状明显，腿部皮肤出血，心肌纤维有黄白色条纹状坏死。而坦布苏病毒病没有上述症状和病变。

3. **实验室诊断**

（1）病毒分离 无菌采集病死鸭、鹅的肝、脾、卵泡膜、脑组织等，匀浆制成组织混悬液，12 000转/分钟离心10分钟，上清液经无菌处理后，通过尿囊腔或尿囊膜途径接种于10～12日龄鸭胚，37℃培养24小时，收获尿囊液进行病毒鉴定。

（2）病毒鉴定 目前主要采用分子生物学方法进行鉴定，如RT-PCR、实时荧光定量PCR和环介导等温扩增技术等。RT-PCR方法是从收集的病毒尿囊液或者采集的病料组织中提取核酸，采用特异性引物扩增目的基因，对PCR产物电泳，并通过序列分析进行鉴定。

（六）防治

1. **预防** 加强饲养管理，改善养殖环境，减少应激因素。灭蚊、灭蝇、灭虫，驱赶野鸟。加强对鸭鹅舍、垫料、运动场、用具、设备、种蛋的消毒，病死禽及其污染物要及时进行消毒或焚烧等处理。

免疫接种是控制坦布苏病毒病的重要措施，目前商品化疫苗有鸭坦布苏病毒弱毒苗和灭活苗。蛋鸭或种鸭可在11周龄和14周龄用弱毒疫苗免疫2次，也可配合灭活疫苗使用；肉鸭5～7日龄用弱毒苗免疫。鹅的免疫程序可参考鸭的进行。

2. **治疗** 发病后可采用对症疗法。在饲料或饮水中添加电解多维、葡萄糖、抗病毒中药（如大青叶、板蓝根、黄连、黄芪）等，在饮水中添加适量抗菌药物如黏杆菌素、氟苯尼考、强力霉素等，连用 4～5 天，防止继发感染。

八、番鸭呼肠孤病毒病

番鸭呼肠孤病毒病，又称番鸭"肝白点病"或"花肝病"，指由呼肠孤病毒引起，以软脚、肝脾等脏器出现灰白色坏死点，肾脏肿大、出血、表面有黄白色条斑为主要特征的一种高发病率、高致死率和急性烈性的番鸭病毒性传染病。

（一）病原

番鸭呼肠孤病毒病是由呼肠孤病毒引起的病毒性传染病。该病最早于 1950 年在南非被发现，20 世纪 70 年代在法国流行并成为番鸭的主要病毒病之一，于 1981 年确定了该病的病原，即呼肠孤病毒。我国于 1997 年开始流行，造成了重大的经济损失。

（二）流行病学

该病最初只感染番鸭，后来陆续发现半番鸭、麻鸭、北京鸭和鹅等均可感染发病。多见于 10～45 日龄，发病率为 20％～90％，死亡率通常为 10％～30％，日龄越小病死率越高，耐过鸭生长发育明显迟缓。病鸭及痊愈后带毒鸭为主要的传染源，污染病毒的饲料、饮水和器具等也可机械带毒。该病经消化道、呼吸道和脚蹼损伤等传播。该病的发生无明显季节性。

（三）临床症状

◆病鸭精神沉郁，拥挤成群，鸣叫，少食或不食，少饮；羽毛蓬松且无光泽，眼分泌物增多；全身乏力，脚软，呼吸急促；排白痢、绿痢，喜蹲伏，头颈无力下垂。

◆病程一般为 2～14 天，死亡高峰为发病后 5～7 天，死前以头部触地，部分鸭头向后扭转；2 周龄以内患病鸭能耐过的很少，病鸭耐过后生长发育不良，成为僵鸭。

（四）病理变化

1. 剖检病变　多集中于肝脏和脾脏。

◆肝脏肿大，质地变脆，内有大量红色的出血点或出血斑，或有大量灰白色的坏死点或坏死斑（图 6.63，俗称肝白点病），或两者并存而使肝脏呈花斑样，即俗称"花肝病"（图 6.64）。

图 6.63　肝脏上有大量灰白色坏死斑（刘荣昌　供图）

图 6.64　肝脏上大量红色出血点和灰白色坏死点（程龙飞　供图）

◆脾脏肿大呈暗红色，表面及实质有许多大小不等的灰白色坏死点（图 6.65）或坏死斑（图 6.66）。

图 6.65　脾脏上的灰白色坏死点（黄瑜　供图）

图 6.66　脾脏上的灰白色坏死斑（黄瑜　供图）

◆胰腺表面有白色细小的坏死点。

◆肾脏肿大、出血，表面有黄白色条斑或出血斑，部分病例可见针尖大小的白色坏死点或尿酸盐沉积。

◆肠道外壁可见有大量针尖大小的灰白色坏死点（图6.67）。

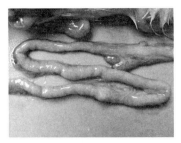

图6.67 肠壁上的灰白色坏死点（黄瑜 供图）

◆脑水肿，脑膜有点状或斑块状出血。

◆法氏囊有不同程度的炎性变化，囊腔内有胶样或干酪样物。

2. 组织学病变

◆病毒感染番鸭后，肝静脉、肝窦状隙扩张淤血，血管周围淋巴单核细胞明显浸润，间质血管周围有吞噬细胞和淋巴细胞（图6.68a）。

◆脾脏白髓区淋巴细胞大量减少，网状细胞肿大（图6.68b）。

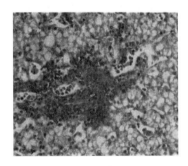

图6.68（a） 肝脏淋巴细胞浸润（HE×400）

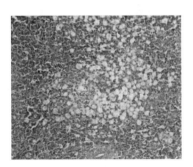

图6.68（b） 脾脏白髓区淋巴细胞减少（HE×200）

◆肾脏淋巴细胞浸润，肾小叶边缘可见到出血，肾脏结构紊乱（图6.69）。

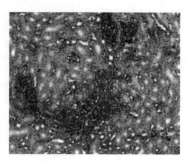

图 6.69　肾脏淋巴细胞浸润（HE×200）

（陈晓燕　供图）

（五）诊断

1. 临床诊断　根据发病鸭群的日龄、临床症状，以及剖检时肝脏、脾脏等脏器的特征性病变可做出初步的诊断，确诊则需要进行病原分离鉴定。

2. 鉴别诊断　区别于鸭细小病毒病、鸭病毒性肝炎和鸭霍乱。鸭细小病毒病特征性病变为胰腺炎、肠炎和肝炎，少见肝脏白色坏死点。鸭患病毒性肝炎后，死前具有角弓反张等神经性症状，肝肿大，有出血点或弥漫性坏死灶。鸭霍乱病变特征为心冠脂肪出血，肝脏也具有灰白色坏死点，但脾脏和胰腺没有灰白色坏死点。

3. 实验室诊断　实验室诊断可采用 RT-PCR 方法。

（六）防治

1. 预防　加强饲养管理，搞好环境卫生消毒和减少应激对该病的预防和控制有一定作用。疫苗免疫是预防该病的有效措施，目前已商品化的疫苗为番鸭呼肠孤病毒病活疫苗，于出壳后 1 天内注射一次即可。

2. 治疗　一旦发生本病，应隔离病鸭并肌内注射高免卵黄抗

体，可起到一定的治疗效果，同时配合抗病毒中药等进行拌料或饮水，提高疗效。

九、鸭病毒性肝炎

鸭病毒性肝炎是由鸭甲肝病毒引起的危害雏鸭的急性传染病，主要特征为肝脏肿大、出血，发病率高达70％，病死率高达60％，给水禽养殖业带来了巨大的经济损失。鸭甲肝病毒于1945年在美国纽约长岛的北京鸭中首次发现并分离到，我国于1963年首次报道了该病的发生。

（一）病原

鸭甲肝病毒主要有3个基因型，即基因1型、2型和3型。基因1型为最早流行且至今仍在流行的鸭甲肝病毒；基因2型于2007年首次在我国台湾报道；基因3型于2007年首次在韩国报道。我国目前流行的鸭甲肝病毒以基因1型为主，近年来基因3型也日渐流行。2005年，法国学者报道了由基因1型鸭甲肝病毒引起的新病变型，即肝脏无眼观出血变化而胰腺发黄、脑膜出血。2011年以来，我国南方数省的番鸭场、半番鸭场均发现同样的病例，即由基因1型鸭甲肝病毒引起的新病变型，我们称之为胰腺炎型。

（二）流行病学

鸭甲肝病毒基因1型、2型和3型感染雏鸭均以肝脏出血为特征，但我国2011年以来新出现的基因1型鸭甲肝病毒新病变型，以胰腺出血为特征。因此，在致病型上，本病分可为肝炎型和胰腺炎型。

1.肝炎型　病鸭和隐性带毒的成年鸭是主要的传染源，通过粪便排毒。鸭甲肝病毒对外界的抵抗力相对较强。自然条件下，该病只发生于各品种雏鸭和雏鹅，雏鸭中以北京鸭、樱桃谷鸭、麻鸭和半番鸭更常发病。主要通过污染的饲料、饮水经消化道传播，也可经呼吸道传播。多发生于1~3周龄内的雏鸭和雏鹅，潜伏期短，发病急，严重者出现症状后1小时左右死亡，水禽群常在发病后3天左右达到死亡高峰，发病率20%~70%，病死率为30%~60%，日龄越小的水禽感染后发病率和病死率越高，随着日龄的增大，死亡率有所下降。常继发沙门氏菌病、鸭疫里氏杆菌病等细菌性传染病。该病无明显的季节性。

2. 胰腺炎型　流行病学方面与肝炎型不同的是易感品种和发病日龄的差异。临床上发病鸭的品种多为番鸭、半番鸭和鹅，其余品种鸭未见报道。临床上的发病日龄比肝炎型略晚，多侵害30日龄内的雏鸭和雏鹅，常见的发病日龄为15日龄之后。发病率10%~30%，病死率25%~40%。

（三）临床症状

1. 肝炎型

◆常突然发病，病禽精神萎靡，食欲减退，眼半闭，打瞌睡。

◆随着病程的发展，表现神经症状，身体倒向一侧，两腿痉挛性后踢，头向后仰，呼吸困难，死亡时呈角弓反张姿势（图6.70）。

图6.70　死亡鸭的角弓反张姿势
（刘荣昌　供图）

2. 胰腺炎型

◆疾病的发展过程比肝炎型缓和。

◆病禽初期精神沉郁，采食量下降，喜趴伏静卧，下痢。

◆随着病程的发展，表现绝食、精神萎靡。

水禽养殖减抗　Shuiqin Yangzhi Jiankang
技术指南　　Jishu Zhinan

◆发病后3天开始出现死亡,死亡禽无特征性的角弓反张姿势。

（四）病理变化

1. 剖检病变

（1）肝炎型

◆剖检病变主要在肝脏和肾脏。肝脏肿大,质脆易碎,表面见有出血点和出血斑（图6.71）。肾脏肿大、出血（图6.72）,表面血管明显易见,切面隆起。

图6.71　肝脏肿大,表面有出血点和出血斑（程龙飞　供图）

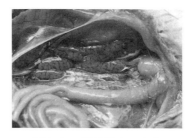

图6.72　肾脏肿大、出血（程龙飞　供图）

◆胆囊肿大,充满墨绿色胆汁。

◆心肌柔软,呈暗红色,心房扩张,充满不凝固的血液。

（2）胰腺炎型

◆剖检病变主要在胰腺,胰腺出血、泛黄（图6.73）,其他组织仅见轻微病变。

图6.73　胰腺出血、泛黄（傅光华　供图）

2. 组织学病变

（1）肝炎型　主要见肝脏出血性坏死性炎症,表现为肝细胞广泛性坏死,细胞核碎裂或固缩,细胞质溶解呈气球样变,有些区域坏死肝细胞间有大量的红细胞,其间散布有炎性细胞,主要是淋巴细胞、中性粒细胞，尤其以汇管区明显。脾脏呈坏死性脾炎，镜下可见红白髓结构模糊或消失，网状细胞脂肪变性、坏死，呈均质红染团块。肾脏主要出现肾小管上皮细胞的变性坏死。心肌细胞颗粒变性。胸腺、法氏囊等脏器见有坏死灶。耐过幸存鸭则有慢性病变，表现为肝脏的广泛胆管增生，有不同程度的炎性细胞反应及出血。

（2）胰腺炎型　坏死性胰腺炎，胰腺上皮细胞出现大面积的坏死、变性，组织结构疏松，管腔内可见有大量的血红蛋白，坏死区域血管结构消失，伴有淋巴细胞浸润。

（五）诊断

1. 临床诊断　根据发病日龄多在3周龄以内、发病急、病程短、死亡率高，以及角弓反张的死亡姿势、肝脏的出血点或出血斑等可对肝炎型做出初步诊断，根据发病相对缓和、胰腺的泛黄，可对胰腺炎型做出初步诊断。确诊还需结合病毒的分离鉴定等实验室方法。

2. 鉴别诊断　临床中，鸭病毒性肝炎与番鸭呼肠孤病毒病、鸭3型腺病毒病等有较多的相似之处，应注意鉴别。鸭患病毒性肝炎后，死前具有角弓反张等神经性症状，肝肿大，有出血点或弥漫性坏死灶。而鸭呼肠孤病毒患病鸭则表现为精神沉郁，剖检见肝脏有灰白色坏死点。鸭3型腺病毒感染后则多表现为精神沉郁、产蛋量下降，剖检可见肝白化或肝黄化。

3. 实验室诊断

（1）病毒分离与鉴定　鸭胚、鸡胚、原代鸭胚肝细胞和肾细胞等均可用于鸭甲肝病毒的分离鉴定。

（2）免疫学诊断　包括血清中和试验、微量中和试验、空斑减数试验、琼脂凝胶扩散试验（AGDP）、酶联免疫吸附试验（ELISA）以及胶体金试纸条检测技术等。

（3）分子生物学诊断　包括 RT-PCR 检测技术、实时荧光 RT-PCR、反转录环介导等温扩增技术（RT-LAMP）等。

（六）防治

1. 预防　接种鸭病毒性肝炎活疫苗可有效预防鸭病毒性肝炎，一般于 1 日龄时免疫一次即可。但是在疫区，雏鸭或雏鹅均有水平不等的母源抗体，会不同程度地干扰疫苗的免疫效果，以高免卵黄抗体来预防鸭病毒性肝炎也是常见的做法，即于 7 日龄左右注射一次。自繁自养的鸭场或鹅场可对种禽群进行活疫苗的多次加强免疫，可有效保护雏鸭或雏鹅。

2. 治疗　高免卵黄抗体是治疗鸭病毒性肝炎的有效手段，发病后立即注射高免卵黄抗体可有效地控制疫情的发展和蔓延。

十、鸭圆环病毒病

鸭圆环病毒病是近些年来新发现的由鸭圆环病毒（Duck circovirus，DuCV）引起的一种主要以生长迟缓、器官萎缩和淋巴细胞减少为主要致病特征的传染病，各品种鸭均见有感染，导致机体免疫功能下降，易遭受其他疫病并发或继发感染，从而造成更大的经济损失。

（一）病原

鸭圆环病毒为圆环病毒科圆环病毒属的成员。病毒粒子为呈圆形或二十面体对称无囊膜球体，直径 15～20 纳米（图 6.74），基因组为约 2kb 的单股正链 DNA，包含 6 个 200nt 以上的 ORF，编码 6 个包括 Rep 蛋白和 Cap 蛋白在内的主要蛋白。根据病毒基因组差异，鸭群中流行的圆环病毒存在两个大的进化谱系（DuCV1 和

DuCV2），这两个进化谱系又可进一步细分为 5 个基因型
（DuCV1a、DuCV1b、DuCV2a、DuCV2b 和 DuCV2c）。

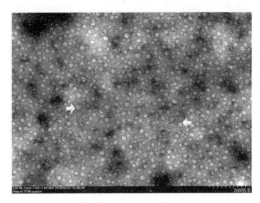

图 6.74 鸭圆环病毒粒子负染电镜示意

（二）流行病学

1. 传染源 感染、发病及病死水禽是重要的传染源，被病毒
污染的水源、饲料、车辆设备以及禽类副产品等都会成为病毒的传
染来源。

2. 易感动物 不同日龄和品种的鸭均可感染。

3. 传播途径 病毒可通过感染
鸭与易感禽的直接接触传播，或通过
种蛋垂直传播。

图 6.75 体况消瘦、羽毛紊
乱的僵鸭或残次鸭

（三）临床症状

主要表现为生长迟缓、体况消
瘦、羽毛紊乱。患病鸭逐渐变成僵鸭
或残次鸭（图 6.75），较同日龄未感
染鸭体重减轻明显，肉品质下降
明显。

（四）病理变化

1. 剖检病变　该病临床上无特征性病理变化。阳性病例可见脾脏（图 6.76）、法氏囊或胸腺出现不同程度的萎缩。

图 6.76　脾脏萎缩

2. 组织学病变　DuCV 感染造成鸭脾脏、胸腺和法氏囊中形成明显的病灶。

◆胸腺髓质淋巴细胞数量显著减少，细胞核出现碎裂、浓缩和空泡化等（图 6.77）。

◆脾脏红髓、白髓边界消失，白髓淋巴细胞减少（图 6.78）。

◆法氏囊淋巴滤泡结构消失，排列稀疏等（图 6.79）。

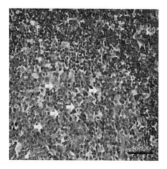

图 6.77　胸腺髓质淋巴细胞减少，细胞核碎裂

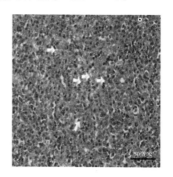

图 6.78　脾脏红髓、白髓边界消失，白髓淋巴细胞减少

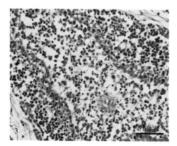

图 6.79　法氏囊淋巴滤泡结构消失，排列稀疏

（五）诊断

1. 临床诊断　据临床症状和病理变化可做出该病的临床诊断，但确诊有赖于实验室诊断。

2. 鉴别诊断　该病主要损害鸭的免疫功能，导致鸭抗病能力下降。该病与多种常见病毒病（如基因 1 型鸭甲肝病毒病、番鸭细小病毒病、鸭瘟等）和细菌病（鸭沙门氏菌病、鸭疫里氏杆菌病等）的共感染现象比较常见。在临诊中，可通过实验室诊断加以鉴别。

3. 实验室诊断　主要包括病毒分离与鉴定、PCR、多重 PCR 和实时荧光 PCR。

（六）防治

1. 预防　目前，市场上还未有针对该病的商品化疫苗，对鸭圆环病毒感染尚无特异性防治措施，在养鸭生产中可通过加强日常饲养管理、维持场内卫生清洁和加强消毒等措施，减少鸭群感染圆环病毒的机会。

2. 治疗　对于诊断为鸭圆环病毒感染的鸭群，可使用抗病毒药物经饮水或拌料途经投喂 3～5 天，有一定效果。

十一、鸭腺病毒病

禽腺病毒（Fowl Adeno Virus，FAV）属于禽腺病毒科（Adenoviridae）禽腺病毒属（Aviadenovirus），是一类侵害禽类的病毒群，它们具有共同的群特异性抗原。根据其抗原结构不同分为 3 个群，即 I 群禽腺病毒（禽腺病毒属，Aviadenovirus）、II 群禽腺病毒（唾液腺病毒属，Siadenovirus）和 III 群腺病毒（腺胸腺病毒属，Atadenovirus）。

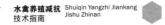

危害鸭群的腺病毒主要包括Ⅰ群腺病毒属的Ⅰ群腺病毒血清4型、鸭腺病毒2型（DAdV-2）、鸭腺病毒3型（DAdV-3）和Ⅲ群腺病毒属的鸭腺病毒1型（DAdV-1）[即产蛋下降综合征病毒（Egg Drop Syndrome Virus，EDSV）]。以下主要介绍Ⅰ群腺病毒属的鸭腺病毒3型（DAdV-3）和Ⅲ群腺病毒属的鸭腺病毒1型（DAdV-1）（EDSV）。

（一）病原

1. 鸭腺病毒3型　鸭腺病毒3型属于腺病毒科禽腺病毒属，其粒子呈二十面体对称，直径为70～80纳米，衣壳由中空壳粒构成，病毒壳粒数目和衣壳结构等具有典型的腺病毒特征（图6.80）。该病毒无囊膜，对脂溶剂（氯仿、丙酮等）有抵抗力，对温度敏感性不高，耐酸不耐碱，紫外照射和甲醛可以使其灭活。该病毒对鸭红细胞、鸡红细胞均不产生凝集反应。

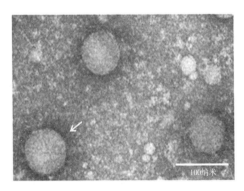

图6.80　DAdV-3负染病毒粒子
（施少华　供图）

2. 鸭腺病毒1型　鸭腺病毒1型即产蛋下降综合征病毒，属于腺病毒科腺胸腺病毒属。病毒粒子呈二十面体对称，直径为70～80纳米，无囊膜，衣壳由中空壳粒构成，病毒壳粒数目和衣壳结构等具有典型的腺病毒特征。

（二）流行病学

1. 鸭腺病毒3型　该病目前临床上仅感染番鸭，近年来，鸭腺病毒 3 型已经成为危害番鸭养殖业的重要疫病。张新衍等（2016）从广东地区 20～30 日龄、表现为精神沉郁、剖检肝脏黄化和出血的番鸭组织中分离鉴定出一株病毒，经血凝试验、理化试验、透射电镜观察及基因组序列测定及分析，确定其为鸭腺病毒 3 型，命名为 CH-GD-12-2014 株。随后施少华等（2019）、程龙飞等（2019）先后报道了鸭腺病毒病的发生和流行。目前该病在安徽、福建、浙江、江西、河南、云南等我国大部分地区流行，对我国番鸭养殖业造成了重大的经济损失。

2. 鸭腺病毒1型　感染的母鸭在性成熟之前，EDSV 一直处于潜伏状态，而且不表现出感染性，不易检测。鸭开产后，产蛋初期的应激致使病毒活化而使产蛋鸭表现出致病症状。人工感染产蛋鸡，结果表明 EDSV 能在鸭鼻腔的上皮细胞中复制；在感染后 8 天病毒在输卵管峡部的蛋壳分泌腺中大量复制，在消化道中检测不到病毒，产蛋鸡排泄物中检测到的病毒可能是子宫渗出液污染的原因。异常蛋和被污染的蛋也是重要的感染源之一。番鸭、天鹅、珍珠鸡、家鸭、家鹅、白鹭、猫头鹰等感染后在体内产生抗体并排毒。Gulka 等研究表示野鸭中含有 HI 抗体阳性率很高，而黑鸭中相对较少，并指出野生水禽可能是 EDSV 的天然宿主。

（三）临床症状

1. 鸭腺病毒3型

◆患病鸭开始表现为精神沉郁，采食量下降，产蛋量下降，排黄白色稀粪；之后表现为软脚、弓背、羽毛蓬乱，喜蹲伏于角落；死亡时膘情良好。

水禽养殖减抗 Shuiqin Yangzhi Jiankang
技术指南 Jishu Zhinan

2. 鸭腺病毒 1 型

◆在鸭产蛋高峰前，病毒一直处于潜伏状态。发病初期多数鸭无明显症状，采食量正常。少数鸭出现精神沉郁，采食量减少。鸭产蛋下降综合征主要表现为发病急，特征性变化是在产蛋量达到高峰时突然发病，产蛋量急剧下降，产蛋率从发病前的 90％以上下降到 15％左右，多维持在 30％～40％。

◆在发病期间除产蛋总数减少外，还出现大量的薄壳蛋、软壳蛋或无壳蛋；壳蛋蛋白混浊稀薄。

◆同时出现蛋壳颜色变浅变白，蛋型变小，蛋壳破裂，蛋重变轻，蛋壳表面粗糙，产生畸形蛋。

◆种蛋合格率明显下降，发病后 4 天的种蛋合格率从 95.2％下降到 75.4％。流行期过后，产蛋量不能完全恢复到发病前的水平。

（四）病理变化

1. 剖检病变

（1）鸭腺病毒 3 型

◆病死鸭心包少量积液，积液呈淡黄色（图 6.81）。

◆肝脏肿大、质脆，表面有大量散在出血点或表现为肝白化或肝黄化（图 6.82）。

图 6.81　心包内积有淡黄色较清亮液体（程龙飞　供图）

图 6.82　肝脏肿大，颜色变淡，表面散布大量的出血点和灰白色坏死点（程龙飞　供图）

◆肾脏和脾脏肿大、出血（图6.83）。

◆胆囊肿大，胆汁充盈（图6.84）。

图6.83 脾脏肿大充血，肾脏肿
大出血（程龙飞 供图）

图6.84 胆囊充满胆汁
（程龙飞 供图）

（2）鸭腺病毒1型

◆输卵管出血、水肿，黏膜有卡他性炎症（图6.85），腺体水肿，输卵管蛋白分泌部缩小，蛋白分泌腺缩小，有渗出物。

◆卵巢萎缩变小，卵泡发育不成熟。卵黄松散，严重病例出现卵黄性腹膜炎。

图6.85 输卵管黏膜出血、水肿

◆心、肝、脾、肺、肾等器官无明显异常变化。

2. 组织学病变

（1）鸭腺病毒3型 组织病理学观察可见前期肝脏出血，淋巴细胞增多，炎性细胞浸润；肝细胞坏死，细胞核内可见大量嗜碱性包涵体；感染后期表现为严重的脂肪变性。此外，脾脏和肾脏坏死、出血，有少量炎性细胞浸润。

（2）鸭腺病毒1型 主要为输卵管上皮细胞肿胀脱落、变性坏死，输卵管腔有炎性分泌物；结缔组织水肿，淋巴细胞、巨噬细胞及异嗜性细胞浸润；病变细胞可见核内包涵体。冯柳柳等研究发现62周龄种鸭感染EDSV后，大脑、肾脏、脾脏、肺脏、卵泡等器

水禽养殖减抗 Shuiqin Yangzhi Jiankang
技术指南 Jishu Zhinan

官内出血及淋巴细胞浸润，输卵管水肿，肝细胞肿胀。

（五）诊断

1.临床诊断　根据鸭腺病毒 1 型和 3 型的流行病学、临床症状、病理变化等，可做出初步判断；确证需结合实验室检测。

2.鉴别诊断

（1）鸭腺病毒 3 型　临床上，应注意与番鸭病毒性肝炎鉴别诊断。雏番鸭感染鸭甲肝病毒，则导致明显的角弓反张症状，其肝脏表面多有点状或斑块状出血，肾脏肿大出血，且采用鸭病毒性肝炎高免卵黄抗体治疗可取得较好的效果。

（2）鸭腺病毒 1 型　在临诊中，该病易与鸭大肠杆菌病、鸭坦布苏病毒病、H9 亚型禽流感、鸭沙门氏菌病等相混淆，可根据各病的临床特征、病原分离鉴定和实验室检测加以鉴别。

3.实验室诊断

（1）病毒分离与鉴定　鸭胚、鸡胚或原代鸭胚成纤维细胞等均可用于该类病毒的分离鉴定。

（2）免疫学诊断　包括血凝抑制试验（HI）、琼脂扩散试验（AGP）、斑点免疫金测定法、中和试验（SN）、酶联免疫吸附试验（ELISA）以及胶体金试纸条检测技术等。

（3）分子生物学诊断　主要有常规 PCR、套式 PCR、环介导等温扩增技术（LAMP）、限制性内切酶分析法、分子探针、荧光定量 PCR 和免疫胶体金技术等。

（六）防治

1.预防　鸭腺病毒 3 型是近几年出现的一种新病，尚没有商品化的疫苗供选用，只能通过生物安全防控。对于种鸭、蛋鸭，在开产前 2～3 周接种鸭腺病毒 1 型（鸭减蛋综合征）灭活油乳剂疫苗，每只经颈背部皮下或肌肉途径注射 1～1.5 毫升，可获得良好保护。

2. 治疗　鸭腺病毒 3 型感染尚无有效的治疗方法，发病鸭场首先要做好全场的消毒和隔离，之后选用常规抗病毒药物进行治疗。江斌等（2018）认为临床上治疗鸭腺病毒 3 型时应以保肝、抗病毒为主。常用保肝药物有葡萄糖、多种维生素等，抗病毒中药有黄芩、茵陈、板蓝根、黄芪多糖等，但尽量不要采用增加肝脏毒性的化学药物（如氟苯尼考、强力霉素、磺胺类药物等）。鸭腺病毒 1 型感染则可采用该病毒特异性卵黄抗体治疗。

十二、星状病毒病

2017 年初，我国山东、安徽、江苏、辽宁、河南及广东等多地鹅群中暴发了一种以痛风为主要特征的传染性疾病，给我国水禽养殖业造成的经济损失巨大，经鉴定为星状病毒所致。

（一）病原

星状病毒属于星状病毒科，禽星状病毒属，是一种无囊膜、单链正义 RNA 病毒。

该病毒性质稳定，对热、酸等条件均比较耐受，大多数有机溶剂、酸类物质、酚类物质、酯类溶剂、醇类物质等均无法使其完全失活，也能抵抗各种消毒剂的灭活作用。

（二）流行病学

该病一年四季均可发生，以冬、春季节多发；各品种鹅（如豁眼鹅、扬州白鹅、朗德鹅、泰州鹅、皖西白鹅等）和鸭（北京鸭、樱桃谷肉鸭、麻鸭、枫叶鸭等）均可感染发病；鹅发病日龄见于 3 周龄内，其中以 5～20 日龄多发；鸭发病日龄多见于 2～11 日龄；鹅群发病率约 80%，死亡率 2%～60% 不等；鸭群死亡率在

5%～20%之间，最高可达30%。

（三）临床症状

◆自然感染病例5～6日龄陆续出现发病和死亡，12～13日龄达到死亡高峰，之后死亡数逐渐下降。

◆患禽表现精神沉郁，卧地倦动；继而出现食欲废绝，排白色稀便，消瘦，呼吸困难，眼睑、角膜混浊。

◆大部分雏禽出现症状不久即死亡。

（四）病理变化

1. 剖检病变

◆死亡禽腹膜表面尿酸盐沉积，心脏、肝脏表面有尿酸盐渗出物覆盖。

◆有的肝、脾、心、肠系膜表面形成一层白色薄膜。

◆肾脏肿大，表面形成白色斑点花纹，切开可见大量尿酸盐沉积（图6.86）。

◆输尿管内存在明显尿酸盐沉积。

◆关节腔和肌肉组织可见点状或片状尿酸盐沉积，部分关节因尿酸盐沉积导致肿胀（图6.87）。

图6.86　星状病毒病-鹅心脏、肝脏、
胃肠道表面有白色尿酸盐
（刁有祥　供图）

图6.87　星状病毒病-尿酸盐沉积
导致的鹅趾关节肿胀
（刁有祥　供图）

2. 组织学病变 星状病毒感染的雏鹅与雏鸭组织病理变化基本一致，且都集中在肝脏、肾脏、心脏等血液循环较为旺盛的器官。主要表现为肝细胞空泡变性，肝组织有尿酸盐晶体；肾小管上皮间质性出血、坏死，肾小管管腔内充满大量尿酸盐颗粒；心肌水肿，有尿酸盐结晶。

（五）诊断

1. 临床诊断 根据该病的流行特点、临床症状以及病理变化特点可做出初步诊断，确诊需进行实验室诊断。

2. 鉴别诊断 本病应注意与营养性因素或中毒因素引起的痛风相鉴别。饲料中蛋白和嘌呤碱含量高、碳酸钙成分过多、维生素A缺乏等营养因素引起的痛风以及微量元素、磺胺类药物中毒引起的痛风均无传染性。

3. 实验室诊断

（1）病毒分离 无菌采集病死鸭、鹅的肝、肾组织等，匀浆制成组织混悬液，12 000转/分钟离心 10 分钟，上清液经无菌处理后，通过尿囊腔或绒毛尿囊膜途径接种于 9 日龄健康非免疫鹅/鸭胚，37℃培养 24 小时，收获尿囊液进行病毒鉴定。

（2）病毒鉴定 目前主要采用分子生物学方法对病毒进行鉴定，RT-PCR 和荧光定量 RT-PCR 等是常用的核酸鉴定方法，RT-PCR 方法是从收集的病毒尿囊液或者采集的病料组织中提取核酸，采用特异性引物扩增目的基因，对 PCR 产物进行电泳，并通过序列分析进行鉴定。

（六）防治

1. 预防 积极贯彻落实"预防为主"原则，从源头杜绝该病的发生。加强饲养管理，保证营养平衡，合理饲喂，以增强鸭、鹅群体体质。

2. 治疗　一旦发病，应立即向禽群提供充足的饮水，可在饮水中添加0.3%碳酸氢钠中和尿酸，同时，降低饲料中蛋白质的含量，减少肾脏组织中尿酸盐的沉积。

十三、大肠杆菌病

大肠杆菌病是由禽致病性大肠杆菌引起的一种局部或全身性感染的疾病。该病的病型种类较多，主要包括大肠杆菌败血症、输卵管炎、卵黄性腹膜炎等。

（一）病原

大肠杆菌为革兰氏阴性、两端钝圆的中等大杆菌，宽约0.6微米，长2～3微米。单独散在，多数菌株有5～8根鞭毛，运动活泼，周身有菌毛。在普通营养琼脂平板可形成圆形凸起、光滑、湿润的灰白色菌落，在麦康凯琼脂上形成粉红色菌落，在伊红美蓝琼脂上形成黑色带金属光泽的菌落。

大肠杆菌具有中等抵抗力，60℃加热30分钟可被杀死，对氯敏感，水中若有0.000 02%游离氯存在，即能杀死本菌，对安普霉素、新霉素、多黏菌素、头孢类药物等敏感。但本菌易产生耐药性，在治疗时，应进行药物敏感性试验，选择敏感的药物。

（二）流行病学

不同品种、日龄的鸭、鹅均可感染大肠杆菌，以2～6周龄的雏鸭、雏鹅最易感。病禽和带菌禽是该病主要传染源。大肠杆菌可以存在于垫料和粪便中，养殖场内的工具、饲料、饮水、垫料、空气、粉尘、鼠类、工作人员等均能成为传播媒介。该病既可水平传播，也可垂直感染。水平传播主要通过被污染的空气、尘埃经呼吸道感染，以及通过被污染的饲料、饮水经消化道感染。患输卵管炎的种禽，在蛋的形成过程中大肠杆菌进入蛋内而造成垂直传播，交配也可传播本病。种蛋污染可造成孵化期胚胎死亡和雏禽早期感染死亡。

本病一年四季均可发生，但以冬春寒冷和气温多变季节多发。本病的发生与多种因素有关，如禽舍简陋，环境不卫生，湿度或温度过高或过低，饲养密度过大，通风不良，饲料霉变、油脂变质等均可促进本病的发生。此外，禽流感、呼肠孤病毒病等发生后易继发感染或并发大肠杆菌病，导致死亡率升高。

（三）临床症状

◆大肠杆菌败血症。各日龄的鸭、鹅均易感。表现为精神不振，呆立一隅，食欲减退，两翅下垂，被毛松乱，排绿色或黄白色稀便。

◆脐炎。多发生于胚胎期或出壳后数天的雏鸭、雏鹅。胚胎期感染大肠杆菌，会造成孵化过程中死胚增加或出壳后弱雏增多。表现为精神沉郁，泄殖腔周围羽毛被污染，腹部膨大，脐孔周围红肿，脐孔闭合不全，卵黄吸收不良。

◆输卵管炎。表现为精神沉郁、喜卧、消瘦，不愿走动，腹部膨大。

◆卵黄性腹膜炎。症状不典型，往往突然出现死亡。

◆阴茎脱垂坏死。表现为阴茎肿大，表面有大小不一的小结节，严重者阴茎脱垂外露，表面有黑色坏死结节。

◆脑炎。表现为头颈歪斜、震颤，弓角反张，呈阵发性。

（四）病理变化

1. 剖检病变

◆大肠杆菌败血症。剖检变化表现为心包炎、肝周炎、气囊

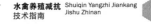

炎、肺炎、皮下蜂窝织炎。在心包膜、心外膜表面有黄白色纤维蛋白渗出，严重的心包膜与心外膜粘连。肝脏肿大，表面有黄白色纤维蛋白渗出（图6.88）。小肠肿大。气囊表面附有黄白色纤维素性渗出物，气囊混浊、增厚，不透明（图6.89）。肺脏有黄白色纤维蛋白渗出。脾脏肿大，呈紫黑色。皮下蜂窝织炎则表现为在胸腹部皮下有黄白色纤维蛋白渗出。

图9.88 大肠杆菌病-鸭心脏、肝脏表面有黄白色纤维蛋白渗出（刁有祥 摄）

图6.89 大肠杆菌病-鸭气囊有黄白色纤维蛋白渗出（刁有祥 摄）

◆输卵管炎。育成期鸭、鹅表现为输卵管肿胀，管腔内形成柱状栓塞。产蛋鸭、鹅表现为输卵管显著膨胀，管内有单个或大量干酪样渗出物（图6.90）。

◆卵黄性腹膜炎。卵泡变形、破裂，腹腔中充满凝固的卵黄，输卵管黏膜肿胀，管腔内有黄白色的纤维素渗出物。

图6.90 大肠杆菌病-产蛋鸭输卵管肿胀（刁有祥 摄）

◆脑炎。脑膜充血、出血，脑实质水肿，脑膜易剥离，脑壳软化。

2. 组织学病变

◆大肠杆菌败血症。心肌纤维变性，纤维间出血，血管扩张，充满大量红细胞，局部心肌细胞之间有炎性细胞浸润。肝包膜增厚，有纤维素性渗出物；肝细胞变性、坏死。气囊有异嗜性细胞浸润，干酪样渗出物中有多量成纤维细胞和坏死的异嗜性细胞聚集。

◆脐炎。表现为卵黄囊壁水肿，囊壁外层结缔组织区内有异嗜性细胞和巨噬细胞构成的炎性细胞层。

◆输卵管炎。表现为输卵管上皮下有异嗜性细胞弥漫性聚集形成的多发性病灶，干酪样物质中含有多量坏死的异嗜性细胞和细菌。

（五）诊断

1. 临床诊断　根据流行特点、临床症状及病理变化可初步诊断，确诊需要进行实验室诊断。

2. 鉴别诊断　本病应注意与传染性浆膜炎鉴别。鸭、鹅大肠杆菌病与传染性浆膜炎的症状和剖检病变类似，确诊需进行细菌分离鉴定。

3. 实验室诊断

（1）涂片镜检　取病料，直接涂片，革兰氏染色后，显微镜下可见红色、中等大小的杆菌。

（2）细菌分离和鉴定　取病料，接种于普通营养琼脂平板、麦康凯琼脂平板和伊红-美蓝琼脂平板，根据菌落特征进行鉴定。必要时可进一步进行生化和血清学鉴定。

（六）防治

1. 预防　加强饲养管理，提高机体的抵抗力。保持合适的饲养密度和良好的通风换气，降低舍内有害气体的浓度。采用"全进全出"的饲养方式。建立严格的卫生消毒制度。及时清理舍内的粪便、污物，保持饲料、饮水的清洁。

2. 治疗　常用于治疗本病的药物有氟苯尼考、强力霉素、新霉素、安普霉素等。可用 0.01%～0.02%硫酸新霉素饮水，连用 3～5 天。中药也可用于大肠杆菌病的防治，如黄连单味中药和三黄汤等有较好的治疗效果。

十四、传染性浆膜炎

传染性浆膜炎是由鸭疫里氏杆菌引起的主要危害鸭、鹅和火鸡的一种接触性疾病，又名鸭疫里氏杆菌病，曾用名有鸭疫巴氏杆菌病、新鸭病、鸭败血症、鸭疫综合征、鸭疫败血症等。本病呈世界性分布，在所有集约化水禽饲养国家均有发生，是目前危害中小日龄水禽最常见的细菌性传染病。

（一）病原

1. 分类　鸭疫里氏杆菌属于黄杆菌科里氏杆菌属。

2. 形态　该菌革兰氏阴性，无运动性，不形成芽孢，有荚膜，形态呈短小杆菌样，常呈单个、成双或呈短链状排列。瑞氏染色时，菌体呈两极浓染，与巴氏杆菌相似。

3. 培养　该菌对营养的要求较高，在普通琼脂和麦康凯琼脂上不生长；在巧克力琼脂于 37℃培养 24 小时形成的菌落呈圆形，边缘整齐，有光泽，灰白色，直径 1～3 毫米。在胰蛋白胨大豆琼脂、血液琼脂上也可生长，不溶血。5%～10%的二氧化碳浓度有利于平板上细菌的生长。

4. 生化特性　该菌的生化特性不活跃，多数菌株不发酵各种糖类、不分解尿素、不产生硫化氢和靛基质，VP 和 MR 试验均为阴性，氧化酶和接触酶阳性。

5. 血清型　该菌的血清型众多，国际上 1995 年即公认有 21

种，以阿拉伯数字来表示，但之后我国学者又分离到更多的血清型，不同血清型之间的交叉保护力较低。

（二）流行病学

1. 流行范围　该病呈世界范围内广泛流行，国内水禽饲养地区均有发病流行的报道。

2. 传染源　病禽和带菌禽是该病的传染源，它们自口、鼻、眼分泌物和粪便中排出病原菌，污染环境或器具，也能成为间接传染的传染源。

3. 传播途径　主要经呼吸道或伤口感染，特别是脚蹼伤口感染。

4. 潜伏期　本病的潜伏期为2～5天。

5. 易感动物　所有品种鸭、鹅均可发生。野鸭、天鹅等也可发病。

6. 发病日龄　1～7周龄是本病的多发日龄，7周龄以上零星发生，成年鸭、鹅不发病，但可带菌成为传染源。

7. 季节性特征　本病一年四季均可发生，在潮湿、低温、阴雨的季节相对多发。

8. 发病率　本病的发病率10%～70%不等。环境卫生差、饲养密度过高、通风不良的饲养场，发病率相对较高。

9. 死亡率　本病的死亡率5%～80%不等。

（三）临床症状

1. 疾病初期　病禽精神不振、嗜睡，常蹲伏于角落里，食欲减少，体温升高，呼吸急促，眼、鼻流出清亮的分泌物。

2. 疾病中期　病禽眼、鼻的分泌物浓稠，很快消瘦，两脚无力，驱赶时缓慢移动或跛行，排绿色稀便。

3. 疾病后期　病禽消瘦，卧地不起，或表现头颈震颤、站立

不稳、原地转圈、不断后退等神经症状。

（四）病理变化

1. 剖检病变　主要表现为心包炎、肝周炎、气囊炎、脑膜炎和关节炎等（图 6.91）。

◆心包炎。心包膜增厚并与胸骨粘连，心包膜上有大量的灰白色或灰黄色纤维素性或干酪样渗出物，心包内有少量积液。

◆肝周炎。肝脏肿大，表面有一层灰白色或灰黄色的厚薄不一的纤维素性膜，大部分可剥离，病程长的或严重的不易剥离。

◆气囊炎。气囊膜增厚，不透明，表面有白色或黄色厚薄不一的干酪样渗出物。

◆脑膜炎。脑膜充血、水肿或出血。

◆关节炎。跗关节肿大，关节内关节液增多，呈乳白色黏稠样。

图 6.91　心包膜增厚，有纤维素性渗出；肝脏表面覆盖一层
灰白色的纤维素性渗出（程龙飞　供图）

2. 组织学病变　在肺脏、心脏、肝脏、脑、脾脏、法氏囊、小肠和关节均有相应的组织学病变，主要表现为纤维素性渗出、炎性细胞浸润等。

（五）诊断

1.临床诊断　根据该病的发生特点，如各品种鸭、鹅均可发生，中小日龄发病，疾病后期的运动障碍、头颈震颤、原地转圈等神经症状，结合剖检时所观察到的心包炎、肝周炎和气囊炎等病变可做出初步诊断。

2.鉴别诊断　应注意与大肠杆菌病和沙门氏菌病的鉴别诊断。

◆与大肠杆菌病的鉴别诊断。传染性浆膜炎剖检病变的主要特点为心包炎、肝周炎和气囊炎，这些特点与大肠杆菌病非常相似，单凭肉眼难以鉴别。发病特点，大肠杆菌病可发生于各种禽类各种日龄，而传染性浆膜炎主要发生于鸭、鹅和火鸡；另外，传染性浆膜的发病日龄多见于10～70日龄。可根据这些特点做出初步鉴别，确切的鉴别诊断需进行细菌的分离和鉴定。

◆与沙门氏菌病的鉴别诊断。沙门氏菌病也有表现心包炎和肝周炎的剖检变化，易与传染性浆膜炎误诊。发病特点中，大肠杆菌病可发生于各种禽类各种日龄，而传染性浆膜炎主要发生于鸭、鹅和火鸡；沙门氏菌病还见有肝脏上的坏死点，病程稍长者还表现肝脏变绿变黑等，以及肠道的炎症等。可根据这些特点做出初步鉴别，确切的鉴别诊断需进行细菌的分离和鉴定。

3.实验室诊断　有细菌的分离鉴定、免疫学诊断和分子生物学诊断等。

◆细菌的分离鉴定。采集典型病死病例的肝脏、脑、心血，划线接种于血液琼脂平板，于烛缸中37℃培养24～36小时，挑取单个菌落纯化后进行鉴定。

◆免疫学诊断。采集典型病死病例的肝脏、脑等组织，制备触片，固定后免疫组化法测定组织中的细菌。

◆分子生物学诊断。采集典型病死病例的肝脏、脑等组织，提

取总核酸，利用 PCR、荧光 PCR 等方法测定组织中的细菌核酸。

（六）防治

1. 预防

◆水禽网上饲养时，减少了水禽与粪便直接接触的机会，也减少了与粪便中病菌的接触机会，发病率大大下降。

◆强化饲养管理，做好环境消毒，保持鸭舍良好通风，减少雏鸭不良应激。

◆合理分群，调整饲养密度。一旦发现病鸭，立即隔离治疗。

◆采取"全进全出"的饲养方式，以便能够进行彻底消毒。

◆饲养场可在清扫干净后空舍 10 天及以上，能有效地预防该病的发生或减轻发病的严重程度。

◆疫苗接种是预防本病的重要措施。雏鸭（鹅）于 5～7 日龄接种传染性浆膜炎油佐剂疫苗（0.5～0.7 毫升/羽），可有效地预防本病的发生，接种一次后其免疫力可维持到上市日龄，饲养周期较长的鸭或鹅品种，可依发病情况于 50 日龄左右再次免疫。特别要注意的是，由于鸭疫里氏杆菌的血清型众多，且不同血清型之间几乎没有交叉保护作用，因此应根据本场或本地区流行菌株的血清型选择适当的疫苗或自家苗，以保证免疫效果的确实。

2. 治疗

（1）清除病原　将死亡及濒死的鸭和鹅、粪便、垫料进行无害化处理，对周围环境、鸭舍、饮水器、料槽等进行彻底消毒，杀灭病原菌。

（2）隔离治疗　一旦发现病禽，立即转移至隔离区进行治疗。应考虑不同药物的休药期，保证肉鸭上市时药物残留符合相关法规的要求，保障食品安全。轻度、中度感染的病鸭、病鹅，可口服用药，重症病禽肌内注射给药。我国流行的鸭疫里氏杆菌均有不同程度的耐药性，不同地区报道的敏感药物也各有不同，一种敏感药物在一个禽场连续使用后，效果可能会越来越差，应选择几种敏感药物，轮换使用。以下是近几年报道的有效方法，仅供参考。

◆方法一，使用 5％氟苯尼考，按 0.2％的比例进行拌料喂服，连用 5 天。使用 2％氟苯尼考溶液，按每千克体重 25 毫克的剂量对病重禽进行肌内注射，连续 3 天。

◆方法二，使用 5％氨苄西林可溶性粉，按 0.1％的比例进行混饮喂服，连用 5 天，产蛋期禁用。

◆方法三，使用丁胺卡那霉素，按 0.01％的比例进行混饮喂服，或按 0.02％的比例进行拌料喂服，连用 5 天。

◆方法四，清热解毒类中药有一定的效果，如黄连、黄柏、板蓝根、黄芩、金银花、苍术、丹皮、桔梗、连翘、鱼腥草、玄参等单方药或复方制剂，其中黄连与氟苯尼考组合、黄芩与氟苯尼考组合均具有药性相加作用。

（3）辅助治疗　对隔离区内的禽群补充营养，使用电解多维、复合维生素可溶性粉等加水稀释后投入饮水中，连续 7 天。

十五、禽霍乱

禽霍乱，又名禽多杀性巴氏杆菌病、禽出血性败血症，是引发水禽大量死亡的接触性、急性传染病，可严重影响水禽生产。

（一）病原

禽霍乱由多杀性巴氏杆菌感染引起。该菌为革兰氏阴性杆菌，需氧或兼性厌氧，无鞭毛，无芽孢，在血平板上形成灰白色、湿润黏稠的菌落，菌落表面光滑凸起、边缘整齐。根据荚膜抗原和脂多糖抗原的不同，多杀性巴氏杆菌可分别分为 5 种血清型（A、B、D、E、F）和 16 种血清型（1～16）。室温下，多杀性巴氏杆菌在

干燥条件下很快失活，一般消毒剂可迅速将其杀灭。

（二）流行病学

本病一年四季均可发生，但以夏、秋季多发。各日龄禽类对该菌均易感，但以 30 日龄以上较为常见，感染死亡率可高达 50%。病禽或带菌禽及受污染场所、污物是主要传染源。主要传染途径是通过禽类之间直接接触或由污染饲料、污水经消化道感染。养殖场一旦出现本病后易形成疫源地，后饲养的水禽易发病。

（三）临床症状

按病程长短，禽霍乱可分为最急性、急性和慢性。

1. 最急性禽霍乱

◆多见于流行初期，个别水禽突然死亡，无明显症状。

2. 急性禽霍乱

◆多数病例为急性经过。

◆病禽精神沉郁、离群呆立、羽毛松乱。

◆咳嗽、打喷嚏、呼吸困难、嗉囊肿胀。

◆倒提时，口中流出污秽液体。

◆排黄白色或绿色稀粪，并可能含血液。

◆通常出现症状后 1～3 天内死亡。

3. 慢性禽霍乱

◆病禽消瘦，可能有局部关节肿胀、发热等症状。

◆产蛋禽多表现为产能异常，产蛋率低，死亡淘汰率偏高。

（四）病理变化

1. 剖检病变

（1）最急性禽霍乱

◆通常无明显病理变化，偶见心外膜出血点及肝表面坏死点。

（2）急性禽霍乱

◆多脏器浆膜有出血点或出血斑。

◆心包有透明、黄色积液，心外膜及心冠脂肪有出血点（图6.92）。

◆肝、脾肿胀，表面有针尖大小灰白色坏死点（图6.93）。

◆肠道肿胀，肠黏膜弥漫性出血，肠道内容物呈胶冻样（图6.94）。

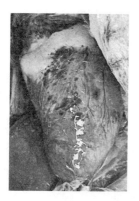

图6.92　心外膜和心冠脂肪可见大量出血点

图6.93　肝脏表面有针尖大小坏死点

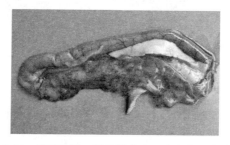

图6.94　肠道肿胀，肠黏膜出血，内容物呈胶冻样

（3）慢性禽霍乱

◆关节肿大、鼻腔内有黏液。

◆产蛋禽可见卵泡出血、破裂。

2. 组织学病变

◆心肌细胞纤维水肿，心肌坏死区可见炎症和细菌繁殖。

◆肝细胞肿胀坏死，有炎性细胞浸润，坏死区内细菌繁殖。

（五）诊断

1. 临床诊断　根据本病的流行病学、临床症状可做出初步判断。主要判断依据为病禽突然死亡，剖检有心肌和心冠脂肪出血、肝脏表面有针尖大小坏死点。

2. 鉴别诊断

（1）区别鸭瘟病毒感染，鸭瘟病毒感染除肝脏坏死灶外，食道、泄殖腔黏膜有明显坏死或出血，其他组织也有明显出血性病变。

（2）区别禽沙门氏菌感染，需通过细菌分离培养鉴别两种病原体。麦康凯琼脂上沙门氏菌生长良好，多杀性巴氏杆菌生长不良。

3. 实验室诊断

（1）涂片镜检　取病禽肝脏或心脏血液触片，经瑞氏染色或姬姆萨染色后，镜检可见细胞间有大量两极浓染的杆菌（图6.95）。

（2）细菌培养　采集病变组织或鼻腔拭子接种于血琼脂平板上，于37℃培养24小时，挑取典型菌落进行染色镜检或分子鉴定。

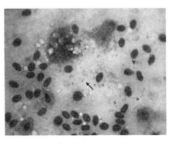

图6.95　经瑞氏染色后的组织触片，显微镜下1 000倍放大可见两极浓染杆菌（黑色箭头）

（3）分子鉴定　以细菌基因组作为模板，使用细菌16S rRNA通用引物（F：5'-GAGTTTGATCMTGGCTCAG-3'/R：5'-CTAHAGGGTATCTAATCCT-3'）进行常规PCR扩增，将测定的核酸序列与NCBI数据库进行比对，即可确定病原种属。

（六）禽霍乱的防治措施

1. 预防

（1）做好养殖环境的卫生管理　保持禽舍良好的卫生状况，进行定期消毒；病禽及时隔离治疗，对病死禽及其排泄物无害化处理；重新建群前对相关场地、用具及人员进行全面消毒。

（2）提高饲养管理水平　禁止鸭群与飞禽、家畜接触；禁止不同种群不同种类的鸭群混养，管理上做到全进全出。

（3）免疫接种　选用当地流行毒株对应疫苗，对鸭群进行接种。

2. 治疗　对于最急性和急性病例，应及时隔离，青霉素钠治疗（每千克体重 5 万单位，溶于生理盐水中肌内注射，连用 2～3 天），同时用恩诺沙星（每千克体重 5～7.5 毫克，拌料饲料，连用 3～5 天，停药期 8 天，产蛋水禽禁用）或磺胺间甲氧嘧啶进行全群治疗（首次量按每千克体重 50～100 毫克，维持量按每千克体重 25～50 毫克，一日 2 次，连用 3～5 天，停药期 28 天，产蛋水禽禁用）。

对于慢性病例，可采用双黄连等中药制剂进行防控（具体用量参见兽药厂家说明书使用）。个别病禽应采取隔离治疗，治疗方法参见急性病例。

十六、沙门氏菌病

鸭、鹅沙门氏菌病又称副伤寒，是由多种沙门氏菌引起的疾病的总称。该病对雏鸭、雏鹅的危害较大，呈急性或亚急性经过，表现为腹泻、结膜炎、消瘦等症状，成年鸭、鹅多呈慢性或隐性感染。

（一）病原

该病病原为沙门氏菌中多种具有鞭毛结构的菌株，其中最严重的是副伤寒沙门氏菌。本菌为革兰氏阴性菌，无芽孢，有周身鞭毛，可运动。在多种培养基上均可生长，普通琼脂培养基上菌落分散、光滑、透明、隆起，以圆形和多角形为主，在 SS 琼脂培养基上形成黑色菌落。

沙门氏菌对热和常用消毒药物敏感，60℃加热 5 分钟、0.005％高锰酸钾、0.3％来苏儿、0.2％福尔马林和 3％石炭酸溶液在 20 分钟内便可杀死沙门氏菌。在孵化场绒毛中的沙门氏菌可存活 5 年之久。

（二）流行病学

禽副伤寒沙门氏菌的自然宿主广泛，包括鸡、鸭、鹅、火鸡、鹌鹑等多种禽类。各日龄鸭、鹅均可感染，以 1～3 周龄内雏禽最为易感，6～10 天为感染高峰，死亡率为 10％～20％；1 月龄以上的鸭、鹅有较强抵抗力，一般不引起死亡；成年鸭、鹅往往不表现临床症状。

本病可经被污染的垫料、粪便、饲料、器具，或成年禽与雏禽的直接或间接性接触水平传播，也可通过污染的孵化器、育雏器、蛋壳、种蛋垂直传播，常能引起雏禽的大量死亡，耐过鸭、鹅生长缓慢。人和其他动物，包括野鸟、鼠、鸽等也可传播沙门氏菌。此外，卫生状况差、饲养管理不良可诱发本病。

（三）症状

根据症状可分为急性、亚急性和隐性。

（1）急性型　多见于 3 周龄内的雏禽，一般出壳数日后出现死亡，1～3 周龄为死亡高峰，常呈败血性经过。病雏精神沉郁、食欲不振至废绝，两眼流泪或有黏性渗出物；腹泻，泄殖腔周围布满干燥的粪便；张口呼吸，两翅下垂，缩颈闭眼，羽毛蓬松。后期共济失调，出现神经症状，角弓反张，全身痉挛抽搐而死。病程为2～5天。

（2）亚急性型　常见于4周龄左右鸭、鹅，表现为精神不振，食欲下降，消瘦，粪便稀软，严重时下痢带血，羽毛蓬松。某些患禽也可出现呼吸困难、关节肿胀和跛行等症状。通常死亡率不高。

（3）隐性感染　成年禽感染后多呈隐性经过，一般不表现出临床症状或较轻微，但粪便和种蛋等携带该菌，在孵化阶段出现死胚或啄壳后数小时内死亡，严重影响种禽生产性能、孵化率和雏禽健康。

（四）病理变化

1. 剖检病变

◆急性病例，剖检可见卵黄囊吸收不良，肝脏肿大，表面有细小的黄白色坏死点（图6.96，图6.97）；脾脏肿大呈紫红色，表面有大小不一的坏死点；肠黏膜充血呈卡他性肠炎，有点状或块状出血；气囊轻微混浊，有黄色纤维素样渗出物；心包、心外膜和心肌出现炎症等。

◆亚急性病例，主要表现为肠黏膜坏死，带菌的种禽可见卵巢及输卵管变形，个别出现腹膜炎。

◆慢性病例，表现为肠黏膜有坏死性溃疡，呈糠麸样，肝、脾及肾肿大，心脏有坏死性小结节。

2. 组织学病变

◆肝细胞排列疏松、紊乱，呈蜂窝状；肝细胞脂肪变性、空泡化，窦间隙淤血；肝实质区域有大小不一的坏死灶，大部分肝细胞坏死崩解，有淋巴细胞和单核巨噬细胞浸润。

◆脾脏弥漫性出血，部分淋巴细胞坏死。

◆肠黏膜上皮细胞变性坏死、脱落。

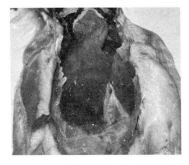 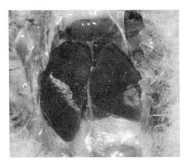

图6.96　沙门氏菌病-鸭肝脏肿大，
表面有大小不一的黄白色坏死点
（刁有祥　供图）

图6.97　沙门氏菌病-鹅肝脏肿大，
表面有大小不一的黄白色坏死点
（刁有祥　供图）

（五）诊断

1. 临床诊断　根据流行病学、临床症状和病理变化可进行初步诊断，确诊需要进行细菌的分离鉴定。

2. 鉴别诊断　应注意与禽霍乱、传染性浆膜炎的区别。禽霍乱死亡率较高，肝脏坏死点较大。传染性浆膜炎多发生于1～7周龄，患禽鼻、眼有分泌物，排绿色稀便。慢性时表现头颈震颤、转圈运动，多出现在流行后期，常见有纤维素性心包炎、肝周炎、气囊炎等。

3. 实验室诊断　根据发病情况取不同器官组织进行病菌的分离。急性败血症死亡禽采集多种脏器；亚急性禽以盲肠内容物和泄殖腔内容物检出率高；隐性感染病例在蛋壳表面或孵化雏禽散落的绒毛中易分离到该菌。常用SS培养基和麦康凯培养基进行鉴别培养。

（六）防治

1. 预防　加强饲养管理，严格实施卫生消毒和检疫隔离措施。

雏禽必须与成年禽分开饲养，保存种蛋时应保留空隙，防止直接或间接接触。孵化器消毒应在出雏后或入孵前或以循环入孵时应于入孵 12 小时内进行福尔马林熏蒸消毒，减少种蛋污染的机会。饲料中可添加益生菌制剂，如肠杆菌和产芽孢菌，抑制肠道沙门氏菌的增殖。

2. 治疗　一旦发生该病，应及时选用抗生素进行治疗，可用 0.01％环丙沙星饮水，连用 3～5 天；或 0.01％～0.02％氟甲砜霉素拌料，连用 4～5 天。此外，新霉素、安普霉素等拌料或饮水使用也有良好的治疗效果。在药物使用过程中注意交替用药，避免细菌出现耐药性。中药五味子、乌梅、黄连对沙门氏菌病有较好的治疗效果。

十七、葡萄球菌病

鸭、鹅葡萄球菌病主要是由金黄色葡萄球菌引起的一种急性或慢性传染病。雏禽发病后呈败血症经过，常表现化脓性关节炎、皮炎、滑膜炎等症状，发病率、死亡率高。青年和成年鸭、鹅感染后多表现出关节炎、腿部或蹼形成外伤性结痂。

（一）病原

金黄色葡萄球菌为圆形或椭圆形，革兰氏阳性，直径 0.7～1 微米，呈单个、成对或葡萄状排列。在普通琼脂培养基上生长良好，形成湿润、表面光滑、隆起的圆形菌落。某些菌株在血液琼脂板上能够形成明显的溶血环（β 溶血），这些菌株多为致病菌。

本菌抵抗力较强，在干燥结痂中可存活数月之久。60℃加热 30 分钟以上，煮沸，以及 3％～5％的石炭酸溶液处理 5～15 分钟可杀死该菌。

（二）流行病学

金黄色葡萄球菌在自然界中分布广泛，感染宿主分布范围广，包括鸡、鸭、鹅、猪、牛、羊和人。本病一年四季均可发生，但梅雨季节多发。各个日龄的鸭、鹅均可发病，开产后多发。

外伤是葡萄球菌的主要感染途径，如地面有尖锐物、啄癖、疫苗接种及昆虫叮咬等；有的运动场撒干石灰，易将皮肤灼伤而继发葡萄球菌感染。本病也可以通过消化道和呼吸道传播。饲养管理不良如大群拥挤、通风不良、卫生条件差、营养不足、运动场潮湿等也是该病发生的诱因。痘病毒感染后也可继发葡萄球菌病，使死亡率大大升高。

（三）临床症状

1. 急性败血型

◆发病鸭、鹅精神萎靡，食欲减退至废绝，常呆立蹲伏，双翅下垂，缩颈嗜睡，羽毛蓬松。

◆腹泻，粪便呈灰绿色。

◆头、颈、胸、翅、腿部皮下有出血点，外观呈紫色或紫黑色。

◆胸腹部以及大腿内侧皮下水肿，有血样液体渗出，破溃后流紫红色液体。

◆一般发病 2～5 天后死亡。

2. 脐炎型

◆常发生于 1 周龄内雏禽，新出壳雏鹅脐孔闭合不全，葡萄球菌感染后引起脐炎。

◆病禽腹部膨大，脐孔发炎，局部呈黄色、紫黑色，质地稍硬，有脓性分泌物流出，常在出壳后 2～5 天内死亡。

3. 关节炎型

◆病禽可见多个关节肿胀，尤其是跗、踝、趾关节，呈紫红色或紫黑色，有的可见外伤伤口并形成黑色结痂。

◆爪底皮肤由于长期与地面摩擦引起外伤，感染葡萄球菌后出现增生。

◆病禽不愿走动，卧地不起，站立时频频抬脚，跛行或跳跃式步行，严重时瘫痪，因采食困难，逐渐消瘦，最后衰竭而亡。

◆成年鸭、鹅感染葡萄球菌后发病多以关节炎型为主（图6.98，图6.99）。

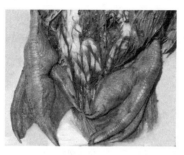 

图6.98 葡萄球菌病-鸭两侧脚趾关节肿胀（刁有祥　供图）　　图6.99 葡萄球菌病-鹅两侧脚趾关节肿胀（刁有祥　供图）

（四）病理变化

1. 剖检变化

◆急性败血型：患禽头、颈、胸、腹部或腿部羽毛稀少或脱落，皮肤呈紫黑色或浅绿色水肿，胸腹部皮下充血，积有大量胶冻样粉红色或橘红色黏液，有波动感；肝脏肿大，呈淡紫红色或紫黑色，有些可见黄白色点状坏死灶；脾脏肿大呈紫红色，表面有白色坏死点；心包积液，心外膜和心冠脂肪出血；腹腔内有腹水或纤维样渗出物。

◆脐炎型：脐部肿大，呈紫红或紫黑色，有暗红色或黄红色液体，时间稍久则为脓性干涸坏死物，脐孔皮下局部有胶冻样渗出；卵黄囊肿大，卵黄吸收不良，呈绿色或褐色；肝脏表面常有出血点。

◆关节炎型：关节肿大，滑膜增厚、充血或出血，关节面粗糙，关节囊内有浆液、黄色脓样或纤维素样渗出物。病程长的患禽形成干酪样坏死，严重者关节周围结缔组织增生或畸形。肝脏肿大、质地变硬。脾脏肿大。

2. 组织学病变　肝细胞出现空泡变性和脂肪变性，肝细胞结构消失、坏死；脾脏红髓增大，白髓缩小，淋巴细胞弥漫性坏死、崩解，脾细胞出现坏死；肾小管上皮细胞变性、坏死。

（五）诊断

1. 临床诊断　根据流行病学、临床症状和病理变化可以进行初步诊断，确诊需要结合实验室检查进行综合诊断。

2. 鉴别诊断　该病与禽霍乱、大肠杆菌病等易混淆。禽霍乱特征性病变包括心冠脂肪出血，肝脏表面弥漫大量灰白色坏死点；大肠杆菌病一般无明显外伤，患禽一般出现肝周炎、心包炎等症状。

3. 实验室诊断　取病变部位病料制作组织抹片，经革兰氏染色后镜检可见单个、成对或短链状阳性球菌存在。将病料接种于普通琼脂培养基、5％绵羊血琼脂平板和高盐甘露醇琼脂平板上进行分离鉴定。

（六）防治

1. 预防　加强饲养管理：饲料中要提供充足的维生素和矿物质等；保持良好的通风和湿度，以及适宜的养殖密度，避免大群过于拥挤，防止脚蹼互相抓伤；清除舍内和运动场中尖锐物，避免外伤；定期更新舍内和运动场中垫料。做好消毒工作：保持禽舍、运动场、器具和饲养环境的清洁、卫生，以减少和消除传染源。

2. 治疗　0.01％环丙沙星饮水，连用3～5天，有较好的治疗效果。但某些菌株会产生抗药性，交替用药对该病的治疗效果更佳。张文志报道中药也有较好的疗效：金银花2克、地丁1克、连翘0.5克、栀子0.5克、甘草0.5克，为1只禽1天的量，煎水，分2次饮用，连用3天，病重者可每天饮用3次。

十八、坏死性肠炎

坏死性肠炎是由产气荚膜梭菌引起的以肠道黏膜坏死为特征的传染病，对水禽业影响较大。

（一）病原

产气荚膜梭菌为革兰氏阳性、兼性厌氧、两端钝圆的粗大杆菌，长4~8微米，宽0.8~1微米，呈单独或成双排列，有的呈短链排列。根据致死型毒素和抗毒素的中和试验结果，可将该菌分为A、B、C、D和E五个血清型，引起本病的主要是A型和C型。本菌可形成芽孢，呈卵圆形，位于菌体的中央或近端。最适培养基为血液琼脂培养基，37℃厌氧条件下24小时即可形成圆形、光滑的菌落，周围有两条溶血环，内环完全溶血，外环不完全溶血。该菌产生的α、β毒素是引起肠黏膜坏死的直接原因。

该菌能发酵葡萄糖、麦芽糖、乳糖和蔗糖，不发酵甘露醇，不稳定发酵水杨苷；液化明胶，分解牛乳，不产生吲哚；在卵黄琼脂培养基上生长显示可产生卵磷脂，但不产生脂酶。该菌芽孢抵抗能力较强，但90℃处理30分钟或100℃处理5分钟死亡。

（二）流行病学

产气荚膜梭菌是家禽肠道内的常在菌，饲养管理不良及应激因素是导致该病发病的重要因素，如养殖环境卫生条件差、垫料潮湿、饲料中蛋白质含量过高、疫苗接种、感染流感病毒或坦布苏病

毒等免疫抑制性病毒均会促进该病的发生。本病一年四季均可发生，但夏季多发。不同品种、日龄的鸭鹅均可感染发病，但成年禽最易感。带菌和耐过的鸭、鹅是为该病重要的传染源。该病主要经消化道感染，机体免疫功能下降导致肠道中菌群失调或球虫感染及肠黏膜损伤也是引起本病发生的重要因素。

（三）临床症状

◆本病发病急、死亡快，缺乏特征性症状，发病稍慢的表现为精神沉郁，采食下降，羽毛粗乱。

◆发病鸭、鹅排黑褐色血便，并散发腥臭味，且粪便往往会污染肛门四周羽毛。

◆有的表现为肢体痉挛，腿呈左右劈叉状，伴有呼吸困难等症状。

（四）病理变化

1. 剖检病变

◆本病变特征性病变在小肠后段，尤其是回肠和空肠部分。肠管肿胀，严重者可见空肠和回肠中充满由脱落的肠黏膜和出血形成的血样内容物，肠黏膜弥漫性出血（图6.100，图6.101）。

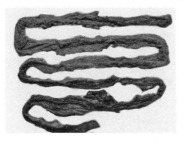 

图6.100 坏死性肠炎-鸭肠黏膜表面纤维素性伪膜，黏膜弥漫性出血（刁有祥 供图）

图6.101 坏死性肠炎-鹅肠黏膜弥漫性出血（刁有祥 供图）

◆病程后期肠管内充满恶臭气体，空肠和回肠黏膜增厚，表面覆有一层黄绿色或灰白色纤维素性伪膜。

◆肝脏肿大呈土黄色，表面有大小不一的黄白色坏死斑，边缘或中心常有大片的黄白色坏死区。

◆脾脏充血、出血、肿大，呈紫黑色。

2. 组织学病变　主要表现为肠黏膜的严重坏死，坏死的黏膜表面多富有纤维蛋白、脱落细胞并夹杂大量病原菌。

（五）诊断

1. 临床诊断　根据临床症状及肠道特征性剖检变化可做出初步诊断，进一步确诊还需要进行实验室诊断。

2. 鉴别诊断　本病应注意与球虫病、小鹅瘟相鉴别。

（1）球虫病与坏死性肠炎常并发，而且病理变化相似，可通过粪便或组织病料的镜检观察或细菌培养、球虫检查加以区分。

（2）小鹅瘟主要造成 4 周龄内的雏鹅发病，病程多为 7 天以上，死亡率随日龄增加而降低。

3. 实验室诊断

（1）镜检　无菌条件下，取病变肠黏膜制成涂片，经革兰氏染色、镜检，均可发现大量革兰氏阳性大杆菌，菌体两端钝圆，单个散在或成对或呈短链状。

（2）细菌分离与鉴定　采集发病鸭、鹅肠内容物、病变肠道黏膜附着物等划线接种血液琼脂平板，37℃下厌氧培养过夜，根据菌落形态、镜检菌体形状和生化特性进行鉴定。

（六）防治

1. 预防　加强饲养管理，保持养殖环境卫生，及时清除粪便。确保舍内温度、湿度适宜，通风良好。避免使用劣质饲料原料，合理贮藏饲料，减少细菌污染。严格控制各种内外应激因素对机体的

影响。枯草芽孢杆菌、地衣芽孢杆菌、乳酸菌和丁酸梭菌等益生菌可有效调控肠道微生物菌群，控制坏死性肠炎的发生。丁酸盐可通过纤维发酵在消化道中自然产生，有助于维护肠道的屏障作用和转运功能。

2. 治疗　多种抗生素，如多黏菌素、新霉素、林可霉素、恩诺沙星对该病均有良好的治疗效果。可用 $0.01\% \sim 0.02\%$ 新霉素饮水，连用 3 天。对于发病初期采用饮水或拌料均可，发病严重的可肌内注射，同时应注意及时补充电解质。也可用微生态制剂治疗。丁香精油的主要成分丁香酚对多种细菌有杀灭作用，可稳定肠道正常菌群，减少产气荚膜梭菌在肠道的定殖，具有一定的预防和治疗效果。

十九、曲霉菌病

曲霉菌病是鸭、鹅一种常见的真菌性疾病。该病以呼吸困难、肺和气囊形成小结节为主要特征，又名霉菌性肺炎。本病主要发生于幼禽，发病率高，致死率高，给养禽业造成较大的经济损失。

（一）病原

引起曲霉菌病的主要病原为黄曲霉、烟曲霉和黑曲霉。其中烟曲霉的致病性最强，黄曲霉和黑曲霉也有不同程度的病原性。烟曲霉的繁殖菌丝呈圆柱状，色泽由绿色、暗绿色至熏烟色。本菌在沙氏葡萄糖琼脂培养基上生长迅速，初为白色绒毛状，之后变为绿色，随着培养时间的延长，最终为接近黑色绒状。黄曲霉在多种培养基上均可生长，菌落为扁平状，偶见放射状，初期略带黄色，之后为绿色，久之颜色变暗。黑曲霉分生孢子头球状，褐黑色。

曲霉菌广泛分布于自然界，对环境有较强的抵抗力，煮沸后5分钟才能杀死，一般消毒剂需要1～3小时才能杀死。一般抗生素和化学药物不敏感。制霉菌素、两性霉素、碘化钾、硫酸铜等对本菌具有一定的抑制作用。

（二）流行病学

曲霉菌及其孢子在自然界中广泛存在，鸭、鹅及其他禽类均易感，以雏禽最为易感，感染后常呈群发性和急性经过，成年鸭、鹅仅为散发。雏鸭、鹅通过接触发霉的垫料、饲料、用具或一些农作物秸秆等经呼吸道或消化道而感染，也可经皮肤伤口感染。出壳后的雏鸭、鹅进入曲霉菌污染的育雏室，48～72小时后即开始发病和死亡，4～12日龄是该病流行的高峰，后逐渐减少，至3～4周龄基本停止死亡。此外，曲霉菌还可透过蛋壳而使胚胎感染，刚孵化的雏禽很快出现呼吸困难等症状而迅速死亡。

（三）临床症状

◆急性病例可见精神委顿，不愿走动，多卧伏，食欲废绝，羽毛松乱、无光泽，呼吸急促，常见张口呼吸，消瘦。发病稍慢的，患禽伸颈呼吸，食欲减退甚至废绝，消瘦。

◆部分雏鸭、鹅出现神经症状，表现为摇头、共济失调等。

◆病原侵害眼时，结膜充血、眼睑肿胀，严重者失明。

◆成年鸭、鹅发生本病时多为慢性经过，死亡率较低。

（四）病理变化

1. 剖检病变

◆急性型病例腹腔、肺脏和气囊均有散在数量不等、米粒大小的黄白色结节，结节的硬度似橡皮样，切开呈同心圆轮层状结构，中心为干酪样坏死组织（图6.102）。肺脏因多结节而实

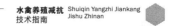

变，弹性消失。严重者，肺、气囊、腹腔浆膜上有肉眼可见的霉菌斑。

◆慢性型病例可见肺脏中有大量灰黄色结节，切面呈干酪样团块（图6.103）。

2. 组织学病变　组织学病变特征为局部淋巴细胞、巨噬细胞和少量巨细胞积聚。脑病变中心坏死并有异噬细胞浸润，周围有巨噬细胞，在病灶中心区可见菌丝。眼病变的特征为瞬膜水肿，大量异噬细胞及单核细胞浸润。

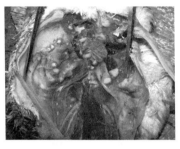 

图6.102　曲霉菌病-鸭腹腔中有大小　　图6.103　曲霉菌病-鹅肺脏上有大小
不一的黄白色结节(刁有祥　供图)　　　不一的灰黄色结节(刁有祥　供图)

（五）诊断

1. 临床诊断　根据流行病学、呼吸道症状及肺脏特征性的结节可做出初步诊断，确诊需进行实验室诊断。

2. 鉴别诊断　本病应注意与结核病和伪结核病相鉴别。鸭、鹅结核病主要发生于成年或老龄鸭、鹅，其结节多分布于脏器，一般不引起死亡，多数在淘汰或屠宰时才能检查出结核病变。伪结核病在多处内脏器官表面产生黄白色小结节，还能造成心、肝、脾、肺、肾脏等出血变化。

3. 实验室诊断

（1）压片镜检　取干酪样组织置于载玻片上，加生理盐水1～2滴或适量15%～20%氢氧化钠溶液，用消毒后的针划破病料或直接碾碎病料，压片后直接镜检。

（2）分离培养　无菌挑取霉菌结节置于沙氏葡萄糖琼脂培养基或马铃薯培养基上，于37℃培养24小时，可见有白色绒毛状菌落，36小时后菌落呈面粉状，绿色，形成放射状突起。取培养物触片镜检，可见许多葵花状孢子小梗。

（六）防治

1. 预防　加强饲养管理，搞好舍内环境卫生，特别注意通风和防潮，不用发霉垫料，禁喂发霉饲料，降低饲养密度，是预防曲霉菌病发生的最基本措施。

2. 治疗　制霉菌素等对该病的治疗具有一定的效果，可喷雾或拌料使用，雏鸭、鹅按照每千克体重5 000～8 000单位，成年鸭、鹅按照每千克体重2万～4万单位，每天2次，连用3～5天。也可用1∶2 000的硫酸铜饮水，连用3天。

中草药对于防治曲霉菌病也有较好的疗效，可用鱼腥草、水灯芯、金银花、薄荷叶、枇杷叶、车前草、桑叶各100克，明矾30克，甘草60克，100～200羽雏鸭、鹅煎水服用，每天2次，连用3天。

二十、球虫病

水禽球虫病主要包括鸭球虫病和鹅球虫病。鸭球虫病是由艾美耳科泰泽属、温扬属、等孢属、艾美耳属中多种球虫寄生于鸭肠道引起的一类原虫病；鹅球虫病是由艾美耳科艾美耳属和泰泽属中多种球虫寄生于鹅肠道或肾脏引起的一类原虫病。我国是水禽养殖大国，水禽球虫病在水禽规模化养殖场及散养户中时有发生，对水禽养殖业造成较大的危害。

（一）病原

目前国内外有记录的鸭球虫有 22 种，其中国内有记录的家鸭球虫有 20 种，分别隶属于艾美耳科中的泰泽属、温扬属、等孢属和艾美耳属。常见的鸭球虫有毁灭泰泽球虫、菲莱温扬球虫、裴氏温扬球虫、鸳鸯等孢球虫、潜鸭艾美耳球虫等，有些病例只由单种球虫引发，而有些病例则会检出 2 种或 2 种以上球虫共同感染。

目前国内外报道的鹅球虫有 16 种，隶属于 3 个属，其中国内有记录的鹅球虫有 12 种，分别隶属于艾美耳属和泰泽属。常见的鹅球虫有微小泰泽球虫、赫氏艾美耳球虫、有害艾美耳球虫、棕黄艾美耳球虫、鹅艾美耳球虫及截形艾美耳球虫等。其中截形艾美耳球虫寄生于肾脏，其他种类都寄生在鹅肠道。在临床上，鹅球虫病例可由单种球虫引发，也常见由 2 种或 2 种以上球虫共同感染所致。

（二）流行病学

水禽球虫的生活史同其他动物球虫的生活史基本相似，都要经历孢子生殖（在水禽体外完成）、裂殖生殖（在水禽体内完成）和配子生殖（在水禽体内完成）三个阶段。水禽球虫的卵囊随粪便排到外界，在适宜的温度（25～35℃）和适宜的湿度条件下经过 3～5 天即发育为孢子化卵囊，当水禽吃食或饮水时吞食了孢子化卵囊，这些卵囊进入水禽体内，在相应靶器官上（如小肠上皮细胞）进行 1～3 世代的裂殖生殖，之后形成大配子体和小配子体，再结合形成合子（即配子生殖），合子周围包裹囊壁形成卵囊，在水禽体内的发育时间需 7 天。

鸭球虫只感染鸭，不感染鸡和鹅等其他禽类；不同品种鸭对鸭球虫均易感；不同日龄鸭对各种鸭球虫的易感性有所不同，雏鸭对泰泽球虫、等孢球虫较易感，中大鸭对温扬球虫和艾美耳球虫较易感；一年四季都会发生鸭球虫病，其中以春、夏、秋季较多见。鸭球虫病的发病率高低与饲养模式及鸭场卫生条件关系很大，在池塘、田地等水面养殖或野外放牧鸭易感染，在舍内圈养或网上饲养的鸭较少发病；鸭舍卫生条件差及经常接触到污水的鸭易患球虫病；有发生过鸭球虫的鸭场，日后饲养的鸭群也易发生鸭球虫病。

鹅球虫只感染鹅，不感染鸡和鸭等其他禽类；不同品种鹅都会感染鹅球虫，雏鹅对鹅球虫比较易感，日龄越大易感性越低；一年四季都会发生鹅球虫病，其中以春、夏、秋季较多见。野外放牧鹅比舍内饲养或网上饲养的鹅更容易发生球虫病；有发生过鹅球虫病的鹅场或放牧地，日后再饲养的鹅群比较容易感染鹅球虫病。

(三) 临床症状

急性病例，鸭群或鹅群表现突然发病，病禽精神委顿，减料明显，排出巧克力样（图 6.104）或黄白色稀粪，有些粪便中还带血。病程短，发病急，1～2 天内死亡数量急剧增加，用一般抗生素治疗均无效，发病率达 30%～90%，死亡率达 20%～70%。慢性病例，出现渐进性消瘦，拉黄白色稀粪或巧克力样稀粪，病禽生长速度减缓，死亡率相对较低。

(四) 病理变化

病死水禽脱水明显，剖检可见小肠显著肿大，肠外壁有许多白色小坏死点（图 6.105），少数也有小出血点。切开肠道可见内容物为白色糊状物（图 6.106），有时带粉红色，肠黏膜有不同程度出血点和出血斑（图 6.107）；有些肠黏膜上覆盖一层糠麸样假膜。不同种类鸭、鹅球虫，其致病部位有所不同。鸭泰泽球虫主要病变在鸭小肠的前段和中段；鸭温扬球虫主要病变在鸭小肠中后段及盲肠；鸭等孢球虫主要病变在鸭小肠中后段及直肠；鸭艾美耳球虫主要病变在鸭小肠中后段；鹅截形艾美耳球虫主要病变在小鹅的肾

水禽养殖减抗
技术指南
Shuiqin Yangzhi Jiankang
Jishu Zhinan

脏，可见肾脏肿大、出血明显，肾实质出现黄白色坏死小结节；其他类型鹅球虫导致小肠肿大，肠内容物为红褐色糊状物，肠黏膜出现白色坏死或出血点。组织切片显示球虫导致肠道上皮细胞坏死脱落，裂殖阶段虫体在肠上皮密集地排列，发育中的配子体深深地嵌入肠绒毛的上皮下组织。

图 6.104　感染鸭排出带血粪便

图 6.105　感染鸭小肠肿胀，肠壁浆膜面有出血或坏死点

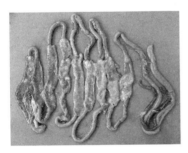

图 6.106　肠道内白色糊状物

图 6.107　肠壁黏膜面有出血点和出血斑

（五）诊断

1.临床诊断　通过该病的流行病学、临床症状和病理变化可做出初步诊断。

2.鉴别诊断　应与禽霍乱、大肠杆菌病进行鉴别诊断。

（1）禽霍乱　会导致水禽突然死亡，剖检可见心肌和心冠脂肪出血，肝脏表面有点状坏死点，肠道肿胀出血，用抗生素治疗有效果，对水禽采食量影响不大。

（2）大肠杆菌病　属于慢性传染病，剖检可见肝脏肿大、发黑，小肠肿大明显，腹腔有明显的粪臭味，对水禽采食量无明显影响。

3. 实验室诊断　刮取肠内容物或肠黏膜或肾脏病变组织进行压片镜检，在400倍或1 000倍显微镜下检出大量卵囊（图6.108）或香蕉样裂殖子（图6.109）或菊花样裂殖体即可确诊。在急性病例中，在小肠中只能检出裂殖子，而要在直肠段或粪便中才能检出卵囊，有时（如鹅截形艾美耳球虫）只能在肾脏、输尿管、粪便中检出卵囊。至于是哪一种球虫以及是否存在多种球虫混合感染，需对后段肠内容物或粪便进行饱和盐水漂浮集卵后加2.5%重铬酸溶液，在27℃培养箱中培养2~5天，并根据卵囊的大小、形态、孵化时间以及孢子囊、子孢子的数量与形态结构来判断是属于哪一种球虫。

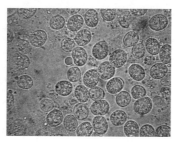 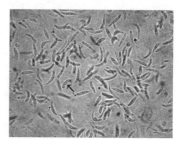

图6.108　鸭球虫卵囊形态　　　图6.109　鸭球虫裂殖子形态

（六）防治

1. 预防　水禽养殖场要改善饲养管理条件，尽可能采取舍内圈养、网上平养或笼养，不采取放牧饲养，保持鸭场内环境卫生干净和场所干燥，不饲喂含孢子化卵囊的青绿饲料，饮用水要保持洁净。

2. 治疗　发病群病症较轻时，采用抗球虫中药（如常山、白头翁、青蒿等）进行治疗，具体用量按兽药厂家提供的说明书使用。发病群病症较严重时，选用地克珠利（按1 000千克饲料添加1克，连用3～5天，休药期5天）或磺胺氯吡嗪钠（按1 000千克饲料添加600克，连用3天，休药期4天）或其他抗球虫药物进行治疗。对个别不吃食的病水禽，可选用上述药物按比例掺水灌服治疗，每天1次，连用3天。在治疗过程中，要规范用药，并做好粪便的无害化处理，防止粪便中的球虫卵囊再次污染养殖场所。

二十一、住白细胞虫病

住白细胞虫病是由住白细胞原虫寄生于禽白细胞、红细胞及内脏组织而引起的一种急性血孢子原虫病。该病经蚋、库蠓等血吸虫传播，具有明显的季节性，幼龄鸭、鹅的发病率高，死亡率高，对水禽业可造成不同程度的经济损失。

（一）病原

住白细胞虫在分类上属于孢子虫纲，球虫目，血孢子虫亚目，疟原虫科，住白细胞虫属，寄生于鸭和鹅的为西氏住白细胞虫。

西氏住白细胞虫成熟配子体呈长圆形或圆形，长14～22微米，可见于红细胞和白细胞内。长的配子体只在白细胞，尤其是淋巴细胞和大单核细胞内发育，而成熟的圆形配子体只存在于红细胞内。被寄生的宿主细胞两端变尖呈长纺锤形，长达45～55微米，细胞核呈细长的暗带状，位于虫体一侧或两侧。

住白细胞虫的发育经裂殖增殖、配子生殖和孢子生殖三个阶段。裂殖增殖在禽类内脏器官的组织细胞内进行，配子生殖前期发生在禽类的红细胞或白细胞内，配子结合和孢子增殖在媒介昆虫体内完成。西氏住白细胞虫发育史中需要吸血昆虫蚋作为中间宿主。

（二）流行病学

本病的发生、流行与蚋等吸血昆虫的活动规律有关，一般气温在 20℃以上时，蚋繁殖快、活动力强，本病的流行也最为严重，因此，本病具有明显的季节性，南方多发生于 4—10 月，北方多发生于 7—9 月。由于蚋等幼虫生活在水中，所以水养禽、雨量大的年份，该病的发生率高。各日龄的鸭、鹅都能感染，但幼禽和青年禽的易感性最强，发病也最为严重。

（三）临床症状

雏鸭感染后显著乏力，精神沉郁，体温升高，呼吸困难，食欲减退或废绝，流涎，下痢、粪便呈黄绿色，贫血，皮肤、爪苍白，有的鸭两翅或两腿瘫痪，头颈伏地，活动困难。部分病例皮肤有散在、大小不一、突出于皮肤的血疱。严重病例口流鲜血，可在 24 小时内死亡，多数在发病后 2～3 周大批死亡。成鸭发病后仅表现精神不振等轻微症状，死亡率也相对较低。

鹅发病后表现与鸭相似。

（四）病理变化

1. 剖检病变　病死仔鸭或仔鹅尸体消瘦，肌肉苍白，口流鲜血或口腔内积存血液凝块，全身性出血。这种全身性出血的主要原因是寄居于小血管内皮细胞内的裂殖体破裂而使血管壁损伤所造成的，主要表现为全身性皮下出血，肌肉尤其是胸部肌肉、腿部肌肉散在明显的大小不一的出血点或出血斑。各内脏器官呈现广泛性出血，肺脏淤血，严重者可见两侧肺脏都充满血液；肝脏和脾脏肿大，出血；肾脏周围常见大片血液，甚至大部分或整个肾脏被血凝块覆盖。其他器官，如心脏、胰腺和胸腺点状出血；腺胃出血、黏膜脱落；蛋鸭或蛋鹅胸腔中积有破裂的卵黄、腹水与血液形成淡红色的混合液体；卵泡变形、出血。

肌肉和某些器官有灰白色小结节，其大小为针尖至粟粒大，这种结节是裂殖体在肌肉或器官内增殖形成的集落，最常见于肠系膜、心肌、胸肌，也见于肝脏、脾脏、胰脏等器官，与周围组织形成明显界限。

2. 组织学病变　肝细胞索排列紊乱，肝细胞颗粒变性，部分肝细胞内含有深蓝色、圆点状裂殖子，由于裂殖子发育而使肝组织呈不规则坏死，有时有少量淋巴细胞和异染性细胞浸润。肺组织与细支气管蓄积浆液，伴发出血和坏死。肾小管上皮细胞颗粒变性与脂肪变性乃至渐近性坏死，肾小球呈急性或慢性肾小球炎变化。脾组织呈现广泛性出血、坏死与网状细胞肿胀、增生，并吞噬裂殖子。

（五）诊断

1. 临床诊断　根据发病季节、贫血及特征性剖检病变，可做出初步诊断。

2. 鉴别诊断　本病应注意与禽霍乱及磺胺类药物中毒相鉴别。

鸭、鹅霍乱呈急性败血症经过，病程短，死亡率高，肝脏的病变为弥漫性坏死点，而住白细胞虫病肌肉苍白，口流鲜血或存积血凝块，肝脏为散在出血点。禽霍乱肝组织触片镜检，可见两极浓染的巴氏杆菌。

住白细胞虫病水禽呈现全身性出血，此与磺胺类药物中毒相似。不同的是磺胺类药物中毒的病禽具有饲喂磺胺类药物的病史，病禽肾脏周围无出血变化，但肾脏肿大，输尿管明显增粗，管内有大量白色尿酸盐沉积，肝脏、肌肉颜色呈浅黄色。

3. 实验室诊断

（1）血液涂片　无菌从翅下静脉采血，涂片，姬姆萨或瑞氏染色，置高倍显微镜下观察，在红细胞内外发现有住白细胞原虫裂殖子存在即可确诊。

（2）脏器涂片　在新鲜病死鸭、鹅的心、肝、脾等内脏出血部位做一新切面，在放有甘油水的载玻片上按压数次至液体浑浊，覆以盖玻片置高倍显微镜下观察，发现有大量裂殖体或裂殖子即可确诊。

（六）防治

1. 预防　加强现代化、标准化养殖场基础设施建设，促进养殖方式的转变，发展水禽旱养和全封闭饲养技术，避免鸭、鹅与媒介生物的接触。及时清除场区内、外杂草，禽舍四周用 2.5% 溴氰菊酯 250 倍稀释后喷洒，每周 1～2 次。

2. 治疗　可用磺胺二甲氧嘧啶按 0.1% 比例拌料，连用 3～5天；或用复方磺胺/甲氧苄啶按 0.1% 比例拌料，连用 5 天。青蒿素和常山酮也具有较好的治疗效果。

因住白细胞虫属球虫目，也可参照鸭、鹅球虫病治疗方案进行治疗。

二十二、绦虫病

水禽绦虫病是由膜壳科和戴文科绦虫寄生于鸭、鹅等水禽小肠和直肠内引起的一类寄生虫病。常见的绦虫有矛形剑带绦虫、片形缝缘绦虫、冠状双盔绦虫、福建单睾绦虫及四角瑞利绦虫等。水禽绦虫病是一类常见的寄生虫病，在我国广大水禽养殖地区普遍存在，对放牧水禽危害严重。

（一）病原

1. 矛形剑带绦虫　虫体呈乳白色，前窄后宽，形似矛头（图 6.110），长 60～162 毫米，由 20～40 个节片组成，所有节片宽度大于长度，头节小，上有 4 个吸盘，顶突上有 8 个小钩。节片中有睾丸 3 个，呈椭圆形。卵巢位于睾丸的一侧。生殖孔位于节片上角的侧缘。虫卵呈椭圆形，大小（101~109）微米×（82~84）微米，内含六钩蚴。

2. 片形缝缘绦虫　属大型绦虫，虫体前部有一个皱褶状假头，假头顶端有一个较小的真头节（含 4 个吸盘及 10 个小钩）（图 6.111、图 6.112），虫体长 200~400 毫米。虫卵外有一薄而透明的卵囊。

3. 冠状双盔绦虫　虫体呈乳白色，前端细，后段粗，长度82~252 毫米，头节细小，吻突多伸出体外，吻钩 18~22 个并形成冠状（图 6.113），吸盘 4 个。六钩蚴呈卵圆形。

图 6.110　鸭矛形剑带绦虫的虫体形态

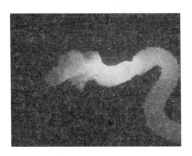

图 6.111　鸭片形缝缘绦虫头部形态

图 6.112　鸭片形缝缘绦虫头节形态

图 6.113　鸭冠状双盔绦虫头部形态

4. 福建单睾绦虫　虫体长度为 31~110 毫米，节片宽度大于长度，头节呈椭圆形，吻突常伸出头外（图 6.114），吻突上有 10

个吻钩。吸盘4个，盘上有许多小棘。睾丸1个，位于节片中央。卵巢呈囊状分成三瓣。虫卵呈长椭圆形（图6.115）。

5. 四角瑞利绦虫　虫体扁平呈细带状，长度10~250毫米，头节呈卵圆形（图6.116）。头节上有顶突，上有小钩100个，排成1~2列，吸盘4个，上有8~12列小钩。睾丸18~32个，位于节片中部。卵巢位于节片中央后部，其下方为卵黄腺。虫卵直径为25~50微米，内含六钩蚴。

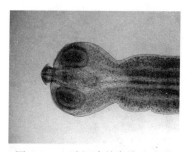 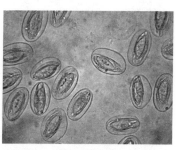

图6.114　鸭福建单睾绦虫头节　　图6.115　鸭福建单睾绦虫的虫卵
　　　　　形态　　　　　　　　　　　　　　形态

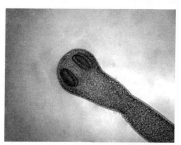

图6.116　四角瑞利绦虫头节形态

（二）流行病学

水禽绦虫病的病原种类众多，这些绦虫中多数会同时感染鸭、鹅等水禽，没有明显的寄生差异。不同日龄水禽均会感染，尤以幼龄水禽和中龄水禽更易感，而成年水禽往往成为带虫者。传播途径主要是通过在野外放牧或舍饲时采食了含中间宿主（如剑水蚤、普通镖水蚤、甲壳类、螺类）的青绿饲料而感染。本病一年四季均可发生，但在夏、秋季相对较多。

水禽绦虫的发育过程一般需 1 个中间宿主。不同属的绦虫，其中间宿主及其生活史有所不同。剑带绦虫的中间宿主为剑水蚤；缝缘属绦虫的中间宿主为桡足类（包括普通镖水蚤和剑水蚤）；双盔属绦虫的中间宿主为腺介虫；膜壳属绦虫的中间宿主为甲壳类和螺类；瑞利属绦虫的中间宿主为蚂蚁。虫卵在中间宿主体内，经过 9～20 天发育为似囊尾蚴，水禽吞食了含似囊尾蚴的中间宿主而感染，经 10～30 天幼虫发育为成虫。

（三）临床症状

在少量感染时，水禽一般无明显症状表现。严重感染时，可导致病水禽消瘦、生长缓慢、贫血、食欲不振、消化不良，并有拉稀表现。粪便时常夹带白色的绦虫节片，有时可见乳白色带状虫体悬挂在肛门口（图 6.117），水禽群中其他水禽会相互啄这些虫体。极个别可因大量绦虫阻塞小肠造成急性死亡，尤其以幼鸭多见。

（四）病理变化

病死鸭可视黏膜苍白，小肠肿大明显。切开小肠可见乳白色扁平带状绦虫寄生（图 6.118），有些种类绦虫比较小或绦虫的童虫

图 6.117　病鸭肛门口悬挂有
乳白色带状绦虫

图 6.118　小肠内有大量乳白色
扁平带状绦虫

比较小，易与肠内容物相混淆，肉眼不易看见。此外，患病水禽还出现卡他性肠炎，肠黏膜有充血、出血病变。不同种类绦虫在肠道的寄生部位略有不同，有些在小肠前段，有些则在小肠中后段。

（五）诊断

1. 临床诊断　根据本病的流行病学、临床症状及病理变化可做出初步诊断。

2. 鉴别诊断　某些绦虫由于虫体较小或绦虫尚处于童虫阶段，在临床上易与一般性肠炎相混淆，要注意鉴别诊断。

3. 实验室诊断　采集虫体时，为了保证虫体完整，勿用力猛拉，而应将附有虫体的肠段剪下，连同虫体一起浸入水中，经5～6小时，虫体会自行脱落，体节也自行伸直。将收集到的虫体浸入苏氏固定液或70％酒精或5％福尔马林溶液中固定后进一步观测虫体头节、节片以及虫体内部结构、虫卵形态大小等，以确定是哪一种绦虫。临床上常有2种或2种以上绦虫共同感染，需加以鉴别诊断。

（六）防治

1. 预防　预防本病的关键在于改变水禽饲养模式，改放牧为舍饲，不让水禽在饲养过程中接触到绦虫的中间宿主或采食到含中间宿主的青绿饲料（如青萍、水草等水生植物）。鸭场的饮用水或嬉戏水要保持洁净，不应含带绦虫的中间宿主。

2. 治疗　轻度感染时，一般不建议使用驱虫药。严重感染时，可选用阿苯达唑（按每千克体重10～20毫克拌料口服，连用2～3天，休药期4天）或氯硝柳胺（按每千克体重50～60毫克，一次给药，休药期28天）进行治疗，驱虫后要对粪便进行堆积发酵处理，以消灭粪便中的虫卵。

二十三、吸虫病

水禽吸虫病是由吸虫纲吸虫寄生于鸭、鹅等水禽体内引起的一类寄生虫病的总称。常见的水禽吸虫有卷棘口吸虫、纤细背孔吸虫、华支睾吸虫、盲肠杯叶吸虫、舟形嗜气管吸虫等。水禽吸虫病是一类常见的寄生虫病，在我国水禽养殖地区放牧鸭中普遍存在。

(一)病原

1. 卷棘口吸虫　虫体呈长叶形，粉红色，比较厚（图6.119），大小为（7.2～16.2）毫米×（1.15～1.82）毫米，头领呈肾状，头棘有37枚。睾丸2个，前后排列。虫卵大小为（106～126）微米×（64～72）微米，寄生于水禽盲肠、直肠和小肠。

2. 纤细背孔吸虫　虫体呈叶片状或鸭舌状（图6.120），淡红色，大小为（2.2～5.7）毫米×（0.82～1.85）毫米，口吸盘位于体前端，腹吸盘和咽付缺，腹腺呈圆形，分三行列于虫体腹面。虫卵小，大小为（15～21）微米×（1.0～1.2）微米，两端各有一根卵丝（图6.121）。寄生于水禽盲肠和直肠。

图6.119　鸭卷棘口吸虫的虫体形态

图6.120　鸭纤细背孔吸虫的虫体形态

3. 华支睾吸虫 虫体呈叶状，背腹扁平，体被无棘，较透明（图 6.122），大小为（10～25）毫米×（3～5）毫米。睾丸 2 个，呈分枝状，前后排列在虫体的后 1/3 处。虫卵较小，大小为（27～35）微米×（12～20）微米，有肩峰，内含成熟毛蚴。寄生于水禽胆囊、胆管。

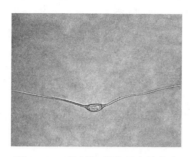

图 6.121 鸭纤细背孔吸虫的虫卵形态

图 6.122 华支睾吸虫的虫体形态

4. 盲肠杯叶吸虫 虫体呈卵圆形（图 6.123），黄白色，大小为（1.17～2.37）毫米×（0.95～1.87）毫米，虫体腹面有一个很大的黏附器。虫卵大小为（75～98）微米×（55～75）微米，呈金黄色。寄生于水禽盲肠。

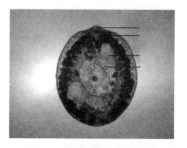

图 6.123 鸭盲肠杯叶吸虫的虫体形态

5. 舟形嗜气管吸虫 虫体呈椭圆形，两端钝圆（图 6.124），粉红色，大小为（7.10～11.08）毫米×（2.51～4.56）毫米，口吸盘退化，两肠支发达。睾丸 2 个，斜列于虫体后 1/5 处，卵巢 1 个呈球形，与睾丸形成倒三角形排列。虫卵大小为（120～134）微米×（65～68）微米（图 6.125）。

水禽养殖减抗
技术指南
Shuiqin Yangzhi Jiankang
Jishu Zhinan

 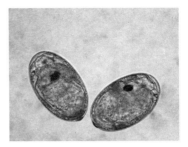

图 6.124　鸭舟形嗜气管吸虫　　图 6.125　鸭舟形嗜气管吸虫的
　　　　　的虫体形态　　　　　　　　　　　　虫卵形态

（二）流行病学

不同种类的吸虫，其易感水禽品种有所不同。如盲肠杯叶吸虫可感染番鸭、半番鸭，鹅，但对已产蛋的麻鸭不易感。不同日龄水禽对吸虫易感性也有差异。如纤细背孔吸虫可引起雏鸭或雏鹅盲肠严重糜烂坏死，而成年鸭则多为隐性带虫。水禽吸虫的生活史一般都经历 1～2 个中间宿主，其中第一中间宿主为淡水螺，第二中间宿主为淡水螺、鱼、虾、泥鳅、蜻蜓、蝌蚪以及其他水生动植物。本病的发生与水禽在野外放牧时觅食相应的中间宿主有关。本病一年四季均可发生，其中以夏、秋季节相对多发，这与夏、秋季节是螺的繁殖季节有关。

（三）临床症状

轻度感染时，水禽一般不表现明显的临床症状，对采食量及生长、生产性能影响不大。严重感染时一般表现为食欲不振、生长发育受阻、贫血、消瘦、腹泻，有的出现死亡。此外，某些水禽吸虫病还表现出相应的特异性症状，如舟形嗜气管吸虫病咳嗽症状明显；盲肠杯叶吸虫病表现腹泻和高死亡率；纤细背孔吸虫病表现腹泻和急性死亡；前殖吸虫病在蛋鸭或蛋鹅表现产软壳蛋和畸形蛋。

（四）病理变化

　　不同的水禽吸虫病，由于其致病靶器官不同，导致的病理变化差异较大，如舟形嗜气管吸虫病会导致水禽的气管黏膜出血（图6.126）；盲肠杯叶吸虫病会导致水禽盲肠异常肿大坏死（图6.127）；纤细背孔吸虫病会导致盲肠炎症、坏死及穿孔（图6.128）；华支睾吸虫病会导致水禽胆囊肿大和炎症；卷棘口吸虫病会导致水禽肠道肿大，肠黏膜充血、出血病变（图6.129）；前殖吸虫病会导致水禽输卵管炎症、水肿。

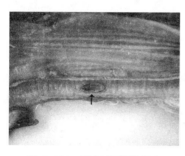

图6.126　鸭气管黏膜出血

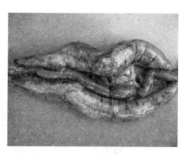

图6.127　鸭盲肠肿大坏死

图6.128　鸭盲肠炎症，轻度肿胀

图6.129　鸭肠黏膜充血、出血

（五）诊断

　　1.临床诊断　根据水禽吸虫病的流行病学、临床症状及病理变化可做出初步诊断。

水禽养殖减抗
技术指南　Shuiqin Yangzhi Jiankang
Jishu Zhinan

2. 鉴别诊断　水禽吸虫寄生的靶器官不同，导致的病症也不一样。卷棘口吸虫在临床上应与寄生在肠道内的其他吸虫进行鉴别诊断；纤细背孔吸虫和盲肠杯叶吸虫应与寄生在盲肠内的其他吸虫及球虫进行鉴别诊断；华支睾吸虫应与寄生在胆囊内的其他吸虫鉴别诊断；舟形嗜气管吸虫病要与普通感冒、禽流感进行鉴别诊断。

3. 实验室诊断　从水禽不同靶器官内检出的寄生虫，需进行卡红染色后再观测虫体内部器官结构及虫卵的形态、大小来确认是哪一种吸虫。随着现代生物技术的快速发展，利用聚合酶链反应（PCR）技术来诊断和鉴定吸虫种类已得到广泛推广。

（六）防治

1. 预防　在生产上，改放牧为舍饲，不让鸭、鹅等水禽在饲养过程中接触到中间宿主（淡水螺、鱼类、虾类、蝌蚪等）。在舍饲过程中，也不要给水禽饲喂生鱼、蝌蚪、淡水螺以及夹带中间宿主的浮萍、水草等，从根本上杜绝本病的传染源。

2. 治疗　轻度感染时，一般不建议使用驱虫药。严重感染时，可选用阿苯达唑（按每千克体重10～20毫克拌料口服，连用2～3天，休药期4天）或吡喹酮（按每千克体重10～20毫克拌料口服，连用2～3天，休药期28天）进行治疗。此外，对于体质较差的病水禽，可在饲料中适当添加多种维生素，以提高水禽的抵抗力，这对促进病水禽的康复有所帮助。

二十四、肉毒梭菌毒素中毒

水禽肉毒梭菌毒素中毒是由于水禽在野外放牧过程中摄食腐败的动物尸体或由动物尸体上滋生出来的蝇蛆而导致的一种以运动神

经麻痹为特征的中毒性疾病。该病在全世界范围内均有分布，以野外放牧的水禽多发。

（一）病原

肉毒梭菌是两端钝圆的杆菌，大小为（0.5～1.4）微米×（4～6）微米，多单在，革兰氏染色阳性，周身有鞭毛，无荚膜，在菌体近端会形成芽孢，在自然界广泛分布。该菌在繁殖过程中会产生毒力极强的外毒素。根据毒素抗原结构，可将肉毒梭菌分为7种毒素型（A、B、C、D、E、F、G），其中A、B、E、F可引起人类的肉毒梭菌毒素中毒，C型引起水禽等肉毒梭菌毒素中毒。此外，禽类中毒还可能由A型或E型肉毒梭菌毒素引起的。

（二）流行病学

各种动物对肉毒梭菌毒素都敏感，以野外放牧的鸭最常见。肉毒梭菌是一种腐物寄生菌，广泛分布于自然界，在池塘和河流中的死鱼以及其他死亡的动物尸体极易出现肉毒梭菌繁殖，同时在这些动物尸体上滋生出来的蝇蛆也含大量毒素，这些腐败尸体及蝇蛆被放牧鸭等啄食后即引起中毒。本病一年四季均可发生，以夏、秋季节多见。

（三）临床症状

病禽双腿、翅膀、颈部和眼睑出现不同程度麻痹和松弛无力，即表现闭目、蹲伏、软脚、不爱走动。驱赶时可见翅膀张开不断地在地上拍动，严重时头部着地（又称软颈病）（图6.130），向前低垂，不能抬起。有时可见拉黄白色稀粪。病重的死亡快（见于中毒后4～6小时）。有些症状较轻的仅表现共济失调（图6.131），病程持续3～4天。若将软脚的病水禽放在水中，由于无力爬上岸往往容易被淹死。

图 6.130　病鸭颈部无力，头部　　图 6.131　病鸭表现运动协调不良、
　　　着地不能抬头　　　　　　　　平衡障碍等共济失调症状

（四）病理变化

剖检无明显的特征性病变。有时在病死禽的腺胃内可检出死亡的蝇蛆，部分病死水禽胃肠黏膜有卡他性炎症和小出血点，心内外膜有小出血点，肺脏充血水肿。

（五）诊断

1. 临床诊断　根据有放牧史以及临床症状、病理变化可做出初步诊断。

2. 鉴别诊断　临床上导致水禽软脚的疾病还有鸭传染性浆膜炎、鸭鹅细小病毒病、营养缺乏等，需进行鉴别诊断。

3. 实验室诊断　取患病水禽胃肠内容物加 2 倍生理盐水，充分研磨，做成混悬液，置室温 1～2 小时后离心，取上清液加适量抗生素后皮下注射试验鸡眼睑（一侧注射、另一侧为对照），每只鸡注射 0.1～0.2 毫升，若注射后 0.5～2 小时，试验侧鸡眼睑逐渐闭合，而另一侧正常，且试验鸡 10 个小时后死亡，则证明试验内容物存在肉毒梭菌毒素。

（六）防治

1. 预防　在平时饲养管理过程中要避免水禽吃到腐败的动物

尸体（如死鱼、死鸭）以及动物尸体上滋生的蝇蛆。在水禽放牧或觅食范围内，一旦发现有腐败动物尸体及其蝇蛆，应立即清理干净。

2. 治疗 本病无特效治疗药物。中毒较浅的，可以选择饲喂一些葡萄糖、维生素C及绿豆汤等，经3～4天会逐渐耐过。中毒较深时，可肌内注射或口服硫酸阿托品（按每千克体重0.1～0.2毫克）进行解救，每天2次，有一定效果。此外，也可采用中药煎汤治疗，也有一定效果。具体配方：防风6克、穿心莲5克、绿豆10克、甘草15克、红糖10克，水煎后供15只成鸭饮用。

二十五、黄曲霉菌毒素中毒

黄曲霉菌在自然界分布广泛，通常寄生于玉米、大麦、小麦、豆类、花生、稻米、鱼粉及肉类制品上。若在粮食收获、加工、贮藏过程中处理不当，黄曲霉菌极易大量繁殖，其代谢产物称为黄曲霉毒素。目前已发现的黄曲霉毒素及其衍生物有 B_1、B_2、B_{2a}、G_1、G_2、G_{2a}、M_1、M_2、P_1 等20余种，其中 B_1 毒性最大，致癌性最强。黄曲霉菌适宜的繁殖温度范围为24～30℃，以27℃为最佳，最适繁殖湿度在80％以上。黄曲霉毒素理化性质十分稳定，能耐高温和紫外线。各种水禽均可感染，以雏禽对黄曲霉毒素较为敏感。

（一）病因

未及时晒干贮存、运输不当的玉米、花生、黄豆、棉籽等最易受黄曲霉菌的污染，黄曲霉毒素中毒主要是由于鸭、鹅采食了被霉菌污染的饲料与垫料所致。由于玉米、花生一旦受到黄曲霉菌的污染，毒素可渗入其内部，即使漂洗掉表面霉层，毒素仍然存在。本病一年四季均有发生，但多雨季节或具有霉菌产毒的适宜条件下更容易发生。

（二）临床症状

雏鸭、雏鹅对黄曲霉毒素最为敏感，多表现为急性中毒，死亡率可达100%，多发于2～6周龄。病程稍长的病例主要表现为食欲不振，脱毛，腹泻，排白色稀粪，爪和腿部皮下出血（图6.132），生长发育缓慢，贫血，肌肉痉挛或跛行，步态不稳，拱背，尾下垂，或呈企鹅状行走。多数病例在发生角弓反张、痉挛时死亡，死亡率可达80%～90%。

成年鸭、鹅耐受性较强，通常呈慢性经过，临床症状不明显，主要表现为采食量降低，消瘦，不愿活动，贫血，腹泻，粪便带血，后期表现恶病质，甚至诱发肝癌。

产蛋鸭、鹅产蛋量下降，孵化率降低。

（三）病理变化

1. 剖检病变　特征性病理变化在肝脏。急性中毒后，肝脏肿大2～3倍，色淡而苍白，有弥漫性出血和坏死（图6.133）；胆囊扩张；肾脏肿大、出血，呈淡黄色；脾脏呈淡黄色，有出血点和坏死点；心外膜有出血点；十二指肠卡他性炎症或出血性炎症。慢性

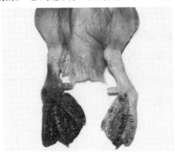

图6.132　黄曲霉毒素中毒-鸭爪、腿部皮下出血，皮肤呈紫黑色
（刁有祥　供图）

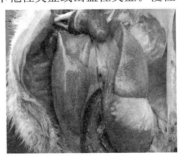

图6.133　黄曲霉毒素中毒-鸭肝脏肿大，颜色苍白
（刁有祥　供图）

中毒时可见心包积液，腹腔充满腹水，肝脏呈淡黄褐色，有不规则白色坏死灶和多灶性出血。

2. 组织学病变　肝细胞严重空泡化、脂肪变性、坏死；胆管上皮增生，呈细胞索状，散布在肝细胞索之间，从汇管区呈放射状伸向肝小叶中央，或在汇管区和中央静脉周围形成增生性结节。慢性病例胆管上皮增生更为显著，在增生的胆管结节和肝小叶内可见淋巴细胞广泛浸润，有的形成淋巴细胞增生性结节。

（四）诊断

1. 临床诊断　根据饲料品质与霉变情况，结合病死鸭、鹅有长期、大量采食被黄曲霉菌污染饲料的病史，并有食欲不振、生长不良、贫血等症状，同时伴有急性中毒性肝炎等剖检变化可做出初步诊断，确诊必须进行实验室诊断。

2. 鉴别诊断　本病应与高致病性禽流感和鸭病毒性肝炎相鉴别。禽流感除皮肤出血外，腺胃乳头出血，肌胃角质膜下出血，而黄曲霉毒素中毒无上述变化。鸭病毒性肝炎多发生于 5 周龄以内的雏鸭，发病半日到 1 日即发生全身抽搐。主要病变为肝脏肿大、质脆，表面有不同程度的出血点，无肌胃糜烂。

3. 实验室诊断　黄曲霉毒素的检验方法主要有生物鉴定法、免疫学方法和化学方法，化学方法是常用的实验室分析法。取饲料样品盛于盘内，堆成薄层，在波长 365 纳米的紫外灯下观察荧光。若饲料样品发出蓝色荧光，则证明含有 B 族黄曲霉毒素；若发出黄绿色荧光，则含有 G 族黄曲霉毒素。

（五）防治

1. 预防

（1）防止饲料霉变是预防黄曲霉毒素中毒的根本措施。在饲料、谷物、饲草收获后应及时进行干燥处理，充分晒干，切勿雨

淋，使其含水量下降到 15% 以下，并储存在干燥荫凉处。为防止饲料霉变，可用福尔马林与高锰酸钾的水溶液（每立方米空间使用福尔马林 25 毫升，高锰酸钾 25 毫升，水 12.5 毫升的混合液）或用过氧乙酸喷雾（每立方米空间使用 5% 溶液 2.5 毫升）进行熏蒸；或用防霉剂丙酸钠、丙酸钙等，在每吨饲料添加 1~2 千克。

（2）严重发霉的饲料应废弃，但对于霉变较轻的饲料，在去毒处理后可饲喂，但要限量，并搭配其他饲料共同饲喂。

2. 治疗　发现黄曲霉毒素中毒后，立即停喂已发霉的饲料，及时投服盐类泻剂（如硫酸钠、人工盐等），加速毒物的排出。为保护肝脏，可在饮水中添加 5%~10% 的葡萄糖溶液，以及 0.05% 维生素 C 等进行解毒，连用 7~15 天。同时，可在更换的新鲜饲料中加入 0.5% 白芍粉或 0.5% 还原型谷胱甘肽。

二十六、啄癖

啄癖是鸭、鹅生产中经常发生的一种疾病，常见的有啄肛癖、啄羽癖、啄趾癖、啄蛋癖和啄头癖等，导致禽类出现外伤，严重者引起死亡或胴体质量降低，产蛋量减少等。若不及时采取措施，啄癖会很快蔓延，难以控制，给养殖者带来很大的经济损失。

（一）病因

啄癖的病因有很多，主要与水禽天性、营养、环境、饲养管理及某些疾病有关。

（1）鸭、鹅有啄羽自净的天性，在其睡眠和游水后，便开始自啄羽毛进行清理，清除干净后从尾脂腺啄得脂肪向躯体各部位涂擦。此外，由于鹅喙的生理结构特殊，喙扁平，分上、下两部分，内喙有 50~80 个数量不等的锯齿，因此，鹅有啮齿行为，常通过啄羽来磨损生长旺盛的锯齿状物。肉鸭 24 日龄左右管羽开始生长，皮肤发痒，痒感加剧引起追啄。

（2）饲料中某些营养元素含量不足、比例不当，或长期饲喂单一饲料，易导致营养成分吸收不足，是造成啄癖的主要原因之一。含硫氨基酸如蛋氨酸、胱氨酸，为羽毛的成分，因此啄羽的发生与含硫氨基酸的量不足有关；日粮中粗纤维含量过低，可导致鸭、鹅出现啄食羽毛或啄肛的现象；饲料中钙、磷缺乏或比例不当，食盐不足，微量元素缺乏或比例不当，缺乏维生素 A、硫胺素、核黄素、生物素等，均能引起鸭、鹅啄蛋癖发生。

（3）舍内温度高、湿度大时，机体散热受阻，热平衡遭到破坏，禽群焦躁不安，诱发啄癖；当舍内通风不良时，有害气体浓度过高，禽群处于缺氧状态，采食量、饮水量减少，从而诱发啄癖；舍内光照过强，鸭群、鹅群兴奋互啄。

（4）饲养密度过大、运动不足、粪便清除不及时导致发酵产生大量氨气，都会刺激鸭、鹅表皮发痒，引起相互追啄。采食及饮水不足、限饲或饥饿、混养不合理等因素均可易引起鸭、鹅互啄。体外寄生虫如羽虱、蜱、螨也等可引起鸭、鹅体表发痒，导致啄羽。

（5）产蛋后期母鸭、鹅因腹部韧带和肛门括约肌松弛，产蛋后不能及时收缩回去而露在外，造成互相啄肛。有的产蛋鸭、鹅产蛋时因蛋型过大，肛门破裂出血，导致追啄，严重时会将直肠或输卵管啄出造成死亡。

（二）临床症状

（1）啄肛癖　表现为鸭、鹅肛门周围被啄伤，破裂出血，多发生在产蛋期的鸭、鹅，产蛋后由于泄殖腔不能及时收缩而露在外面，造成啄肛。雏禽多是因为下痢使肛门周围的羽毛被污染而自啄或互啄。

（2）啄羽癖　雏鸭、鹅在生长新羽毛或换小毛时容易发生，产蛋鸭、鹅在换羽期也可发生，表现为鸭、鹅互相啄食彼此的羽毛，导致被啄食鸭、鹅羽毛不整齐，有的仅留有羽根，皮肤破损出血（图6.134，图6.135）。啄羽多见于腰背部、胸部，也有少数出现在头部、翅部和尾部。

（3）啄趾癖　啄趾癖多见于饲料不足或舍内受到强光照射的鸭、鹅，被啄鸭、鹅脚趾肿胀，引起出血或跛行症状，严重的则不能站立而蹲伏。

（4）啄蛋癖　由于饮水不足，或饲料中钙和蛋白质含量不足，产蛋鸭、鹅群中出现软壳蛋、薄壳蛋，病禽将其啄食，多发生在产蛋禽群。

图 6.134　啄癖-鹅啄羽
（刁有祥　供图）

图 6.135　啄癖-鸭啄羽，翅出血
（刁有祥　供图）

（三）诊断

根据鸭、鹅饲养条件、饲养环境、临床症状及有无病史等，可做出诊断。

（四）防治

1. 预防　加强饲养管理，定时供水、供料。饲养密度要适宜，保持良好的通风，减少有害气体的危害，降低强光刺激。合理搭配日粮，避免饲料单一，尽量饲喂全价日粮以满足蛋白质、矿物质、维生素的需要。检查并调整日粮配方，找出缺乏的营养成分并及时补给。制订驱虫计划，定期进行体内外驱虫。此外，为满足鹅的"啮齿"需要，可在鹅舍中挂蔬菜叶或尼龙绳让鹅啄。

2. 治疗　及时挑出有啄癖的和被啄伤的鸭、鹅，隔离饲养、治疗或淘汰。发生啄癖的鸭、鹅，伤口处用高锰酸钾溶液洗涤。若直肠已脱出，发生水肿或坏死，则应淘汰。此外，被啄的伤口可以涂布特殊气味的药物，如鱼石脂、松节油、碘酒等。在日粮中添加1%生石膏和1%食盐，在饮水中添加蛋氨酸，连续饲喂3～5天，可对因缺盐引起的啄癖有效。啄羽现象好转后，按生石膏粉0.3%和食盐0.2%～0.3%添加到饲料中。对于寄生虫引起的啄癖，可应用抗寄生虫药物进行驱虫。

第三节　水禽疾病防控实例

一、鸭病防控实例

（一）樱桃谷鸭疫病防控实例

1. 樱桃谷种鸭疫病防控实例

（1）选择合适的场地建设种鸭场　随着养鸭业的不断发展，种鸭养殖规模和数量也在急剧增加。因此，为保证鸭健康生长，对养殖技术水平、饲养管理条件、鸭场疫病防控等也提出了更高的要求。种鸭场应选址在水质良好、空气良好、排水方便、交通便利、远离工厂及其他畜禽场等的地方建设。

水禽养殖减抗
技术指南　Shuiqin Yangzhi Jiankang
Jishu Zhinan

（2）选择合适的种鸭饲养模式　种鸭饲养采用全舍内半密闭饲养的模式（图6.136），在这种养殖模式下种鸭的产蛋率、种蛋合格率较为优异。全舍内半密闭饲养的鸭舍配套安装风机、湿帘，鸭舍周围全部为通风窗口，同时配备可升降密封膜，平时通过密封膜的升降控制鸭舍内温湿度。在高温天气时，启用风机湿帘为舍内降温，维持舍内温度恒定，这种养殖模式下饲养的种鸭产蛋率降幅较小。全舍内饲养的种鸭养殖模式，不仅可在一定程度上调控舍内环境，而且可避免鸟类等其他动物进入舍内，减少因天气变化应激及野鸟传播引起的疫病，对鸭场疫病的防控起到了重要作用。

图6.136　全舍内樱桃谷种鸭养殖场

（3）加强种鸭场的管理

①种鸭场内按照生产区、生活区和隔离区合理布局。

②根据日常饲养生产的需要，制定外来车辆消毒、饲料及饮水安全使用、养殖场内的隔离消毒、病死禽的无害化处理等制度，确保种鸭场的环境卫生，减少疫病的发生。

③种鸭场实行全进全出管理。进场鸭苗需具备检疫合格证明。鸭苗进场前需经过严格检验，随机抽取部分鸭苗采集血样，监测鸭苗的母源抗体水平。并且检查鸭苗精神状态、均匀度、体重等健康指标，评估鸭苗质量。

④合理优化免疫程序（表6.1），减少免疫次数，既可降低人工成本又可减少鸭群应激。种鸭建立免疫档案，按照优化的免疫程序对鸭群进行免疫。免疫后采集鸭群血样，送至化验室检测抗体，

以监测疫苗免疫后的抗体水平。日常预防用药，由兽医技术人员明确使用的药物类型、使用剂量及方法。鸭群发病后，由兽医技术人员进行临床剖检确定病因，并及时开展治疗措施。同时将病鸭送至检测化验室，由化验室开展病原检测，进一步确定发病原因，并可根据化验室的药物敏感试验等检测结果，合理选用敏感药物，调整治疗方案。化验室应建立样品检测档案，作为鸭场流行病学调查、免疫程序调整的依据。

表6.1   樱桃谷种鸭主要疫病免疫参考程序

日龄	疫苗名称	剂型	倍数	剂量（毫升）	注射部位
1～3 日龄	鸭病毒性肝炎（1+3 型）＋细小病毒	活苗	1	0.5	颈背部皮下
7～10 日龄	禽流感三价灭活疫苗	油苗		0.5	颈背部皮下
28 日龄	鸭黄病毒＋鸭瘟活疫苗	活苗	1/2	1	颈背部皮下
35 日龄	禽流感三价灭活疫苗	油苗		0.8～1.0	颈背部皮下
12 周龄	禽流感三价灭活疫苗	油苗		1	颈背部皮下
20 周龄	鸭黄病毒＋鸭瘟活疫苗	活苗	1/3	1	颈背部皮下
21 周龄	鸭病毒性肝炎活疫苗	活苗	2	0.5	胸部肌肉
22 周龄	禽流感三价灭活疫苗	油苗		1	颈背部皮下
45 周龄	禽流感三价灭活疫苗	油苗		1	颈背部皮下

2. 樱桃谷肉鸭疫病防控实例

（1）选择先进的养殖模式   建设符合标准要求的棚舍是肉鸭养殖成功的关键因素，是取得良好效益的保证，目前樱桃谷肉鸭先进的养殖模式主要有标准化平养和多层立体笼养（图6.137）。标准化平养棚是在全网式普通棚的基础上，鸭棚两侧加上墙，同时配备通风小窗、风机、湿帘、刮粪机等相关的机械化设备，使鸭棚内的环境控制完全依靠设备进行。标准化平养棚解决了当前普通平养棚环境不易控制的缺点，确保了棚内小环境的稳定；解决了目前环保方面的雨污分流；在一定程度上解放了劳动力。多层立体笼养棚棚舍全密闭，自动化、机械化程度更高，设备设施配备齐全，配备风机、湿帘、自动清粪机等，棚舍内环境条件完全依靠人工调节，受外部影响小，饲养密度高，是目前省时省力、高效的一种养殖模式。

图 6.137　樱桃谷肉鸭养殖模式

（2）健全鸭病防疫体系　肉鸭养殖必须坚持"预防为主、防重于治、严格消毒、及时治疗"的原则，建立健全鸭病防疫体系，营造良好的内外环境条件，确保鸭群健康生长发育。

①商品鸭场应设在上风向，与种鸭场、孵化场、屠宰场或其他养禽场保持间距2 000米以上。场门前设车辆消毒池，消毒池内消毒液每周更换一次，如遇特殊情况要及时更换。

②设有人员出入消毒室或消毒走道、更衣室。尽量谢绝一切参观人员入内，在特殊情况下确有外部人员需进场，应严格按照程序消毒、换鞋、更衣后方可入内。

③育雏舍门口设有消毒盆，消毒盆内消毒液每天更换一次，非本舍工作人员不得入内。育雏舍每次用过后，整个鸭舍、网面等要进行彻底消毒，选用0.2%过氧乙酸喷雾消毒，或二氯氰脲酸钠粉、葡萄糖按1∶5比例充分混匀后点燃熏蒸消毒，每立方用二氯氰脲酸钠粉1克。

④新生雏鸭入舍前对育雏舍和用具进行彻底消毒，提前达到育

雏要求的温度。雏鸭入舍后先饮水后喂料，并饮用抗应激的电解多维、微生态制剂等，以增强雏鸭的抗病能力。

⑤病死鸭不得乱堆乱放，应集中深埋或焚烧处理。粪便、羽毛等及时做无害化处理。

⑥进鸭 2 天后要带鸭消毒，以后每周消毒 2～3 次，如遇疫情每天消毒 2 次，上午 10：00 一次，下午 6：00 一次。

⑦鸭粪中病原微生物最多而且消毒药物很难把粪便内的病原微生物杀灭，清理时一定要清除干净。每周对全场进行一次彻底清扫、消毒；每批鸭全部出售后，及时清理鸭场、鸭舍，清洗用具设备，进行一次全面彻底的消毒。

⑧鸭场要定期灭蝇、灭鼠，不饲养与生产无关的其他动物及禽类，严禁购入其他禽类，以防带入其他细菌、病毒。

⑨制订合理的免疫程序，如肉鸭 1～3 日龄接种鸭细小病毒和鸭肝炎病毒疫苗，6～7 日龄接种禽流感疫苗和鸭传染性浆膜炎疫苗。

（3）辨别、选择健康雏鸭　健康的雏鸭是肉鸭获得良好生产性能的起点。特别是前 5 日龄的育雏质量优劣，不仅影响到鸭群育成前期成活率和生长后期的存活率，而且影响生产性能的发挥。因此，在雏鸭的生长过程中，不断挑出和淘汰弱雏，是养殖管理的重要环节。健壮雏鸭的分辨一般是按照外在质量标准来进行。选择方法是先"了解"，然后通过"看""听""摸"可确定雏鸭的健康状况，不断淘汰无饲养价值的弱雏。

①"了解"是了解雏鸭的孵化、运输、雏鸭管理情况。

②"看"是看雏鸭的行为表现，健康的雏鸭精神活泼，反应灵敏，绒毛长短适中、有光泽，雏鸭站立稳健；鸭苗无糊肛现象。

③"听"是听声音，健雏会发出清脆悦耳的叫声。

④"摸"是用手触摸雏鸭，健雏挣扎有力，腹部柔软有弹性，脐部平整光滑无钉手感觉。

（二）蛋鸭疫病防控实例

1. 鸭舍的准备

（1）鸭舍的消毒 雏鸭入舍前，鸭舍必须彻底清洗和消毒。消毒可选用有机酸消毒液，如过氧乙酸等，也可选用 3％～5％的苛性碱溶液、2％～5％的次氯酸钠溶液或 3％～5％的复合酚溶液，有条件的最好对育雏室做一次气雾或烟雾熏蒸消毒。将育雏室或鸭舍根据实际情况分隔成不同的区间，以便鸭分群饲养，提高均匀度和减少伤残。

（2）饲养用具的准备 育雏用具有圆形料盘、钟式自动饮水器、圆形塑料桶等，需要提前清洗、消毒、晾干备用。

（3）育雏室的预温 育雏一般采用给温育雏法。在雏鸭到达前，就要提高育雏室的室温。不同的给温方式，目标温度不同但室温一定不能低于 25℃。

2. 接雏

（1）初生雏鸭的选淘 应选择同一时间出壳、大小均匀、脐带收缩好，眼大有神，比较活跃，绒毛有光泽，抓在手上挣扎有劲的雏鸭。凡是腹大突脐、行动迟钝、瞎眼、跛脚、畸形、体重过轻的雏鸭，一般成活率较低，长得也不快，应予以淘汰。

（2）雏鸭的"潮水"和"开食" 初生雏鸭全身绒毛干后，即可饮水、喂食。喂食前先进行"潮水"，也叫"点水"。就是先将料盘盛放少量清水，将雏鸭放在料盘内，以浸水至脚背为准，任其自由饮水。时间 5～6 分钟，不宜过长，但一定要使雏鸭只饮到水。"潮水"过后，把盛水的料盘端走，提高育雏室温度到 32℃以上，让雏鸭自动理毛，等到毛干后马上开始第一次喂食。

第一次喂食又叫"开食"。开食时将全价"花料"撒在缘高2.0～2.5 厘米的料盘中让鸭啄食，做到随吃随撒。前 3 天不能喂得太饱，以免引起消化不良。因此，要掌握勤添少喂的原则，每次喂八成饱，每天喂 6～8 次。3 天后，改用小鸭颗粒料，逐步增加喂料量，减少日喂次数。

3. 饲养管理

（1）育雏保温的要求　一般要求雏鸭周围温度第一周 32～30℃，以后每周分别下降 1～2℃。至第 5 周起室温保持在 18～20℃。在育雏期间，在满足保温温度的情况下，也要及时进行育雏室的通风换气。

（2）育雏食槽和饮水器（槽）要求　对食槽和饮水器的要求是方便雏鸭采食和饮水，如果能兼顾清洁卫生且不浪费饲料和水更好。刚出壳的雏鸭喂料时，前 2 天可用直径大小为 60 厘米、缘高 2.0～2.5 厘米的圆盘，第 3 天起可改用圆盘上放置圆形塑料桶饲喂，缘深 2～4 厘米，每约 200 羽雏鸭需用 1 套。刚出壳的雏鸭最好用钟式自动饮水器；2～3 周后可转用乳头式饮水器或长条型饮水槽，每 500 羽雏鸭需 4 米长的水槽，水的深度应保持在能浸到鸭的鼻孔为宜。用乳头式饮水器的，需要多配一个水盆供鸭洗玩。

（3）剪趾和断喙　蛋鸭由于生性胆小、容易惊吓扎堆，在舍内网床有限的空间中易发生踩踏现象。因此，在雏鸭第 5 天，就应完成剪趾工作，避免后期利爪抓伤鸭背皮肤，影响淘汰鸭卖相。

蛋鸭虽经过家养驯化，但野性仍存，有刨食和啄食的习性。饲养在网床上，鸭接触不到泥土、砂石、青草等，在有限的空间里，往往会互啄或出现啄癖。因此，在雏鸭 15 天前后，要安排断喙一次。在 85 天前后完成第二次剪趾和断喙工作。这一次是将第一次没有做到位的脚趾和喙进行重新修剪。

在剪趾和断喙的前、中、后这三天要在饮水中添加维生素 K_3 粉，以加快止血。

（4）饲喂方式　雏鸭 1 周龄后，除了剪趾、断喙和免疫接种疫苗等需要提前停料的时间，其他时间以自由采食为主。饲料采用新鲜的全价配合小颗粒饲料。每天要清扫料桶底部饲料，不能让鸭子吃到霉变饲料。饮水器每次换水都要刷洗。

育雏后期饲料逐渐过渡到大颗粒料，饲槽也由圆形塑料桶换成大的长型料槽。7 周后日喂 2 次，每次喂饱；8 周后日喂 1 次，1 次喂饱；60 天后，日喂 1 次，喂 7～8 分饱。60 天后限饲，有条件的要在鸭舍内隔出喂料区，用于撒料饲喂。这个区域将来就做成产蛋区。

喂料区的饲养密度以每平方米 3.5～4 只为宜。产蛋期再换回用长型料槽喂料，日喂 2 次，料量不限。

（5）免疫防疫　蛋鸭主要疫病免疫程序详见表 6.2，仅供蛋鸭养殖者参考。

表 6.2　蛋鸭免疫参考程序

日龄	疫苗名称	剂型	倍数	剂量（毫升）	注射部位
1～3	鸭病毒性肝炎疫苗	活苗	1	0.2	颈背部皮下
7	禽流感灭活疫苗	油苗		0.3	颈背部皮下
20	鸭瘟疫苗	活苗	2	0.3	颈背部皮下
25	鸭坦布苏病毒活疫苗	活苗	1.6	0.3	颈背部皮下
35	禽流感灭活疫苗	油苗		0.8	颈背部皮下
60	鸭瘟疫苗	活苗	2	0.5	胸部肌肉
80	鸭坦布苏病毒活疫苗	活苗	2	0.5	胸部肌肉
90	鸭瘟疫苗	活苗	2	0.5	胸部肌肉
100	禽流感灭活疫苗	油苗		1.0	颈背部皮下

（6）减少应激　在蛋鸭接种疫苗、注射用药、炎热季节、寒冷季节等，应用保健药物以减少蛋鸭应激。

接种疫苗时，补喂维生素 C 和芪黄素；

夏季抗热应激，补喂维生素 C 或藿香正气口服液；

冬季抗冷应激，补喂以复合维生素和中兽药为重要成分的兽用饲料添加剂，如蛋多宝、胺基维他、活力健；

产蛋期中后期，每月2次，补喂鱼肝油等。

（7）搞好卫生、定期消毒　食槽、水槽要经常洗刷消毒，切忌饲喂霉变饲料，饮水要清洁。鸭舍要加强通风换气，保持空气清新，防止氨气对鸭的刺激。蛋窝垫料要勤添，确保干净、干燥。每周可用百毒杀或聚维酮碘等消毒鸭舍和食槽、水槽。

（8）补充光照　鸭进入16周龄后必须采取人工补充光照。一般要求每天的连续光照时间应达到16小时。可在鸭舍内每隔6米安装2个20瓦灯泡，灯泡悬挂离鸭背2米高。每天早晚2次开灯，即凌晨4时开灯、上午8时关灯，下午5时开灯、晚上8时关灯。开关灯的时间要严格固定，同时还要在每间鸭舍内每隔12米安装1只3~5瓦弱光灯泡照明，以免关灯后引发惊群。如遇浓雾、连日阴雨等阴暗少光天气，晚上要适当提前开灯，早上则可延期关灯，必要时可全日照明。

（三）番鸭疾病防控实例

由于番鸭的自身特点及各种新疫病的不断出现，使番鸭养殖的技术要求越来越高，也要求更全面的疾病防控措施。

1. 分区防疫设施配套　鸭场防疫规划与生物安全紧密结合。种鸭场周围建造围墙，与外界保持相对隔离，对所有生产场所、入场人员和物流环节采取必要的消毒防疫措施，消除各种疾病传染源，切断各种直接或间接疫病传播途径。实施三级防疫管理制度，生活区为一级防疫区，生产区为二级防疫区，鸭舍为三级防疫区。生活区、生产区和鸭舍配置相应消毒设施（表6.3），场内道路要区分净道和污道。肉鸭场实施二级防疫管理制度，生活区为一级防疫区，鸭舍为二级防疫区。此外，鸭场还应设立符合环保规定的污物处理区，用以处理饲养生产中产生的排泄物、污水、死亡鸭等。

表 6.3　种鸭场主要防疫配套设施

区域	功能间	配套设备	相关要求
生活区	内、外更衣室	储物柜、防疫服、水鞋	生活服与防疫服分开存放
	喷雾消毒通道	喷雾消毒设备、消毒脚垫	超声波或离心式喷雾设备，使用安全、刺激性小的药物，人员消毒60秒
	冲凉房	热水器、拖鞋、洗浴用品、吹风筒	至少4个冲凉位
	车辆消毒通道	消毒池、自动喷淋设备	车辆消毒60秒左右，消毒池每周更换2次消毒水
生产区	内、外更衣室	储物柜、工作服、水鞋	生活服与工作服分开存放
	喷雾消毒通道	喷雾消毒设备、消毒脚垫	超声波或离心式喷雾设备，使用安全、刺激性小的药物，人员消毒60秒左右
	车辆消毒通道	消毒池、自动喷淋设备	车辆消毒60秒左右，消毒池每周更换2次消毒水
	饲料中转房或熏蒸消毒间		饲料进入生产区前要进行中转或熏蒸消毒
鸭舍	鸭舍门口	洗手盘、脚踏消毒池	
	舍内	工作鞋、喷枪、自动喷雾消毒设备	每天地面消毒及带鸭消毒2次以上
污物处理区	鸭粪处理	鸭粪堆放棚或发酵设备	舍内清粪周期不超过4天
	死鸭处理	降解机	达到死鸭无害化处理要求
	污水处理	污水处理设备	污水处理后达到排放标准

2. 强化日常饲养管理　目前番鸭饲养有地面平养、网床饲养和笼养三种模式（图6.138至图6.140），每种模式各有优点。不同模式下制订合理的饲养管理方案，才能保障鸭群良好的健康状况。一是做好进苗前准备工作。对育雏室及大鸭舍地面、墙壁、垫料及

图 6.138　地面平养模式　　　　图 6.139　网床饲养模式

图 6.140　笼养模式

其他杂物用水冲洗干净，不留任何死角。用 2% 的氢氧化钠溶液或者石灰水喷洒鸭舍内墙壁、地面、房顶、用具等，再用其他消毒药喷雾消毒 2～3 次。进苗前 3 天，将育雏所用的各种工具放入鸭舍内，密封所有门、窗及排污沟，用甲醛熏蒸消毒。二是注意育雏饲养细节管理。冬季鸭苗到场前提前 2 小时预温，并对所有饮水器加上水预温等待鸭苗进场，鸭苗到场时育雏舍温度必须达到 32℃。雏鸭体温调节能力差，育雏室内温度要稳定，不要忽高忽低，舍内温度应随鸭日龄变化而变化。培育雏鸭要掌握"先饮水，后开食；不饮水，不开食；早饮水，早开食"的原则。使用强光照，促进采食、增强抗应激能力。三是加强中大鸭饲养管理。肉鸭 3 周龄至上市为中大鸭阶段，此阶段鸭体各组织和器官生长发育迅速，胃肠容积增大，采食量加大，消化能力增强，代谢旺盛。此阶段，应从育雏管理逐步过渡为中大鸭管理，降低饲养密度，加强通风，改喂营

水禽养殖减抗　Shuiqin Yangzhi Jiankang
技术指南　　Jishu Zhinan

养水平较低、粒径较大的中大鸭料。根据天气情况，灵活调整保温与通风，避免冷风直吹到鸭身上，迎风侧窗户开小点，背风侧可开大点，在保证生理需求温度的前提下，灵活动态协调好保温与通风，做到"保温不闷，通风有温"，维持鸭舍空气清新。由于采食量增多，鸭的排泄物也增多，应加强舍内和运动场的清洁卫生管理，定期打扫，注意加强通风，保持舍内清洁干燥。随着日龄增加，要勤扩栏，降低密度，满足中大鸭生长需求，到上市前逐渐降低到合理密度。

3. 科学制订免疫程序　疫苗免疫在番鸭疫病防治中占重要地位，有效的免疫接种对控制传染病非常重要。疫苗免疫接种效果受多种因素影响。因此，掌握良好的免疫接种技术，消除各种人为因素影响，是提高免疫效果的重要措施。疫苗运输要用专用疫苗箱，一般冻干疫苗需冰冻保存，但需注意部分进口冻干苗或国产冻干苗要求在 2～8℃保存，油苗需 2～8℃保存。疫苗免疫前，注射用具必须清洗干净，煮沸消毒时间不少于 15 分钟，待针管冷却后方可使用。疫苗免疫时，尽量选择阴凉天气进行疫苗免疫，弱毒疫苗稀释后必须在规定时间内用完。出现疾病鸭群不能注射疫苗，病愈后补注。

科学地制订免疫程序：根据当地主要流行疫病，确定需要免疫的疫苗种类，才能更好地发挥疫苗的免疫效果，从而有效控制传染病的发生与流行。疫苗接种的基本原则为确保疫苗质量合格、选择合适的疫苗、掌握疫苗接种禁忌期、疫苗接种人员具备一定专业素质。肉番鸭、种番鸭主要疫病免疫参考程序见表 6.4、表 6.5。

表 6.4　肉番鸭主要疫病免疫参考程序

免疫日龄	疫苗名称	接种剂量	免疫方式
1	番鸭呼肠孤病毒弱毒疫苗	1 羽份	颈部皮下注射
	番鸭细小病毒＋小鹅瘟二联弱毒疫苗	1 羽份	
	鸭病毒性肝炎弱毒疫苗	1 羽份	

免疫日龄	疫苗名称	接种剂量	免疫方式
7	H5＋H7禽流感灭活疫苗	0.5毫升	颈部皮下注射
	鸭传染性浆膜炎疫苗	0.5毫升	腿部皮下注射
15	H5＋H7禽流感灭活疫苗	0.5毫升	颈部皮下注射
	鸭瘟弱毒疫苗	1羽份	肌内注射
30	H5＋H7禽流感灭活疫苗	0.5毫升	颈部皮下注射

表6.5　种番鸭主要疫病免疫参考程序

免疫日龄	疫苗名称	接种剂量	免疫方式
1	番鸭呼肠孤病毒弱毒疫苗	2羽份	颈部皮下注射
	番鸭细小病毒＋小鹅瘟二联弱毒疫苗	1羽份	
7	H5＋H7禽流感灭活疫苗	0.5毫升/羽	颈部皮下注射
21	H5＋H7禽流感灭活疫苗	0.5毫升/羽	颈部皮下注射
	鸭瘟弱毒疫苗	2羽份	左翼皮下注射
50	鸭黄病毒弱毒疫苗	1羽份	左胸肌内注射
	H5＋H7禽流感灭活疫苗	0.5毫升/羽	右胸肌内注射
90	H5＋H7禽流感灭活疫苗	0.5毫升/羽	左胸肌内注射
	H9禽流感灭活疫苗	0.5毫升/羽	右胸肌内注射
110	鸭瘟弱毒疫苗	2羽份	左胸肌内注射
	番鸭呼肠孤病毒弱毒疫苗	2羽份	左胸肌内注射
145	H5＋H7禽流感灭活疫苗	0.5毫升/羽	左胸肌内注射
	H9禽流感灭活疫苗	0.5毫升/羽	右胸肌内注射
165	鸭腺病毒灭活疫苗	0.5毫升/羽	左胸肌内注射
180	番鸭呼肠孤病毒弱毒疫苗	2羽份	左胸肌内注射
	鸭黄病毒弱毒疫苗	1羽份	右胸肌内注射

　　4. 做好养殖粪污处理　水禽场污染物主要为粪便和废水，污染物极易腐败且常带病原微生物。如果不进行处理，易导致土壤、

水禽养殖减抗
技术指南
Shuiqin Yangzhi Jiankang
Jishu Zhinan

空气和水源的污染。污染物处理的原则为减量化、无害化、资源化、生态化，可采取种养结合、生产有机肥或生产沼气等资源化利用模式。

二、鹅病防控实例

（一）统一规划，合理布局

1. 养鹅场选址要符合《动物防疫条件审查办法》，远离居民区、学校、公共场所、其他养殖场和屠宰场。

2. 选择的场址应地势高、向阳、背风，地面平坦或有适当坡度，有利于保持地面干燥和污水排放。

3. 选址的位置经过生物安全小组评估合格后，方可建场。

4. 养鹅场生活区、行政区、生产管理区、病禽隔离区和粪污处理区要布局合理，每个区域有明确的划分和间隔。

5. 生产管理区应与行政区、生活区分开，生产管理区的主干道与排污粪道分开，不重叠，不交叉，人员、物资运送单一流向，以保证生产管理区的环境卫生。

（二）建立完善的卫生清洁制度

1. 鹅场实行"自繁自养、全进全出"的饲养制度。按照鹅的用途不同，制定饲养标准，确保饲料、饮水卫生。

2. 鹅场专人饲养，非饲养人员不得进入鹅舍，谢绝一切参观活动。饲养人员进入鹅舍内，必须洗澡、更衣、换鞋并消毒后方可进场。

3. 鹅舍饲养员禁止串场、串岗，以防交叉感染。

4. 每天清扫鹅舍与运动场，及时清理鹅粪、更换垫料、勤洗料槽和水槽，除去舍内外各种污染物，保持饲养环境的清洁卫生。

5. 场内公共区域不允许随意堆放垃圾、杂物、鹅粪、垫料等。

6. 鹅舍内及运动场、主干道要求无鹅粪、鹅毛、垫料、杂草，棚顶无蜘蛛网，运动场树木无损坏。

7. 鹅舍所产生的垃圾、鹅粪、杂物等不允许在小区外（以小区为中心5千米范围内）附近道路、沟渠等随意堆放及丢弃，以免污染外界环境。所有废弃物必须运到指定地进行无害化处理。

8. 彻底清扫和清洗所有养殖器具，清洗干净后进行消毒，整齐有序存放好。

（三）制定严格的消毒制度

1. 各功能区出入口设置消毒池、人员体表消毒通道和洗手消毒设施，消毒通道内安装超声雾化喷雾器或者紫外线灯，地面铺设消毒垫。

2. 生产区出入口设置人员洗澡间、物资消毒间和洗衣房。各栋舍门口配备消毒盆(消毒脚垫)、洗手消毒和人员消毒等设施设备。

3. 在场区内配备高压水枪、消毒车等用于环境洗消的设施设备。对出入场的车辆、物品和各种器具彻底洗消。

4. 全场消毒1次/周，带鹅消毒2～3次/周，每周更换消毒药品品种。

5. 根据季节选择合适的消毒时间，一般选取全天温度最高时进行消毒，以下是参考时间：春季 11：00—12：00，夏季 8：00—9：00，秋季 11：00—12：00，冬季 11：00—12：00。

6. 消毒范围包括鹅舍、运动场及所有净道、污道。

7. 雾霾天、场区周围有疫情时要做到消毒频率1次/天。

8. 每周对水塔和水线消毒一次，减少水质的污染。

（四）制订科学的免疫程序

为了防控禽流感、新城疫及小鹅瘟等疫病的发生，应科学制订

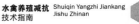
水禽养殖减抗 Shuiqin Yangzhi Jiankang
技术指南 Jishu Zhinan

免疫程序，见表 6.6 和表 6.7。

表 6.6　种鹅免疫程序

日龄	疫苗	接种方法	剂量（毫升）
1	小鹅瘟弱毒疫苗	肌内注射	0.5
7	小鹅瘟弱毒疫苗	肌内注射	0.5
14	新城疫-禽流感（H9N2）灭活疫苗	胸肌注射	0.5
21	禽流感（H5＋H7）灭活疫苗	胸肌注射	0.5
60～70	新城疫-禽流感（H9N2）灭活疫苗	胸肌注射	0.7
	禽流感（H5＋H7）灭活疫苗	胸肌注射	0.7
160	种鹅用小鹅瘟疫苗	肌内注射	1.0
180	新城疫-禽流感（H9N2）灭活疫苗	胸肌注射	0.8
	禽流感（H5＋H7）灭活疫苗	胸肌注射	1.0
190	种鹅用小鹅瘟疫苗、星状病毒疫苗	肌内注射	1.0
270～280	新城疫-禽流感（H9N2）灭活疫苗	胸肌注射	1.0
	禽流感（H5＋H7）灭活疫苗	胸肌注射	1.0
320	种鹅用小鹅瘟疫苗	肌内注射	1.0

表 6.7　肉鹅免疫程序

日龄	疫苗	接种方法	剂量（毫升）
1	小鹅瘟弱毒疫苗	肌内注射	0.5
7	小鹅瘟弱毒疫苗	肌内注射	0.5
14	新城疫-禽流感（H9N2）灭活疫苗	肌内注射	0.5
	禽流感（H5＋H7）灭活疫苗	肌内注射	0.5

疫苗接种注意事项：

（1）疫苗采购流程为：供应商调查→现场考察→采样检验→试验验证。合格后方可采购疫苗，并做好入库登记。弱毒疫苗与灭活疫苗按储存温度要求分类保管和储存。

（2）根据免疫程序，做好疫苗的领用、出库登记。

（3）疫苗使用前，检查疫苗瓶有无破损、松动、封闭不严、分层、浑浊、过期、变质、失效等情况。

（4）灭活疫苗使用前要预温，摇匀。

（5）接种疫苗前进行人员培训，培训内容包括抓鹅的要求、注射部位、剂量等。

（6）接种疫苗后，要做好抗体监测，抗体水平达不到要求时，需进行再次免疫接种。

（五）合理使用药物

（1）严格按照国家规定的兽药使用范围采购、使用药物。控制剂量和休药期，不用原料药，少用抗生素，避免药物残留和耐药性。

（2）药物采购流程：供应商调查→现场考察→采样检验→试验验证。合格后方可采购药物，并做好入库登记。

（3）鹅群发病后，先诊断，后用药，通过药敏试验，选择敏感药物。

（4）根据兽医师处方要求，领用兽药，做好出库登记。

（5）推广使用有机酸、益生素、酶制剂和植物性添加剂。

（六）替抗产品的应用

在肉鹅育成期、育肥期，在其日粮中添加发酵玉米，可起到调理肠道菌群平衡的作用，促进饲料中营养的吸收，提高饲料转化率，从而增加养殖户的养殖效益。在肉鹅育雏期，在其日粮中添加发酵中药，可提高鹅群的免疫力，有力抵御病原微生物的侵袭。

第七章
水禽减抗养殖用药规范

第一节　水禽养殖合理用药技术

一、科学用药基本知识

随着农业结构的调整，越来越多的农民朋友认识到养殖业是发家致富的重要手段，随着饲养规模的扩大，饲养密度的增加，动物疫病的发生概率成倍增加；一般来说饲养密度增加 1 倍，传染病的发生概率增加 10 倍，传染病的防治工作是当前养殖成败的关键因素。

所谓科学用药是以当代药物和疾病的系统知识为基础，有效、安全、经济、适当地使用药物。适当性是指适当的药物、适当的剂量、适当的时间、适当的途径、适当的患者、适当的疗程、适当的治疗目标。

养殖场必须熟悉掌握中华人民共和国国务院令第 404 号《兽药管理条例》、农业农村部公告第 250 号《食品动物中禁止使用的药品及其他化合物清单》、农业部公告第 176 号《禁止在饲料和动物饮水中使用的药物品种目录》、《食品安全国家标准　食品中兽药最大残留限量》（GB 31650—2019）等一系列国家相关法规和标准，不违规使用药物，并做好用药记录。

二、药效的主要影响作用

1. 治疗作用　指凡符合用药目的或达到防治效果的作用。治疗目的分为对因和对症治疗。

（1）对因治疗（治本）　用药目的在于消除原发致病因子，彻底治愈疾病。如抗生素消除体内致病菌。

（2）对症治疗（治标）　用药目的在于改善症状。对症治疗未能根除病因，但在诊断未明或病因未明、无法根治的疾病时却是必不可少的。

2. 不良反应　凡与用药目的无关带来不适的作用统称为药物不良反应。特点：药物固有的效应，可预知的，难避免。药源性疾病：少数较严重的不良反应是较难恢复的。

（1）副反应　在常用剂量下与治疗目的无关的效应（副作用）。发生于常用剂量下，不严重，难避免的。

（2）毒性反应　量大或蓄积或机体敏感性高发生有害的反应，一般比较严重，可以预知和可避免的。分为：

①急性毒性　剂量过大，多损害循环、呼吸及神经系统功能。

②慢性毒性　蓄积过多，多损害肝、肾、骨髓、内分泌等功能。

三、常用给药方式

1. 肉鸭　肉鸭主要采用大棚养殖方式，个体给药法主要有内服、注射、点眼、滴鼻等，以内服、注射给药最为常用。

（1）内服给药（投药法给药）　将片剂、丸剂、胶囊剂、粉剂

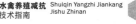

或溶液直接放入（滴入）病鸭口腔引起吞咽的给药方法。亦可将连接注射器的胶管插入食管后注入药液。此法适用的药物既作用于胃肠，亦可经胃肠作用于全身，其优点是安全、经济，剂量容易掌握，既适合全身感染治疗，也适合肠道驱虫或肠道细菌性炎症的治疗。缺点是药物吸收较慢，且不规则，吸收时易受酸碱度和消化液的影响。

（2）注射给药　皮下注射法：适用于油乳剂疫苗的注射或雏鸭期的疫苗接种注射，凡易溶解、无强刺激性的药物及疫苗、菌苗等均可皮下注射，可在颈背部皮下、胸部皮下或腿部皮下注射。肌内注射法：该法操作简便，剂量准确，药物吸收较快，而且肌肉内感觉神经较少，疼痛轻微，故刺激性较强及较难吸收的药液可肌内注射，注射部位可选在胸肌或翼根内侧及大腿外侧肌肉进行。静脉注射：将药液直接注入血管，药物随血流快速分布到全身，特点是药物见效快、排泄快、作用时间短，适用于急性严重病例的急救，或某些刺激性强必须静脉注射的药物，但由于鸭静脉游离性强，易溢血致使操作困难，实际生产中较少使用。鸭静脉注射的部位为肱静脉。腹腔注射：将药液注入腹腔，适用于腹膜炎或腹腔脏器病的治疗，由于腹膜吸收能力强，吸收速度快，产生药效迅速，可用于剂量较大、不易静脉注射的药物。气管注射：将药液直接注入气管，用于治疗鸭的气管疾患，注射部位是在颈部腹侧偏右、气管的软骨环之间，注意注射量不宜过大，以防引起窒息。

2. 蛋鸭

（1）拌料给药　是集约化养禽业中最常见的一种给药途径，适用于几天至几周的长期性投药，具有简便易行、节省人力、减少应激、效果可靠等特点。拌药时，先将药物与少量饲料混匀，再逐步扩大混匀，防止拌料不匀造成有些水禽吃不到药物，而有些水禽服药量过大引起中毒。

（2）饮水给药　这也是比较常用的投药方法，适用于短期投药、紧急治疗投药，尤其在鸭群发病，食欲降低而仍能饮水的情况下更为适用，具体施药方法很多，可根据实际情况选用：①一次性给药法：将一天用量的药物溶于少量水中，让水禽短时间内一次饮完，在给药前应先停水1～2小时，以便让所有水禽都能饮入药物。②三八给药法：将全部饮水量平均分成三份，各在3个八小时内供水禽饮用，第1个八小时饮水中加入抗菌药物，第2个八小时加入多维等添加剂，第3个八小时饮用清水。③早晚给药法：在早上及晚间加入所投药物，此法对于吸收快、半衰期短的药物比较适合，可使水禽体内血药浓度保持相对稳定的状态，更好地发挥药效。④自由饮用法：把药物溶于水中稀释到有效浓度，让水禽自由饮用，雏禽开饮应采用此法。

（3）气雾给药　是指使用可将药物气雾化的器械喷雾，让鸭通过呼吸道吸入体内或作用于羽毛及皮肤黏膜的一种给药方法。

（4）经口直接投药　此法一般用于个别治疗，适合较小的鸭群或个体感染，剂量较准确，疗效有保证。但由于药物投服后易受消化道酶和酸碱度的影响，所以给药剂量大于注射给药。

（5）体内注射法　包括皮下注射、肌内注射、静脉注射、腹腔注射，常用皮下注射或肌内注射，适用于逐只治疗，尤其是紧急治疗。对于难被肠道吸收的药物，可选用注射法给药。

（6）体表用药　主要指对鸭舍、鸭场环境、设备、种蛋等的消毒，以及杀灭鸭体表寄生虫、微生物而进行的鸭体表用药，包括喷淋、喷雾、熏蒸和药浴等。

3. 鹅　除对鹅群进行科学的饲养管理，做好消毒隔离、免疫接种等工作外，合理使用药物防治鹅病，也是搞好疾病综合性防治和减少用药的重要环节。鹅场应本着高效、方便、经济的原则，根据不同疾病和鹅群对药物的防治要求，选择药物，确定用药剂量、给药间隔与疗程，通过各种给药途径有针对性地使用药物，以有效地防止各种疾病的发生和蔓延的同时，减少药物用量。根据鹅的特性，给药方式主要有以下几种。

（1）内服　规模养鹅用药方式一般以添加于饲料或饮水中内服为主。内服药物大多数是在胃肠道吸收的，因此，胃肠道的生理环境，尤其是 pH 的高低，饱腹状态，胃排空速率等往往影响药物生物利用度。

内服分空腹给药（喂料前 1 小时）、喂料后给药（喂料 2 小时内）、喂料时给药、定时给药等，需要根据药物性质、防治要求等情况确定内服给药方式。此外，中兽药根据其要求，除这些给药方式外，还有其他独特的给药方式。

（2）注射　对急性传染病、部分中毒性疾病，为了让药物快速发生作用，或保证一些易在消化道降解失效的药物的药效，可用注射方法给药。鹅注射给药一般采用肌内注射或皮下注射，一些特殊药物还可以静脉注射。

（3）外用　防治体外寄生虫一般选用药浴方式，创伤等采用药物外敷方法。

（4）气雾　气雾给药方式是经鹅呼吸道用药，如有些疫苗的气雾免疫，中药的熏蒸吸收等。气雾给药需要微滴化，可提高给药效果。

第二节　水禽养殖中的常用药物

一、允许使用药物清单

1. 已批准动物性食品中最大残留限量规定的兽药

（1）阿苯达唑（Albendazole）

（2）杆菌肽（Bacitracin）

（3）环丙氨嗪（Cyromazine）

（4）红霉素（Erythromycin）

（5）倍硫磷（Fenthion）

（6）氟苯达唑（Flubendazole）

（7）氟胺氰菊酯（Fluvalinate）

（8）吉他霉素（Kitasamycin）

（9）林可霉素（Lincomycin）

（10）马拉硫磷（Malathion）

（11）新霉素（Neomycin）

（12）土霉素/金霉素/四环素（Oxytetracycline/Chlortetracycline/Tetracycline）

（13）泰万菌素（Tylvalosin）

（14）维吉尼亚霉素（Virginiamycin）

2. 允许用于食品动物，但不需要制订残留限量的兽药

（1）氢氧化铝（Aluminium hydroxide）

（2）阿托品（Atropine）

（3）苯扎溴铵（Benzalkonium bromide）

（4）甜菜碱（Betaine）

（5）碱式碳酸铋（Bismuth subcarbonate）

（6）碱式硝酸铋（Bismuth subnitrate）

（7）硼砂（Borax）

（8）硼酸及其盐（Boric acid and borates）

（9）咖啡因（Caffeine）

（10）硼葡萄糖酸钙（Calcium borogluconate）

（11）碳酸钙（Calcium carbonate）

（12）氯化钙（Calcium chloride）

（13）葡萄糖酸钙（Calcium gluconate）

（14）次氯酸钙（Calcium hypochlorite）

（15）泛酸钙（Calcium pantothenate）

（16）磷酸钙（Calcium phosphate）

（17）硫酸钙（Calcium sulphate）

（18）樟脑（Camphor）

（19）氯己定（Chlorhexidine）

（20）含氯石灰（Chlorinated lime）

（21）亚氯酸钠（Chlorite sodium）

（22）氯甲酚（Chlorocresol）

（23）胆碱（Choline）

（24）枸橼酸（Citrate）

（25）硫酸铜（Copper sulfate）

（26）甲酚（Cresol）

（27）癸甲溴铵（Deciquam）

（28）度米芬（Domiphen）

（29）肾上腺素（Epinephrine）

（30）乙醇（Ethanol）

（31）硫酸亚铁（Ferrous sulphate）

（32）氟轻松（Fluocinonide）

（33）叶酸（Folic acid）

（34）促卵泡素（各种动物天然 FSH 及其化学合成类似物）
[Follicle stimulating hormone（natural FSH from all species and their synthetic analogues）]

（35）甲醛（Formaldehyde）

（36）甲酸（Formic acid）

（37）明胶（Gelatin）

（38）戊二醛（Glutaraldehyde）

（39）甘油（Glycerol）

（40）垂体促性腺激素释放激素（Gonadotrophin releasing hormone）

（41）月苄三甲氯铵（Halimide）

（42）绒促性素（Human chorion gonadotrophin）

（43）盐酸（Hydrochloric acid）

（44）氢化可的松（Hydrocortisone）

（45）过氧化氢（Hydrogen peroxide）

（46）鱼石脂（Ichthammol）

（47）碘和碘无机化合物包括：碘化钠和钾、碘酸钠和钾（Iodine and iodine inorganic compounds including：Sodium and potassium-iodide，Sodium and potassium-iodate）

（48）右旋糖酐铁（Iron dextran）

（49）氯胺酮（Ketamine）

（50）乳酸（Lactic acid）

（51）促黄体素（各种动物天然 LH 及其化学合成类似物）〔Luteinising hormone（natural LH from all species and their synthetic analogues）〕

（52）氯化镁（Magnesium chloride）

（53）氧化镁（Magnesium oxide）

（54）甘露醇（Mannitol）

（55）甲萘醌（Menadione）

（56）蛋氨酸碘（Methionine iodine）

（57）新斯的明（Neostigmine）

（58）中性电解氧化水（Neutralized eletrolyzed oxidized water）

（59）辛氨乙甘酸（Octicine）

（60）胃蛋白酶（Pepsin）

（61）过氧乙酸（Peracetic acid）

（62）苯酚（Phenol）

（63）聚乙二醇（分子量范围从 200 到 10 000）〔Polyethylene glycols（molecular weight ranging from 200 to 10 000）〕

（64）吐温-80（Polysorbate 80）

（65）氯化钾（Potassium chloride）

（66）高锰酸钾（Potassium permanganate）

（67）过硫酸氢钾（Potassium peroxymonosulphate）

（68）聚维酮碘（Povidone iodine）

（69）普鲁卡因（Procaine）

（70）水杨酸（Salicylic acid）

（71）氯化钠（Sodium chloride）

（72）二氯异氰脲酸钠（Sodium dichloroisocyanurate）

（73）氢氧化钠（Sodium hydroxide）

（74）高碘酸钠（Sodium periodate）

（75）焦亚硫酸钠（Sodium pyrosulphite）

（76）水杨酸钠（Sodium salicylate）

（77）亚硒酸钠（Sodium selenite）

（78）硬脂酸钠（Sodium stearate）

（79）硫代硫酸钠（Sodium thiosulphate）

（80）软皂（Soft soap）

（81）脱水山梨醇三油酸酯（司盘 85）（Sorbitan trioleate）

（82）愈创木酚磺酸钾（Sulfogaiacol）

（83）丁卡因（Tetracaine）

（84）硫喷妥钠（Thiopental sodium）

（85）维生素 A（Vitamin A）

（86）维生素 B_1（Vitamin B_1）

（87）维生素 B_{12}（Vitamin B_{12}）

（88）维生素 B_2（Vitamin B_2）

（89）维生素 B_6（Vitamin B_6）

（90）维生素 C（Vitamin C）

（91）维生素 D（Vitamin D）

（92）维生素 E（Vitamin E）

（93）氧化锌（Zinc oxide）

（94）硫酸锌（Zinc sulphate）

3. 允许作治疗用，但不得在动物性食品中检出的兽药

（1）氯丙嗪（Chlorpromazine）

（2）地西泮（安定）（Diazepam）

（3）地美硝唑（Dimetridazole）

（4）苯甲酸雌二醇（Estradiol benzoate）

（5）甲硝唑（Metronidazole）

（6）苯丙酸诺龙（Nadrolone phenylpropionate）

（7）丙酸睾酮（Testosterone propinate）

二、禁止使用兽药及化合物清单

1. 食品动物中禁止使用的药品及其他化合物清单

（1）酒石酸锑钾（Antimony potassium tartrate）

（2）β-兴奋剂（β-agonists）类及其盐、酯

（3）汞制剂　氯化亚汞（甘汞）（Calomel）、醋酸汞（Mercurous acetate）、硝酸亚汞（Mercurous nitrate）、吡啶基醋酸汞（Pyridyl mercurous acetate）

（4）毒杀芬（氯化烯）（Camahechlor）

（5）卡巴氧（Carbadox）及其盐、酯

（6）呋喃丹（克百威）（Carbofuran）

（7）氯霉素（Chloramphenicol）及其盐、酯

（8）杀虫脒（克死螨）（Chlordimeform）

（9）氨苯砜（Dapsone）

（10）硝基呋喃类 呋喃西林（Furacilinum）、呋喃妥因（Furadantin）、呋喃它酮（Furaltadone）、呋喃唑酮（Furazolidone）、呋喃苯烯酸钠（Nifurstyrenate sodium）

（11）林丹（Lindane）

（12）孔雀石绿（Malachite green）

（13）类固醇激素 醋酸美仑孕酮（Melengestrol Acetate）、甲基睾丸酮（Methyltestosterone）、群勃龙（去甲雄三烯醇酮）（Trenbolone）、玉米赤霉醇（Zeranal）

（14）安眠酮（Methaqualone）

（15）硝呋烯腙（Nitrovin）

（16）五氯酚酸钠（Pentachlorophenol sodium）

（17）硝基咪唑类 洛硝达唑（Ronidazole）、替硝唑（Tinidazole）

（18）硝基酚钠（Sodium nitrophenolate）

（19）己二烯雌酚（Dienoestrol）、己烯雌酚（Diethylstilbestrol）、己烷雌酚（Hexoestrol）及其盐、酯

（20）锥虫砷胺（Tryparsamile）

（21）万古霉素（Vancomycin）及其盐、酯

2. 禁止在饲料和动物饮用水中使用的药物品种目录

（1）肾上腺素受体激动剂

1）盐酸克仑特罗（Clenbuterol hydrochloride）

2）沙丁胺醇（Salbutamol）

3）硫酸沙丁胺醇（Salbutamol sulfate）

4）盐酸多巴胺（Dopamine hydrochloride）

5）硫酸特布他林（Terbutaline sulfate）

6）西马特罗（Cimaterol）

7）莱克多巴胺（Ractopamine）

（2）性激素

8）己烯雌酚（Diethylstibestrol）

9）雌二醇（Estradiol）

10）戊酸雌二醇（Estradiol valerate）

11）苯甲酸雌二醇（Estradiol benzoate）

12）氯烯雌醚（Chlorotrianisene）

13）炔诺醇（Ethinylestradiol）

14）炔诺醚（Quinestrol）

15）醋酸氯地孕酮（Chlormadinoneacetate）

16）左炔诺孕酮（Levonorgestrel）

17）炔诺酮（Norethisterone）

18）绒毛膜促性腺激素（绒促性素）（Chorionic gonadotrophin）

19）促卵泡生长激素（尿促性素主要含卵泡刺激 FSHT 和黄体生成素 LH）（Menotropins）

（3）蛋白同化激素

20）碘化酪蛋白（Iodinated casein）

21）苯丙酸诺龙及苯丙酸诺龙注射液（Nandrolonephenylpropionate）

（4）精神药品

22）（盐酸）氯丙嗪（Chlorpromazine hydrochloride）

23）盐酸异丙嗪（Promethazine hydrochloride）

24）安定（地西泮）（Diazepam）

25）苯巴比妥（Phenobarbital）

26）苯巴比妥钠（Phenobarbital sodium）

27）巴比妥（Barbital）

28）异戊巴比妥（Amobarbital）

29）异戊巴比妥钠（Amobarbital sodium）

30）利血平（Reserpine）

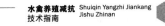

31) 艾司唑仑（Estazolam）

32) 甲丙氨脂（Meprobamate）

33) 咪达唑仑（Midazolam）

34) 硝西泮（Nitrazepam）

35) 奥沙西泮（Oxazepam）

36) 匹莫林（Pemoline）

37) 三唑仑（Triazolam）

38) 唑吡旦（Zolpidem）

39) 其他国家管制的精神药品

（5) 各种抗生素滤渣

40) 抗生素滤渣

三、抗菌药物使用规范

1. 正确选择抗菌药物　　在使用抗菌药物前，应尽可能早地多次按照操作规程采集标本进行细菌培养和药敏试验，并按药敏试验结果选择抗菌药物。在病原菌确定的情况下，尽量选择窄谱药，如革兰氏阳性菌可选择青霉素、大环内酯类、林可霉素类；革兰氏阴性菌可选择氨基糖苷类、氟喹诺酮类等。若病原不明或混合感染，则可选用广谱药或联合用药，如支原体和大肠杆菌混合感染可选四环素类、氯霉素类或联合头孢菌素类或氟喹诺酮类等。

2. 外观辨别　　药品包装内外标签说明文字是否一致。标签或说明书应当注明该药的通用名称、成分及含量、规格、生产企业信息、产品批准文号（或进口兽药注册证号）、产品批号、生产日期、有效期、适应证（或功能与主治）、用法、用量、休药期、禁忌、不良反应、注意事项、运输储存保管条件及其他应当说明的内容。

仔细观察药物的外观形状，片剂应有良好的硬度，表面无斑点，在水中 15 分钟和水接触后成为糊状，粉剂应无杂物、无结块，液体看水溶性、乳化性和是否能迅速溶于水中。

3. 用药原则

（1）只有存在细菌感染或感染发生风险的合理情况下才可使用抗菌药物。

（2）抗菌治疗应尽可能以细菌培养和药敏试验结果为基础。

（3）治疗中尽可能使用窄谱抗菌药物。

（4）抗菌药物使用时间尽量短。

（5）选择合适的治疗方法时应充分考虑抗菌药物、病原菌、感染部位和水禽等因素。

（6）当标签说明书可供选择时，应避免标签外用药。

（7）禁止用抗菌药物治疗代替有效的感染控制、医护和外科手术手段及动物饲养管理等措施。

（8）通过控制感染风险来减少抗菌药物的使用。

（9）应遵医嘱，对于妊娠动物、新生动物、肾功能不全、肝损伤等动物应酌情考虑减少剂量。

（10）选择抗菌药物时，要综合考虑治疗成本、动物价值和产品损失。

4. 常用药物　β-内酰胺类、氨基糖苷类、四环素类、大环内酯类、多胺类、喹诺酮类、酰胺醇类等。

（1）β-内酰胺类

1）青霉素类

①天然青霉素类　优点是杀菌力强，毒性低，使用方便，价格低廉；缺点：不耐酸和青霉素酶，抗菌谱较窄，易过敏。青霉素为窄谱抗生素，主要对 G^+ 和 G^- 球菌有抗菌作用，对螺旋体、放线菌也有对抗作用。但对病毒、真菌、立克次氏体、支原体、衣原体、结核分枝杆菌无效。可用于鸭葡萄球菌病和链球菌病的治疗。需要注意的是：红霉素、四环素对青霉素的杀菌活性有干扰作用，

不宜合用。酸性葡萄糖注射液、四环素注射液、氧化剂、还原剂可破坏青霉素的活性。与盐酸林可霉素、盐酸土霉素、B族维生素、维生素C不宜混合,可产生混浊、沉淀。

②半合成青霉素类(耐青霉素酶:氯唑西林,苯唑西林;广谱:氨苄西林,阿莫西林)

A. 氯唑西林钠(邻氯青霉素钠)　临床上主要用于耐药性金黄色葡萄球菌引起的感染,或与链球菌共同引起的混合感染,如败血症、呼吸道感染、脑膜炎、软组织感染等。

B. 苯唑西林钠　相似于氯唑西林钠,但抗菌活性不如氯唑西林钠。与氨苄西林或庆大霉素合用可增强对肠球菌的抗菌活性。

C. 氨苄西林和阿莫西林　半合成广谱青霉素类抗生素,作用范围较青霉素广泛,过敏反应少,肌内注射、内服均易吸收,可用于巴氏杆菌、沙门氏菌、大肠杆菌及葡萄球菌、链球菌等感染,对绿脓杆菌和耐药的金黄色葡萄球菌无效。严重感染者,与庆大霉素、卡那霉素合用,可增强疗效。

2)头孢菌素类　抗菌谱广、杀菌力强;过敏反应少;对胃酸和β-内酰胺酶较为稳定;与青霉素类、氨基糖苷类有协同作用;主要用于耐青霉素的金黄色葡萄球菌和一些G⁻菌引起的严重感染。

头孢噻呋:第三代动物专用头孢菌素,抗菌谱广且活性强。对多杀性巴氏杆菌、溶血性巴氏杆菌、沙门氏菌、大肠杆菌、葡萄球菌和链球菌等敏感。但对绿脓杆菌和肠球菌不敏感。可用于鸭传染性浆膜炎、大肠杆菌病、禽霍乱、禽伤寒和副伤寒、葡萄球菌病及链球菌病。

3)β-内酰胺酶抑制剂　包括克拉维酸(棒酸)等。本身没有或有较弱的抗菌活性,常与β-内酰胺类抗生素合用,增强后者疗效,如克拉维酸＋阿莫西林。

(2)氨基糖苷类

①庆大霉素　对多种革兰氏阳性菌和革兰氏阴性菌,如绿脓杆菌、大肠杆菌、沙门氏菌等都有抗菌作用,对结核杆菌、支原体亦

有较强的作用；与青霉素或头孢菌素合用抗菌谱扩大，抗菌活性增强。临床上常用于禽霍乱、鸭疫巴氏杆菌病、禽副伤寒、衣原体病及葡萄球菌病等。是治疗绿脓杆菌的首选药。用 5%庆大霉素溶液浸泡种蛋，能杀灭沙门氏菌、大肠杆菌。

②卡那霉素　对大多数革兰氏阴性菌，如大肠杆菌、变形杆菌、沙门氏菌等均有抗菌作用，但对绿脓杆菌不敏感。对耐青霉素的金黄色葡萄球菌和结核杆菌也有作用，但对其他革兰氏阳性菌的作用很弱。临床用来治疗霍乱、大肠杆菌病及葡萄球菌病等。

③丁胺卡那霉素（阿米卡星）　阿米卡星为卡那霉素的衍生物，抗菌谱较广，对多种 G^- 杆菌，包括绿脓杆菌均有效；对结核杆菌和金黄色葡萄球菌也有效。不易产生耐药性。用于鸭传染性浆膜炎、大肠杆菌病、巴氏杆菌病、伤寒、副伤寒及葡萄球菌病的治疗。

（3）四环素类　包括强力霉素等。强力霉素抗菌谱与四环素、土霉素相似，但抗菌作用较强。对溶血性链球菌、葡萄球菌及多杀性巴氏杆菌、沙门氏菌、大肠杆菌等均有较强的抑制作用，对金黄色葡萄球菌感染也有效。临床上常用于霍乱、副伤寒、大肠杆菌病、支原体病等疾病的防治。还具有镇咳、平喘和祛痰的作用。

（4）大环内酯类

①红霉素　抗菌谱类似青霉素而略广，对 G^+（如金黄色葡萄球菌、链球菌、肺炎球菌）有抑制作用，对支原体有较强作用。用于耐青霉素金黄色葡萄球菌及其他敏感菌所致的各种感染，对禽慢性呼吸道病有较好疗效。

②北里霉素　对耐药金黄色葡萄球菌比红霉素有效。对大多数革兰氏阳性菌的作用不及红霉素，主要用于支原体病的治疗。

③泰乐菌素　动物专用抗生素，尤其对支原体有特效，但对革兰氏阳性菌的作用不及红霉素，常用于禽慢性呼吸道病的治疗。

（5）多胺类　多黏菌素：对 G^- 杆菌，如大肠杆菌、沙门氏菌、巴氏杆菌及绿脓杆菌等作用强，其中绿脓杆菌最为敏感。内服用于 G⁻杆菌所致的肠道感染。

（6）喹诺酮类　对 G⁻和支原体有强大的抗菌作用，对革兰氏阳性球菌作用较差。属于静止期杀菌剂，对 G⁻、G⁺菌、支原体、衣原体、某些厌氧菌等均有效，如 G⁺菌中的金黄色葡萄球菌、链球菌，G⁻菌中大肠杆菌、沙门氏菌属、巴氏杆菌、绿脓杆菌等均有较强的杀灭作用。对 G⁻菌和支原体的作用强于 G⁺菌。与利福平有拮抗作用。

（7）酰胺醇类　又称氯霉素类抗生素，属速效抑菌剂。对 G⁻作用强于 G⁺，尤其对伤寒沙门氏菌、副伤寒沙门氏菌作用明显。常用氟苯尼考、甲砜霉素。同类药物之间有完全交叉耐药。

氟苯尼考（动物专用）：广谱抗生素，抗菌谱与甲砜霉素相似。抗菌活性优于甲砜霉素。对溶血性巴氏杆菌、多杀性巴氏杆菌高度敏感。与甲砜霉素有交叉耐药性。用于禽霍乱、大肠杆菌病、伤寒、副伤寒及鸭传染性胸膜炎等的治疗。在呼吸道中药物浓度高，适合用于呼吸道感染。与甲氧苄啶合用有协同作用。

四、抗寄生虫药使用规范

1. 正确选择抗寄生虫药　抗寄生虫药物可分为抗蠕虫药（又称驱虫药，包括驱线虫药、驱绦虫药、驱吸虫药），抗原虫药（如抗球虫药），体外杀虫药（又称杀昆虫和杀蜱螨药）。由于动物的寄生虫病多为混合感染，因此应选用高效、广谱、低毒、投药方便、价格低廉、无残留和不易产生耐药性的抗寄生虫药。

（1）外观辨别　药品包装内外标签说明文字是否一致。标签或说明书应当注明该药的通用名称、成分及含量、规格、生产企业信息、产品批准文号（或进口兽药注册证号）、产品批号、生产日期、有效期、适应证（或功能与主治）、用法、用量、休药期、禁忌、不良反应、注意事项、运输储存保管条件及其他应当说明的内容。

仔细观察药物的外观形状，片剂应有良好的硬度，表面无斑点，与水接触15分钟后成为糊状；粉剂应无杂物、无结块；液体看水溶性、乳化性和是否能迅速溶于水中。

（2）高效　高效的抗寄生虫药的虫卵减少率应达96％以上，小于70％则属疗效较差。

（3）广谱　指驱虫范围广。在实际应用中，要根据实际情况，联合用药以达到扩大驱虫范围的目的。

（4）低毒　治疗寄生虫感染的大多数化学药物尽管有驱虫作用，但也有一定的毒性，对动物体有害。好的抗寄生虫药应对寄生虫虫体有强大的杀灭作用，而对动物体无毒或毒性很小。此条件对杀灭体外寄生虫药尤其重要。

（5）投药方便　通过饮水、混饲、皮肤浇泼（透皮剂）等方式给药比较方便。

（6）避免耐药性的产生　有些蠕虫或球虫容易对某种长期使用的药物产生耐药性。为避免耐药性产生而使药物疗效降低，甚至无效，导致经济损失，可采用轮换用药、穿梭用药和联合用药的方法。轮换用药是指一种抗寄生虫药连用数月后，换用另一种作用机理不同的抗寄生虫药。穿梭用药是指在不同的生长阶段，分别使用不同的抗寄生虫药，即开始时使用一种药物，到生长期时使用另一种药物。联合用药是指在同一饲养期内使用两种或两种以上的抗寄生虫药。

2.用药原则　要根据水禽及其感染寄生虫的种类选择适合的剂型和投药途径。要注意水禽的年龄、性别、体质、病情及饲养管理条件等，了解用药历史，注意配伍禁忌，重视科学养殖，定期阶段性驱虫，减少经济损失。在制订驱虫计划时，应避免耐药性产生。在实施全群驱虫时，应先进行小群试验，避免发生大批中毒，以确保疗效。用药剂量应严格按照产品说明书要求操作，严禁超剂量用药，严格遵守休药期规定，避免动物性食品中的兽药残留；驱虫后要集中处理好动物的排泄物，防止病原扩散。在使用驱虫药时，操作人员也要注意做好自我防护。

3. 常用抗寄生虫药用法与用量

（1）抗球虫药　主要有莫能菌素、盐霉素钠、拉沙洛西钠、赛杜霉素、海南霉素、地克珠利、托曲珠利、二硝托胺、尼卡巴嗪、磺胺喹沙啉、磺胺间甲氧嘧啶、磺胺氯吡嗪钠、氨丙啉、氯苯胍、常山酮、乙氧酰胺苯甲酯等。

莫能菌素，具有抗球虫和预防坏死性肠炎的作用，抗球虫谱广，主要用于预防球虫病。使用莫能菌素预混剂混饲，每千克饲料，90～110毫克（以莫能菌素计）。产蛋期禁用，禁与泰妙菌素、竹桃霉素及其他抗球虫药配伍使用。

盐霉素钠，作用、应用同莫能菌素，毒性稍强。禁与泰妙菌素及其他抗球虫药配伍使用。使用盐霉素钠预混剂混饲，每千克饲料加预混剂600毫克。

拉沙洛西钠，毒性小，可与泰妙菌素合用，高剂量使用会导致垫料潮湿。使用拉沙洛西钠预混剂混饲，每千克饲料加预混剂75～125毫克。

海南霉素钠，我国自主研发的抗球虫药，为聚醚类抗生素中毒性最大的一种抗球虫药，仅限用于肉鸭，蛋鸭禁用，禁与其他抗球虫药配伍使用。使用海南霉素钠预混剂混饲，每千克饲料加预混剂500～750毫克。

地克珠利，新型、高效、低毒抗球虫药，为较理想的杀球虫药物。本药作用时间短暂，停药1天后，作用基本消失，必须连续用药。用药浓度极低，连续用药易产生耐药性。使用地克珠利溶液混饮，每升水0.5～1毫克（以地克珠利计）；使用地克珠利预混剂混饲，每千克饲料1毫克（以地克珠利计）。

二硝托胺，适用于蛋鸭和肉用种鸭，产蛋期禁用。使用二硝托胺预混剂混饲，每千克饲料加预混剂500毫克。

尼卡巴嗪，安全性高，球虫产生耐药性速度很慢，产蛋期禁用。使用尼卡巴嗪预混剂混饲，每千克饲料加预混剂 500～625 毫克。

磺胺喹沙啉，抗球虫的专用磺胺药，主用于球虫病，常与盐酸氨丙啉或抗菌增效剂联合使用，扩大抗球虫谱及增强抗球虫效应。使用磺胺喹沙啉钠可溶性粉混饮，每升水加可溶性粉 3～5 克；使用磺胺喹沙啉、二甲氧苄啶预混剂混饲，每千克饲料加预混剂 500 毫克，连用不要超过 5 天。

磺胺氯吡嗪钠，抗球虫专用的磺胺药，且具较强的抗菌作用，甚至可以治疗禽霍乱及鸡伤寒，最适合于球虫病暴发时治疗用。使用磺胺氯吡嗪钠可溶性粉混饮，每升水加可溶性粉 1 克；混饲，每千克饲料 2 000 毫克，连用 3 天。

盐酸氨丙啉，高效、安全、低毒，不易产生耐药性，多与乙氧酰胺苯甲酯和磺胺喹沙啉并用，以增强疗效。用药浓度过高可能导致硫胺素缺乏症。使用盐酸氨丙啉可溶性粉混饮，每升水加可溶性粉 0.6 克；使用复方盐酸氨丙啉可溶性混饮，每升水加可溶性粉 0.5 克；使用盐酸氨丙啉、乙氧酰胺苯甲酯预混剂混饲，每千克饲料加预混剂 500 毫克。

（2）驱线虫药　阿苯达唑不仅对多种线虫有效，而且对某些吸虫及绦虫也有较强的驱除作用。内服易吸收，毒性低，安全范围大，一般无不良反应。内服给药，一次量，每千克体重，禽 10～20 毫克。

阿维菌素类具有较好的驱虫活性和较高的安全性，被视为目前应用最广泛的广谱、高效抗内、外寄生虫药。该类药物口服或注射给药易吸收，绝大部分从粪便中排泄。主要用于防治家禽线虫感染和体外寄生虫以及传播疾病的节肢动物，皮下注射或内服给药。肌肉注射会产生严重的局部反应。本品对吸虫和绦虫无效，对线虫以及螨、虱等体外寄生虫驱除作用缓慢，要数天后才能出现明显药效。

盐酸左旋咪唑广谱、高效、低毒的驱线虫药，对胃肠道线虫和肺线虫的成虫和幼虫均有效，能使寄生虫肌肉麻痹而迅速排出体外，因此用药后可观察到寄生虫的排出。本品还有免疫增强作用。内服、肌肉注射吸收迅速完全。主要用于驱杀消化道线虫和肺线虫，内服、皮下或肌内注射给药，一次量，每千克体重 25 毫克。

枸橼酸哌嗪　主要用于驱蛔虫。内服给药，一次量，每千克体重，禽 0.25 克。

（3）驱绦虫药　吡喹酮广谱驱绦虫药、抗血吸虫药和驱吸虫药，毒性极低，应用安全，内服给药，一次量，每千克体重 10～20 毫克。氯硝柳胺广为应用的传统抗绦虫药，对多种绦虫均有杀灭效果，内服给药，一次量，每千克体重 50～60 毫克。

（4）驱吸虫药　硫双二氯酚用于治疗肝片吸虫病、同盘吸虫病、姜片吸虫病和绦虫病。内服给药，一次量，鹅、鸭每千克体重 30 毫克。

（5）体外杀虫药　对动物体外寄生虫具有杀灭作用的药物称外用杀虫药。外用杀虫药可分为有机磷类、有机氯类、拟除虫菊酯及其他类杀虫药。目前传统的有机氯杀虫剂已禁止使用，原因是其性质稳定，残留期长，在人和动物脂肪中大量富集，危害健康，且有的具有致癌作用。另外，还可严重污染农产品和环境。

一般说来，所有杀虫药对动物机体都有一定的毒性作用，因此，在选用杀虫药时，尤其要注意其安全性。在产品质量上，要求有较高的纯度和极少的杂质；在具体应用时，除严格掌握剂量、浓度和使用方法外，还需要加强动物的饲养管理，如伊维菌素、阿维菌素、精制敌百虫对体内外寄生虫及卫生害虫均具杀灭作用，因价格便宜使用很普遍，但安全性很低，使用时应注意剂量的把握避免中毒。氰戊菊酯对螨、虱、蜱、苍蝇、蚊等体外寄生虫杀虫力强，防治效果比敌百虫强 50～200 倍，可使体外寄生虫虫卵孵化后再次被杀死，一般用药一次即可，不需重复用药。大群动物灭虫前应做好预试工作，如遇有中毒现象，应立即停药并采取解救措施。

第三节 水禽减抗用药效果评价

一、抗菌类药物用量评价

抗菌类药物在拯救生命、提高人们生活质量和保障食品安全的同时，也因超量和滥用等，出现了日益严重的细菌耐药性问题，多重耐药和泛耐药菌株逐年增多，给传染病防控工作带来严峻挑战，也给动物健康和福利造成严重影响。大量证据表明，抗菌药物使用是导致耐药菌传播流行的重要因素，因此水禽养殖环节抗菌药物的使用对人类健康至关重要。为此，世界动物卫生组织（OIE）通过生物量方法，计算每千克活畜禽所用抗菌药物活性成分量，对数据进行优化，从而直观比较各地区抗菌类药物使用情况。

农业农村部畜牧兽医局组织制定了《养殖场兽用抗菌药使用减量化效果评价方法和标准（试行）》。兽用抗菌药减量化是指通过实施健康养殖、科学合理用药、选用"替抗"产品等措施，逐步减少兽用抗菌药使用。应纳入计算的水禽常见兽用抗菌药品种见表 7.1。

表 7.1　水禽常见兽用抗菌药品种

	抗生素
β-内酰胺类	青霉素、苄星青霉素、普鲁卡因青霉素、阿莫西林、氨苄西林、苯唑西林、氯唑西林
氨基糖苷类	硫酸新霉素、硫酸卡那霉素

（续）

	抗生素

大环内酯类	（乳糖酸/硫氰酸）红霉素、（酒石酸）吉他霉素、酒石酸泰万菌素、（磷酸）替米考星
四环素类	（盐酸）四环素、（盐酸）金霉素、（盐酸）土霉素、盐酸多西环素
酰胺醇类	甲砜霉素、氟苯尼考
多肽类	硫酸黏菌素
林可胺类	盐酸林可霉素
磺胺类	磺胺嘧啶、磺胺甲噁唑、磺胺对甲氧嘧啶、磺胺二甲嘧啶、磺胺间甲氧嘧啶、磺胺脒、磺胺噻唑、酞磺胺噻唑、磺胺氯达嗪
喹诺酮类	盐酸/乳酸环丙沙星、甲磺酸达氟沙星、（盐酸）恩诺沙星、盐酸二氟沙星

单位动物产品兽用抗菌药用量计算说明见表 7.2。单位动物产品用药量（克/吨）＝年（批次）总用药量/出栏（上市）产品总重。随计算表附上以下内容：

表 7.2　用药量计算示例

用药量＝有效成分含量×药物包装规格×使用量

产品商品名	通用名称	有效成分含量	药物包装规格	使用数量	用药量（克）（按原料计）
例如：耐美欣	阿莫西林可溶性粉	10%	100克/包	10包	10×100×10%＝100
合计					

①统计时间段　若按整年统计，则写明时间跨度；若按批次统计，则写明雏鸭出生时间-出栏（产蛋结束）时间。

②计算用药量　肉鸭、蛋鸭多按批次饲养，故可计算最近 2～

3 个批次对应的单位产品用药量。肉鸭：按批次计算，从出生到出栏的用药量。蛋鸭：按批次计算，从出生到产蛋结束的用药量。其中，对于自繁自养或出售部分雏禽的养殖场，应扣除种水禽育雏阶段的用药量。

③出栏（上市）产品总重计算方式 以 2018 年 5 月 30 日至 2019 年 5 月 29 日为例：若 2018 年 5 月 29 日存栏量为 1 000 头，2019 年 5 月 29 日存栏量为 1 000 头，则该整年内动物产品即为 2018 年 5 月 30 日至 2019 年 5 月 29 日期间总出栏量×出栏平均体重。

肉鸭出栏总重：相应批次总出栏量×肉鸭平均体重。

鸭蛋上市总重：相应批次（至产蛋结束时）鸭蛋总产量×平均鸭蛋重量。

1. 评价内容和方法

（1）评价内容

①养殖场应具备的基本条件，包括兽医人员或兽医技术服务及其技术水平、药品储存条件、消毒及环境卫生条件、粪污处理条件等。

②养殖场应建立基本的管理制度，涉及生物安全保障、兽药供应商评估、兽药库存管理、兽医诊断用药管理、记录管理、消毒和环境卫生管理、防疫和免疫管理、无害化处理等。

③养殖场应建立完善的兽药使用记录，并妥善保存。

④按单位禽、蛋产品产出计算，抗菌药的使用量应控制在一定水平，按时间段前后同期环比应有所减少。

（2）评价方法 包括现场检查和材料审查。对用药记录不完整、不准确或不一致而无法形成评价结论的，暂不做出评价。

①现场检查。查看养殖场环境卫生、消毒、库房及饲料配制间、药房、兽医室、禽舍、粪污处理等情况。

②材料审查。审查及验收申报材料、养殖场制度、记录、档案等。

2. 评价标准 养殖场减量行动效果评价标准，包括 4 个方面

30 项条款。经检查、赋分和评价,总分不低于 80 分的,推荐为
"达标";低于 80 分的,暂不做推荐。

（1）养殖场基本条件（共 25 分）（表 7.3）

（2）养殖场基本制度（共 15 分）（表 7.4）

（3）相关记录（共 30 分）（表 7.5）

（4）减量行动效果（共 30 分）（表 7.6）

表 7.3　养殖场基本条件

基本条件	分数
兽医人员及兽医技术服务（共 10 分）	
兽医人员配备或兽医技术服务保障情况。基本要求:养殖场一般应配备执业兽医或中专以上兽医专业人员,或应有其他稳定、可靠的兽医技术服务	3～5
兽医人员应具有相应的诊疗能力。基本要求:兽医人员应具备依据动物行为表现、发病症状、临床检查和必要的病理剖检等做出初步诊断能力	2～3
兽医人员合理使用抗菌药的水平和能力。基本要求:兽医人员能依据动物发病状况、用药指征和药物敏感性结果合理选择抗菌药并制定用药方案	不超过 2 分
兽医诊疗条件（共 7 分）	
具备兽医诊疗场所及必要的兽医诊疗设施设备。基本要求:养殖场一般应设有兽医人员办公及诊疗、化验的场所,应配备与开展一般诊疗、化验工作相适应的设施、设备	不超过 2 分
具备一定诊疗、化验工作能力。基本要求:能够开展常规的临床检验、生化检验和必要的血清学检验工作	不超过 3 分
具备必要的病理学诊断和药敏试验能力或相关技术服务。基本要求:能够开展病理学诊断、抗菌药敏感性试验,包括社会化技术服务,并能将相关试验结果用于指导选择用药	不超过 2 分
兽药储存条件（共 2 分）	
应具备必要的药物储存场所,能满足药物的储存条件。基本要求:一般应设有温度可控的、独立的药房(或与库房一体)及冰柜等设施,以保证储存药品的质量	

基本条件	分数
生物安全保障（共6分）	
养殖场选址与内部区划隔离应科学合理，能对禽舍环境进行控制。基本要求：养殖场与交通干线、居民区、屠宰场及其他养殖场有一定距离；场区内净道与污道无交叉；能有效控制禽舍环境	不超过3分
具备可靠的消毒设施。基本要求：车辆、人员通道，生产区入口，禽舍入口等关键位置均应设有消毒设施	不超过2分
有可靠的粪污及病死动物无害化处理设施。基本要求：应有行之有效的粪污清理设施，能保证畜舍及场区整洁；有病死动物无害化处理的设施	不超过1分

表7.4 养殖场基本制度

基本制度	分数
生物安全管理制度。基本要求：应有生物安全管理制度；基本内容包括车辆、人员、物料进出管理，动物引进，消毒管理，环境卫生，饲养员管理，免疫计划落实，病死动物剖检及无害化处理等	3
兽药供应商评估制度。基本要求：应有兽药供应商评估制度，基本内容包括不同供应商产品质量、疗效、性价比及不良反应等的评价	2
兽药出入库管理制度。基本要求：应有兽药出入库管理制度，基本内容包括出入库登记、分别按流水及品种建账、凭单出入库及凭证存档、定期盘库、盘存账物平衡、上传二维码、抗菌药（包括加药饲料）专账管理等	2
兽医诊断与用药制度。基本要求：应有兽医诊断与用药制度，基本内容包括兽医岗位职责、兽医工作规范、国家制度落实（禁用药管理、处方药管理、兽医处方管理、休药期管理）以及规范用药相关内容	3
记录制度。基本要求：应有记录制度，基本内容至少包括三个方面，一是明确应建立记录的岗位、环节、事件；二是保证记录准确性和真实性，要求做到可查找、可统计、可追溯；三是记录管理，如责任人签名、存档时间等	3
其他制度。基本要求：除上述制度外，还应其他配套的制度，如卫生制度、免疫接种制度、饲料及饲料加工、档案管理等	2

水禽养殖减抗
技术指南
Shuiqin Yangzhi Jiankang
Jishu Zhinan

表 7.5 相关记录

内容	分数
兽用抗菌药出入库记录（共 6 分）	
基本要求：评价时段内，所有兽用抗菌药（包括加药饲料）的购入、领用及库存，均应有完整的记录	2
基本要求：记录内容应包括兽药通用名称、含量规格、数量、批准文号、生产批号、生产企业名称等	2
基本要求：应做到账物平衡	2
兽医诊疗记录（共 10 分）	
基本要求：评价时段内，治疗性用药均应有完整的兽医诊疗记录	4
基本要求：记录内容主要包括动物疾病症状、检查、诊断、用药及转归情况	2
基本要求：病死动物或典型病例剖检记录，包括大体剖检和必要的病理解剖学检查	2
基本要求：药物敏感性试验记录	1
基本要求：抗菌药的使用应有兽医处方记录，包括用药对象及其数量、诊断结果、兽药名称、剂量、疗程和必要的休药期提示	1
用药记录（共 10 分）	
基本要求：应有完整的用药记录，重点是兽用抗菌药，包括加药饲料	5
基本要求：用药记录应详实，应具体到品种、规格、使用量和用药次数，且与兽医处方、药房用药记录一致	5
其他记录（共 4 分）	
基本要求：其他相关记录，如环境卫生、消毒、人员及车辆出入、疫苗接种等等，各项管理制度能得到有效的落实	

表 7.6 减量行动效果

内容	分数
单位禽产品抗菌药的使用量（以下简称单位产品用药量）应控制在规定水平。按每生产 1 吨禽产品（毛重）抗菌药的使用量计算，应分别控制在鸭蛋 100 克，肉鸭 100 克（生长期不超过 60 天）或 120 克（生长期超过 60 天）。达到上述标准的，得 10 分；处于上述标准 120% 以内的，得 6 分；处于上述标准 120%～150% 以内的，得 3 分；处于上述标准 150% 以上的，得 0 分	10

内容	分数
减量行动试点前后对比，单位产品用药量应有所降低。基本要求：单位产品用药量达到 4.1 款规定标准的，得 10 分；否则，根据试点前后用药量同比降低幅度赋分，其中降低 25％以上的，得 10 分；降低 20％～25％的，得 8 分；降低 15％～20％的，得 6 分；降低 10％～15％的，得 4 分；降低 5％～10％的，得 2 分；降低 5％以下的，得 0 分	10
养殖场积极减抗行动试点，主动制定减量行动方案，并定期开展自查自评（共 10 分）	
制定三年减抗方案并积极组织实施。基本要求：制定三年减抗方案并能够积极组织实施，定期开展自查和自我评价	不超过 3 分
试点前后养殖效益的对比。基本要求：对试点前后一定时段内（各 12 个月以上），养殖场死淘率、主要疾病的发病率、用药成本等情况进行比较分析	不超过 3 分
减抗经验及具体措施的总结。基本要求：中药产品、免疫增强剂或其他替代产品或措施实施情况；对于自繁自养以及出售仔、雏的养殖场，应提供种禽养殖及仔雏产出数量、兽用抗菌药使用情况的分析总结报告	不超过 4 分

二、肉蛋中药物残留监测与安全性评估

　　动物组织中的药物残留受多种因素影响，如药物本身特性、动物健康状况、给药方式等，它们都会影响药物吸收量和药物在体内的停留时间。如果水禽养殖者规范用药，则肉、蛋中的药物残留量通常很低，一般对人体无害。但如用药不规范、不按规定用药或不遵守休药期规定，则使动物产品中兽药残留量升高，乃至超过允许摄入量，从而给动物和消费者带来安全隐患。

　　一般，以下几种情况会引起兽药残留发生。①非法使用禁用药物，产生严重安全隐患。②非专业人员乱开处方，不凭处方购药。

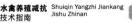
水禽养殖减抗
技术指南
Shuiqin Yangzhi Jiankang
Jishu Zhinan

③不按规定使用兽药，违反标签规定，超剂量、超范围用药，导致兽药残留。尤其是抗菌促生长剂和驱虫剂的长期超量使用且不严格执行休药期，药物成分大量残留在动物屠体中。④兽药标签和说明书标示不规范。兽药生产厂家任意夸大药物适应证，不标明兽药成分、禁忌和毒副作用，容易产生重复用药和配伍禁忌。⑤假劣兽药流入市场，加剧兽药残留。

兽药残留能引起人和动物以及环境的巨大危害。主要表现为：①过敏反应，变态反应；②毒性作用；③"三致"作用，即致癌、致畸、致突变作用；④破坏人体内微生物平衡，使体内细菌耐药性增强；⑤激素样作用；⑥生态环境毒性，兽药及其代谢产物通过粪尿等进入环境后仍具有生物活性，其对周围环境仍具潜在的毒性，会对土壤微生物、水生物及昆虫等造成影响。

（一）兽药残留监测方法

1. 快检法　目前针对动物源性食品中残留的兽药所用的快检法主要有试剂条法、试剂盒法、高效液相色谱法、生物传感器法、高效薄层色谱法等。快检法的优势是操作简单、快捷、用时短、灵敏度高，成本低。

（1）试剂条法　试剂条（GICA）法是利用竞争性免疫层析的原理，基于抗体的应用，对药物采取定性的分析。这种检测方法通常可以在3～5分钟内获得检测结果，常用于大量的筛查。该方法操作简单、快捷、时间短；灵敏度高，结果直观；成本低，便于携带，可现场检测；无需仪器设备。试剂条在兽药残留检测中的应用，主要包括β-内酰胺酶类、β-受体激动剂类等药物残留检测。但得到的检测结果应进行更进一步的确认。试剂条法也是未来快检技术的发展趋势。

（2）试剂盒法　在对动物源性食品中的兽药残留进行快速检测时，可用试剂盒。它是将兽药或其衍生物提取后，使提取物与附着于酶标板上的抗原结合，再与抗体反应，生成酶标记抗原抗体复合物，复合物与显色剂发生反应，用肉眼观察可得到定性结果，也可以通过酶标仪进行定量测定。试剂盒法具有操作简单、灵敏度高、特异性高、快速、易于标准化等优点。检测的兽药包括β-内酰胺酶类、氨基糖苷类、β-受体激动剂类、抗生素、磺胺类、喹诺酮类等药物，还有三聚氰胺等违禁添加物和黄曲霉毒素等毒素类。目前，兽药残留的快检法中应用最广泛的就是试剂盒法，对于常规兽药残留检测项目基本上都建立了该法。

（3）高效液相色谱法　高效液相色谱法是流动相被高压泵泵入液相系统，待测溶液经自动进样器随流动相带入色谱柱内，待测溶液中各组分在流动相与色谱柱之间经过多次反复的吸附-洗脱，进而被分离，流入检测器时待测各组分浓度被转换成电信号以谱图形式被记录。高效液相色谱法的优点是分辨率高、精确度高、灵敏度高、快速稳定。目前大多数兽药，如β-内酰胺酶类、氟喹诺酮类、大环内酯类、磺胺类等残留的检测，均有相应的液相色谱检测方法。

2. 确认验证方法　确认验证最常用、最普遍的检测方法是色谱-质谱联用，主要有液相色谱-质谱法（LC-MS 或 LC-MS-MS）、气相色谱-质谱法（GC-MS）、高分辨质谱法（飞行质谱 TOF、离子阱质谱 QE 等）、高效毛细管电泳-质谱法（CE-MS）。

（1）液相色谱-质谱法　液相色谱-质谱法是最常见的确认方法，是利用液相系统把待测各组分分离，然后在质谱系统把待测各组分离子化后按质荷比分开并被检测器记录。优点是：分析范围广、分析能力强、定性分析结果可靠、检测限低、分析时间快、自动化程度高。主要应用在β-受体激动剂类、磺胺类、阿维菌素类、大环内酯类、激素类等多种种类的兽药残留检测中。

（2）气相色谱-质谱法　气相色谱-质谱法与液相色谱-质谱法不同的是，气相色谱-质谱分析中气相色谱部分流动相为气体，待测组分经载气和固定相分离后被高温汽化，进入质谱系统，其他与液相色谱-质谱法基本一致。气相色谱-质谱法适于检测易挥发、沸点低的小分子化合物；对于不易挥发、沸点高、热不稳定、极性大的化合物则不适用。这使气相色谱-质谱法在残留检测中应用面窄、受到限制。气相色谱-质谱法具有分辨率高、灵敏度高、稳定性好等诸多优点。

（二）药物残留风险评估与风险分析

兽药残留风险评估包括：①兽药的一般特征活性物质、杂质、理化性质、生产过程及其重复性、终产品稳定性和质量、注册登记情况等。②使用模式不同地理条件下良好兽药使用规范、使用目的、剂量、给药方式、靶动物和推荐的休药期等。③药理性质、药理活性和作用机制。④分析方法及性能标准准确性、精确性、特异性、灵敏度、可重复性、可靠性和成本效益分析，用于检测、定量和鉴定兽药残留，支持毒理学、药物代谢机制和药物动力学研究，支持残留研究满足公共卫生机构的需要。⑤代谢机制和药动学资料。⑥毒理学资料。一般毒性、遗传毒性、致癌性、免疫毒性和神经毒性等。⑦田间试验下残留消除研究。田间试验必须在良好的兽医规范和动物饲养管理实践下进行，在食品动物中使用预期的给药方式、剂量和剂型，动物分组和动物数应具备足够的统计学分析数量，在动物给药后，必须在合适的时间点收集组织和体液样本进行残留分析。兽药残留风险评估基本程序见图7.1。

1955年，粮农组织（FAO）/世界卫生组织（WHO）在瑞士日内瓦联合召开风险分析专家委员会，首次提出食品安全领域风险分析的概念。食品安全风险分析分为风险评估、风险管理和风险交流三个重要组成部分。风险评估是计算风险大小及确定影响风险的各种因素，风险管理是发展与实施控制各种风险的策略和

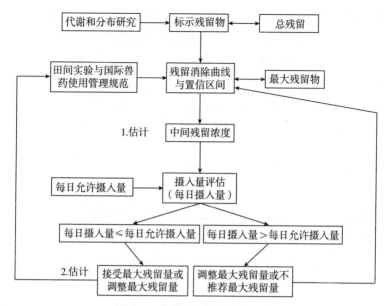

图 7.1　兽药残留风险评估框架

政策，风险交流是在各种与风险相关的组织之间进行信息沟通。风险评估是风险管理及风险交流的前提和基础，主要目的为将风险量化到消费特定食品的特定人群，并确定可以降低风险水平的策略和措施。与欧美等发达国家相比，我国在风险评估基础研究方面还存在一定差距。对标风险评估国际发展前沿，结合我国农业产业现状，积极学习借鉴国外的经验，从科学的角度研究风险评估的技术、模型、流程，研究危害物早期预警理论、手段和方法，研究污染物来源、存在形式、消长规律和阻控技术，对能够快速突破、及时解决问题的技术抓紧推进，对属于战略性的技术进行提前部署十分必要。食品安全指数是用来评价食品中某种危害物对消费者健康影响的指数，通过计算其结果可以评估食用该食品后对人体安全状态的影响，作为相关部门采取相应措施的依据，降低风险。

水禽养殖减抗
技术指南
Shuiqin Yangzhi Jiankang
Jishu Zhinan

第四节　水禽细菌耐药性监测

一、常见细菌分离鉴定方法

　　大肠杆菌、肠球菌分别是革兰氏阴性菌和革兰氏阳性菌的代表菌株，是动物肠道中正常菌群，作为耐药性的指示菌，可以用于监测水禽的细菌耐药性水平。另外，弯曲杆菌和沙门氏菌是常见的食源性致病菌，可以通过产业链进入下游消费市场，是国际关注的病原菌。鸭疫里氏杆菌是水禽重要的病原菌，监测其耐药性具有重要的预防与治疗意义。因此，以下主要介绍水禽养殖环节这5种细菌的分离鉴定方法等。

　　1. 样品采集与保存

　　（1）样品采集

　　①直肠/泄殖腔拭子采集　用无菌生理盐水或运送培养基浸润灭菌棉拭子，伸入水禽泄殖腔1.5～2.0厘米，旋转2～3圈，立即将棉拭子置于10毫升运送培养基中。

　　②新鲜粪便采集　用灭菌棉拭子蘸取新鲜粪便，不应沾有泥土或其他污染物，立即将棉拭子及样品置于10毫升运送培养基中。对用于弯曲杆菌分离的样品，应采集成团或成堆的新鲜粪便样本。

　　③盲肠内容物采集　用灭菌棉拭子蘸取盲肠内容物，立即置于10毫升运送培养基中。对用于弯曲杆菌分离的样品，宜在屠宰时截取一段内容物丰富的盲肠段，结扎后置于无菌密封袋。

　　（2）采样记录和标识　样品采集后应加盖密封，并加注样品标识，及时填写采样记录表。采样记录表和样品编码格式参见表7.7。

表7.7　采样记录表

被采样单位	单位名称				
	通讯地址			定位	
	联系人		电话	传真	
采样单位	单位名称			联系人	
	通讯地址			邮编	
	联系电话			传真	
	E-mail				

被采样单位签字：	采样人签字：
采样日期：　年　月　日	采样日期：　年　月　日

样品来源	样品类型	数量（份）	采样基数	样品编号
□猪　　　　日龄＿＿ □鸡　　　　日龄＿＿ □鸭　　　　日龄＿＿ 其他＿＿＿＿日龄＿＿	□粪便			
	□肛拭子			
	□盲肠内容物			
	□其他			

拟分离细菌	样品编号规则
□大肠杆菌 □肠球菌 □弯曲杆菌 其他＿＿＿＿＿＿	采样编号按照"动物-采样地-采样年月-样品类型-菌株编号"的格式进行。如 C-ZH-202002-f-001，其中：C（鸡）Z（浙）H（杭州）2020（年）02（月）f（粪便）001（序号） 采样城市以省份＋城市拼音首字母表示。 建议样品类型为：粪便（f），肛拭子（s），盲肠内容物（c），其他（q） 建议动物简写为：鸡（C）、鸭（D）、猪（P）

养殖场信息	单位名称				
	通讯地址			定位	
	联系人		电话		传真	
	养殖量				
	养殖用药情况				

（3）样品保存　样品应置于 2～8℃条件下保存，避免交叉污染。对用于弯曲杆菌分离的样品，保存时应放置微需氧产气袋中，以提高分离率。

（4）样品运输　采集的样品由专人保管，按 GB 4789.1 要求运达检验单位，运输时间不超过 48 小时。运输工具应保持清洁。运输和装卸过程中应防止包装破损，样品渗漏。

（5）样品接收　实验室接收样品时，应确认样品完好情况、数量，交接双方签字确认。样品应立即开展细菌分离。

2. 细菌分离鉴定

（1）大肠杆菌的分离鉴定　大肠杆菌的分离鉴定程序见图 7.2。

1）大肠杆菌的分离　将采集的样品挑取接种 BPW 培养基，在（36±1）℃条件下培养 12 小时，进行预增菌；用接种环蘸取少量培养液，在伊红-美蓝琼脂培养基或麦康凯琼脂培养基上四区划线，（36±1）℃培养 12～24 小时；在伊红-美蓝培养基上挑取金属绿色，麦康凯培养基上挑取粉红色、边缘光滑的可疑菌落，并在伊红-美蓝琼脂培养基上纯化一代；纯化后可疑菌落接种在 LB 琼脂培养基，继续纯化一代，在（36±1）℃条件下培养 12 小时，挑取单菌落进行下一步鉴定。

2）大肠杆菌的鉴定　对于已纯化的菌落，可使用微生物生化鉴定系统或者微生物质谱仪进行鉴定。必要时，采用大肠杆菌标准血清进行血清型鉴定。使用生化鉴定试剂盒或鉴定卡的判别按 GB

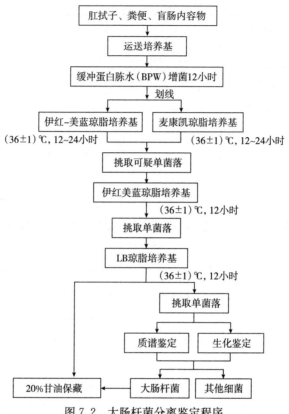

图 7.2　大肠杆菌分离鉴定程序

4789.38执行。

质谱鉴定操作如下：

①靶板预备　在使用靶板前，应清洗质谱靶板并使用80％三氟乙酸水溶液处理，或者使用一次性靶板。质谱靶板如存在严重刮伤应更换。

②基质配制　在装有HCCA（α-氰基-4-羟基肉桂酸）管中添加标准溶剂（乙腈50％、水47.5％和三氟乙酸2.5％），使其最终浓度达到每毫升10毫克HCCA，使用涡旋混合器在室温下完全溶解HCCA。溶解后的HCCA在20～25℃室温条件下存放稳定期最长为1周。

③质谱标准品配制及使用　在室温下将 50 微升标准溶剂加入装有 BTS 固体颗粒的管中，用移液枪上下吹打至少 20 次，使其完全溶解。在室温下离心 2 分钟，离心机转速 13 000 转/分钟。吸取 5 微升上清液分装至离心管中，并盖紧管盖。在－18℃或更低温度下存放分装液。

将 1 微升 BTS 溶液放置在清洗后的质谱靶板上，在室温下晾干后滴加 1 微升 HCCA 基质，随后室温晾干。

④待测细菌处理　待测细菌应是新鲜的纯培养物，使用新枪头或者新接种环挑取单菌落，以避免交叉污染。将制备好的待测细菌放置在质谱靶板上必须在 24 小时内测试。细菌培养物应在室温下保存，不可保存在冰箱中，否则会影响质谱图质量。

⑤细菌上样　确认待测菌体具有符合实验室要求的明确标识。

为进行待测细菌跟踪，必须确保具有明确标识的细菌及其在质谱靶板上相应的位置经过确认和记录。

将新鲜培养的 1～3 个菌落以薄膜形式直接涂到清洗后的质谱靶板上；可使用移液枪吸头、一次性接种环或牙签。应该避免由于基质液滴溢出到另一样本中而导致不同样本混合。这种溢出会引起交叉污染，继而导致假性结果。

覆盖 1 微升 70％甲酸水溶液，室温下自然晾干。需在 30 分钟内进行下一步。

覆盖 1 微升 HCCA 基质溶液，室温下自然晾干，应观察到均质的细菌制备样。

再次检查待测细菌制备过程正确，以及无基质液滴溢出到另一位置中。

将质谱靶板立即放入质谱仪。

⑥数据采集　打开数据采集软件，采集 BTS 样本质谱数据，进行校准。录入待测细菌标识信息，进行批处理，采集谱图数据，并与仪器数据库中的标准谱图进行对比，生成鉴定报告，显示鉴定

结果。也可选择数据库，调入待测细菌的质谱数据进行逐个鉴定。

不同品牌的仪器，根据各自仪器的细菌判定标准进行鉴定。

（2）肠球菌分离鉴定 肠球菌分离鉴定程序见图7.3。

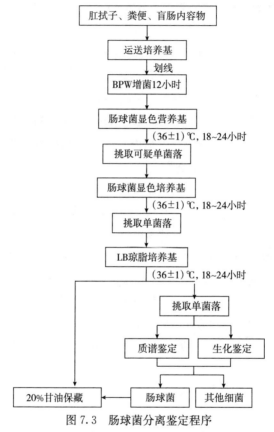

图7.3 肠球菌分离鉴定程序

1）肠球菌的分离 将采集的样品挑取接种 BPW 培养基中，在（36±1)℃条件下培养 12 小时，进行预增菌；用接种环取少量培养液，接种于肠球菌显色培养基，并四区划线，（36±1)℃培养18～24 小时；挑取培养后肠球菌显色培养基上的暗红色至紫红色的可疑菌落，在肠球菌显色培养基上纯化一代。

挑取纯化后的可疑菌落，接种于 LB 琼脂培养基，在（36±

水禽养殖减抗
技术指南
Shuiqin Yangzhi Jiankang
Jishu Zhinan

1)℃条件下培养 18~24 小时，待进一步细菌鉴定。

2）肠球菌的鉴定　对于已纯化的菌落，可使用微生物生化鉴定系统或微生物质谱仪进行鉴定。必要时，采用肠球菌标准血清进行血清型鉴定。使用生化鉴定试剂盒或鉴定卡的判别按 SN/T 2206.5 执行。

（3）弯曲杆菌分离鉴定　空肠弯曲杆菌和结肠弯曲杆菌的分离鉴定程序见图 7.4。

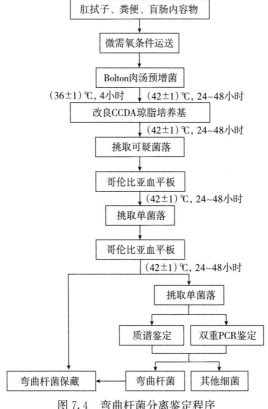

图 7.4　弯曲杆菌分离鉴定程序

1）分离操作步骤　挑取新鲜样品转移至 Bolton 肉汤中，在微需氧条件下，（36±1）℃培养 4 小时后，（42±1）℃继续培养 24~

48 小时。

将 24 小时增菌液、48 小时增菌液及对应的 1:50 稀释液分别划线接种于改良 CCDA 琼脂培养基上，置于（42±1）℃恒温培养箱中，在微需氧条件下培养 24~48 小时。

观察 24 小时培养与 48 小时培养的琼脂平板上的菌落形态。挑取灰色、湿润、凸起、光滑圆润、边缘整齐的可疑单菌落，在哥伦比亚血平板上培养纯化。随后挑取可疑菌落（灰色、扁平、湿润有光泽，呈沿接种线向外扩散的倾向）继续划线于哥伦比亚血平板上，培养后进行下一步鉴定。

2）弯曲杆菌鉴定　对已纯化的菌落，可通过聚合酶链反应（PCR）、微生物生化鉴定系统或微生物质谱仪进行鉴定。使用生化鉴定试剂盒或鉴定卡鉴定的按 GB 4789.9 执行。

（4）沙门氏菌分离鉴定

1）培养基　运送培养基的制备按 GB 4789.28 执行。

缓冲蛋白胨水和亚硒酸盐胱氨酸增菌液（SC）的制备按 GB 4789.4 执行。

LB 培养基的制备按表 7.8 执行。

XLT4 培养基参考商品试剂配制。

沙门氏菌显色培养基参考商品试剂配制。

MH 肉汤（Mueller-Hinton broth）的制备按表 7.9 执行。

表 7.8　LB 培养基

组分	用量
蛋白胨（克）	10.0
酵母粉（克）	5.0
氯化钠（克）	10.0
琼脂（克）	13.5
蒸馏水（毫升）	1 000.0

注：配制方法：称取各成分加蒸馏水定容至 1 000 毫升，调节 pH 至 7.1±0.2，121℃高压灭菌 15 分钟，冷却至 45~50℃时倾注平板。

表 7.9　MH 肉汤

组分	用量
牛肉浸出粉（克）	2.0
酸水解酪蛋白（克）	17.5
可溶性淀粉（克）	1.5
蒸馏水（毫升）	1 000.0

注：配制方法：称取各成分加蒸馏水定容至 1 000 毫升，调节 pH 至 7.1±0.2，121℃高压灭菌 15 分钟。

2）试剂　沙门氏菌属诊断血清 O 多价 A～F 群血清。

细菌 DNA 提取试剂盒。

沙门氏菌特异性 PCR 扩增引物、2×Mix PCR 扩增酶。

3）质控菌株　沙门氏菌标准菌株 ATCC 14028（*Salmonella*，ATCC 14028）。质控菌株在 −70℃以下保存，传代不应超过 5 次。

4）沙门氏菌的分离

①增菌

A. BPW 增菌　将 0.5 毫升样品加入 5 毫升 BPW 增菌液中，(36±1)℃培养 8～18 小时。

B. SC 增菌　取 BPW 增菌液 0.5～5 毫升加入 SC 增菌液中，(36±1)℃培养 8～18 小时。

②筛选

A. XLT4 培养基　将 SC 增菌液在 XLT4 培养基上划线，(36±1)℃培养 24～48 小时，发现黑色或有黑色中心的菌落即为沙门氏菌可疑菌落。

B. 显色培养基　将可疑单菌落划线接种于沙门氏菌显色培养基上，(36±1)℃培养 18～24 小时，显色培养基上淡紫色、扁平透明、边缘光滑、直径约 2 毫米的菌落即为沙门氏菌菌落。

5）沙门氏菌的鉴定　可通过 PCR 鉴定、血清型鉴定、质谱鉴定等进行沙门氏菌的鉴定。

①PCR 鉴定

A. 细菌 DNA 提取　将沙门氏菌可疑菌落在 LB 琼脂培养基上纯化，挑取单菌株在 LB 液体培养基上摇 2 小时，菌液离心数次后，弃去培养基，采用细菌 DNA 提取试剂盒或煮沸法提取 DNA。

B. PCR 扩增　通过沙门氏菌特异性鉴定引物进行 PCR 扩增。

C. PCR 结果鉴定　PCR 产物用 2% 的琼脂糖凝胶电泳观察，能扩增出相应大小条带的菌株即为沙门氏菌。

②血清型鉴定　选择初步符合沙门氏菌生物学特性的疑似菌落，先用沙门氏菌属诊断血清 O 多价 A～F 群血清进行凝集试验，如阳性，则为沙门氏菌。如果不凝集，则使用其他 O 抗血清进行凝集试验，如有其中一种抗血清凝集，待测菌株即属于相应菌群。

（5）鸭疫里氏杆菌的分离和鉴定

1）培养基、试剂和参考菌株

①培养基　胰蛋白胨大豆肉汤（Tryptone soybean broth，TSB)培养基按 GB 4789.11 执行。

MH 肉汤（Mueller-Hinton broth）按 WS/T 639 执行。

5% 绵羊血 TSB 琼脂平板。

②试剂　细菌基因组提取试剂盒。

鸭疫里氏杆菌特异性 PCR 扩增引物按照 DB37/T 3880 执行。

PCR 扩增试剂盒。

瑞氏染色液。

3% 过氧化氢（H_2O_2）溶液的制备按 GB 4789.11 执行。

磷酸盐缓冲液（PBS）制备按 GB 4789.28 执行。

革兰氏染色液的制备按 GB 4789.11 执行。

③参考菌株　药敏试验板质控菌株使用大肠杆菌 ATCC 25922；阳性对照菌株使用鸭疫里氏杆菌 ATCC 11845。

2）试验程序　见图 7.5。

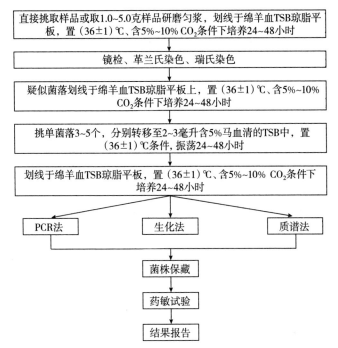

图 7.5　鸭疫里氏杆菌分离及药敏试验程序

3）分离纯化

①样品

A. 采集　采集出现纤维素性渗出、心包炎、肝周炎等临床症状的发病或死亡水禽的血液、心包积液、肝、脾、脑等组织脏器。

B. 保存　样品采集后应密封保存，并加注样品标识，采样记录和样品编码应详尽。样品的保存应按照 GB 4789.1 的要求执行。

C. 运输　采集的样品按 GB 4789.1 要求运达检验单位，运输时间不超过 24 小时，运输工具应保持清洁，运输和装卸过程中应防止包装破损，样品渗漏。

D. 接收　样品运至实验室时，应确认样品完好情况。

②分离　使用无菌手术刀划开采集的组织脏器，将无菌接种环深入组织内部，接触血液和组织，于 5%绵羊血 TSB 琼脂平板上分区划线，置（36±1）℃、含 5%～10% CO_2 的二氧化碳培养箱中培养 24～48 小时；或无菌称取组织样品 1.0～5.0 克，按 10%（克/毫升）加入 PBS，研磨匀浆，取 100 微升匀浆液涂布于 5%绵羊血 TSB 琼脂平板，置（36±1）℃、含 5%～10% CO_2 的二氧化碳培养箱中培养 24～48 小时。

③纯化　观察菌落形态，鸭疫里氏杆菌在 5%绵羊血 TSB 琼脂平板上可形成 1～2 毫米的灰白色圆形隆起菌落，表面光滑，边缘整齐，大多不溶血。挑取可疑单菌落镜检，革兰氏染色阴性（红色），瑞氏染色呈两极浓染，菌体呈杆状或椭圆形，多为单个散在，部分成双或短链状排列。

取染色观察后疑似单菌落进行平板划线，并置（36±1）℃、含 5%～10% CO_2 的二氧化碳培养箱中培养 24～48 小时，从平板上挑选单菌落 3～5 个，分别转移至 2～3 毫升含 5%马血清的 TSB 增菌液，（36±1）℃条件下，摇床振荡培养 24～48 小时，TSB 培养物呈现上下均一浑浊。无菌接种环蘸取培养物划线接种血平板，（36±1）℃，含 5%～10% CO_2 的二氧化碳培养箱中培养 24～48 小时，随机挑选单菌落至含 5%马血清的 TSB 增菌液，（36±1）℃条件下，摇床振荡培养 24～48 小时，备用。

4）确证

①PCR 法

A. DNA 提取　将纯化的鸭疫里氏杆菌可疑菌落在 5%绵羊血 TSB 琼脂平板上活化，挑取菌落加到装有 100 微升灭菌去离子水的离心管中，采用煮沸法抽提 DNA，或刮取菌苔用细菌基因组提取试剂盒提取 DNA。

B. 扩增　通过鸭疫里氏杆菌特异性鉴定确证引物进行 PCR 扩增。引物序列、反应体系和程序按照 DB37/T 3880 的要求执行。

C. 判定　PCR产物用1%的琼脂糖凝胶电泳观察，能扩增出475 bp条带即为鸭疫里氏杆菌，判别方法按 DB37/T 3880 的要求执行。

②生化法　使用微生物生化鉴定系统，将待测菌液加入生化鉴定卡，反应后读取生化特征，按鉴定系统生成细菌鉴定结果。

使用生化鉴定试剂盒，将待检菌液与试剂盒内各生化试剂进行反应，根据综合反应结果判定细菌。具体操作方法和判定结果见生化鉴定试剂盒使用说明书。

3. 分离菌株保存、复苏与使用

（1）一般要求　为成功保藏及使用菌株，不同菌株应采用不同的保藏方法，可选择使用冻干保藏、利用多孔磁珠在−70℃保藏、使用液氮保藏或其他有效的保藏方法。

（2）商业来源的质控菌株　对于从标准菌种保藏中心或其他认证的商业机构获得的原包装的质控菌株，复苏和使用应按照制造商提供的使用说明进行。

（3）实验室制备的标准储存菌株　用于性能测试的标准储存菌株，在保存和使用时应注意避免交叉污染，减少菌株突变或发生典型的特性变化；标准储存菌株应制备多份，并采用超低温（−70℃）或冻干形式保存。在较高温度下贮存时间应缩短。标准储存菌株用作培养基的测试菌株时应在文件中充分描述其生长特性。标准储存菌株不应用来制备标准菌株。

（4）储存菌株　储存菌株通常利用冻干或超低温保存的标准储存菌株进行制备。制备储存菌株应避免导致标准储存菌株的交叉污染和（或）退化。制备储存菌株时，应将标准储存菌株制成悬浮液转接到非选择培养基中培养，以获得特性稳定的菌株。

对于商业来源的储存菌株，应严格按照制造商的说明保存、利用。

储存菌株不应用于制备标准储存菌株或标准菌株。

二、药物敏感性试验

1. 细菌培养　待测菌株和质控菌株在测试前应分别连续培养2次以获得纯培养物。

2. 药敏板准备　准备96孔透明无菌微孔板，每孔加样体积应超过100微升。用MH肉汤（弯曲杆菌药敏试验另加5％马血清）将抗菌药物贮备液稀释制备工作液，系列倍比稀释至测试浓度，每孔50微升。分别各设置1个阴性对照孔和阳性对照孔。

使用商品化试剂盒时，按照试剂盒说明书进行操作。

附　抗菌药物贮备液和工作液的制备与保存

（1）抗菌药物种类

①监测大肠杆菌和沙门氏菌对氨苄西林、阿莫西林/克拉维酸、庆大霉素、大观霉素、四环素、氟苯尼考、磺胺异噁唑、甲氧苄啶/磺胺甲噁唑、头孢噻呋、头孢他啶、恩诺沙星、氧氟沙星、美罗培南、安普霉素、黏菌素、乙酰甲喹等16种抗菌药物的耐药性。

②监测肠球菌对青霉素、阿莫西林/克拉维酸、红霉素、克林霉素、恩诺沙星、氧氟沙星、头孢噻呋、头孢西丁、磺胺异噁唑、甲氧苄啶/磺胺甲噁唑、万古霉素、多西环素、氟苯尼考、苯唑西林、庆大霉素、泰妙菌素、替米考星、利奈唑胺等18种抗菌药物的耐药性。

③监测弯曲杆菌对阿奇霉素、环丙沙星、红霉素、庆大霉素、四环素、氟苯尼考、萘啶酸、泰利霉素、克林霉素等9种抗菌药物的耐药性。

（2）抗菌药物贮备液的制备与保存　精密称定抗菌药物标准品或对照品适量，按照使用说明书加入一定量的溶剂制成最高测试

水禽养殖减抗　Shuiqin Yangzhi Jiankang
技术指南　Jishu Zhinan

浓度的10倍的贮备液，置−20℃以下保存。

（3）抗菌药物工作液的制备　测试的浓度范围取决于细菌的种类和抗菌药物，选择的范围应覆盖菌株的MIC终点。使用MH肉汤，通过倍比稀释法将抗菌药物制成0.03～2 048微克/毫升之间的浓度梯度，具体浓度范围见表7.10。

表7.10　抗菌药物浓度范围

大肠杆菌		肠球菌		弯曲杆菌	
抗菌药物	稀释浓度范围 （微克/毫升）	抗菌药物	稀释浓度范围 （微克/毫升）	抗菌药物	稀释浓度范围 （微克/毫升）
氨苄西林	512～0.25	青霉素	256～0.12	环丙沙星	64～0.03
阿莫西林-克 拉维酸	512/256～ 0.25/0.12	阿莫西林-克 拉维酸	128/64～ 0.06/0.03	萘啶酸	128～2
庆大霉素	512～0.25	红霉素	256～0.12	庆大霉素	64～0.06
大观霉素	512～0.25	克林霉素	128～0.06	四环素	64～0.06
四环素	512～0.25	恩诺沙星	64～0.03	克林霉素	32～0.03
氟苯尼考	256～0.12	氧氟沙星	256～0.12	红霉素	64～0.06
头孢噻呋	256～0.12	头孢噻呋	256～0.12	阿奇霉素	32～0.03
恩诺沙星	32～0.015	头孢西丁	128～0.25	泰利霉素	32～0.03
氧氟沙星	64～0.03	磺胺异噁唑	512～16	氟苯尼考	32～0.03
美罗培南	64～0.03	苯唑西林	4～0.12		
磺胺甲噁唑/ 甲氧苄啶	32/608～ 0.06/0.12	万古霉素	32～0.25		
磺胺异噁唑	512～0.25	磺胺甲噁唑/ 甲氧苄啶	16/304～ 0.12/2.4		
安普霉素	64～0.03	多西环素	64～0.25		
黏菌素	256～0.12	氟苯尼考	512～0.5		
乙酰甲喹	512～1	泰妙菌素	512～0.25		
		替米考星	512～0.25		
		庆大霉素	2 048～1		
		利奈唑胺	32～0.06		

3. **菌悬液制备** 挑取培养 12～24 小时的单菌落 3～5 个，转移至含 2～3 毫升无菌生理盐水或 MH 肉汤的试管中混匀，用浊度仪和标准比浊管校正菌液浓度至 0.5 麦氏单位（≈1×10^8 CFU/毫升），用 MH 肉汤稀释 100 倍，混匀备用。调制好浓度的菌悬液应在 15 分钟内完成加样。

4. **菌悬液接种** 阴性对照孔中加入 MH 肉汤 100 微升，阳性对照孔中加入制备好的待测菌液（用前混匀）和 MH 肉汤各 50 微升，其余孔分别加入制备的菌悬液 50 微升，盖上无菌盖并标记菌株编号。

5. **孵育** 大肠杆菌和肠球菌加样完成后培养 18～20 小时，弯曲杆菌培养 20～24 小时。

6. **质控** 每批次药敏试验均应设置质控菌株的对照，操作方法同测试菌株。

7. **结果判定**

（1）**结果观察** 取出药敏板，在光线良好条件下用肉眼观察结果。以肉眼可见抑制细菌生长的最低药物浓度为 MIC。

（2）**质量控制**

①质控结果判读 质控菌株的 MIC 应符合表 7.11、表 7.12、表 7.13 规定。如质控菌株 MIC 不在规定范围内，则本次试验结果无效。

②对照孔结果判读 如阴性对照孔未见浑浊且阳性对照孔浑浊，则该药敏板结果有效，可继续判读待测菌株 MIC，并记录结果。出现其他现象的，则该药敏板结果无效。

（3）**结果判定** 当上述质控结果和对照孔结果均有效时，待测菌株结果有效。在试验结果有效的前提下，继续判读待测菌株的 MIC，判读完成后进行记录。

（4）**耐药性结果** 根据待测菌株的 MIC，按照表 7.11、表 7.12、表 7.13 判定其耐药性，结果报告为敏感（S）、中敏（I）或耐药（R）。对于没有规定折点的药物，报告其 MIC。

表 7.11 大肠杆菌对常见抗菌药物的折点判断标准和质控菌 MIC 范围

抗菌药物种类	抗菌药物	折点判断标准（微克/毫升）			质控菌株 MIC 范围（微克/毫升）
		S	I	R	ATCC 25922
β-内酰胺类	氨苄西林	≤8	16	≥32	2~8
β-内酰胺/β-内酰胺酶抑制剂	阿莫西林/克拉维酸	≤8/4	8/16	≥32/16	2/1~8/4
头孢类	头孢噻呋	≤2	4	≥8	0.25~1
	头孢他啶	≤4	8	≥16	0.06~0.5
碳青霉烯类	美罗培南	≤1	2	≥4	0.008~0.06
氨基糖苷类	大观霉素	≤32	64	≥128	8~64
	庆大霉素	≤4	8	≥16	0.25~1
四环素类	多西环素	≤4	8	≥16	0.5~2
	四环素	≤4	8	≥16	0.5~2
氯霉素类	氟苯尼考	≤4	8	≥16	2~8
磺胺类	磺胺异噁唑	≤256	—	≥512	8~32
	甲氧苄啶/磺胺甲噁唑	≤2/38	—	≥4/76	≤0.5/9.5
喹诺酮类	恩诺沙星	≤0.5	0.25~1	≥2	0.008~0.03
	氧氟沙星	≤2	4	≥8	0.015~0.12
多肽类	黏菌素	≤2	—	≥4	0.25~2
喹噁啉类	乙酰甲喹	—	—	—	—

注："—"表示没有相应判断标准。

表 7.12 肠球菌对常见抗菌药物的折点判断标准和质控菌 MIC 范围

抗菌药物种类	抗菌药物	折点判断标准（微克/毫升）			质控菌株 MIC 范围（微克/毫升）
		S	I	R	ATCC 29212
β-内酰胺类	青霉素	≤8	—	≥16	1~4
	苯唑西林	≤2	—	≥4	8~32

抗菌药物种类	抗菌药物	折点判断标准 （微克/毫升）			质控菌株 MIC 范围 （微克/毫升）
		S	I	R	ATCC 29212
β-内酰胺/β-内酰胺酶抑制剂	阿莫西林/ 克拉维酸	≤8/4	8/16	≥32/16	0.25/0.12～1/0.5
头孢类	头孢噻呋	≤2	4	≥8	—
	头孢西丁	≤4	—	≥8	—
大环内酯类	红霉素	≤0.5	1～4	≥8	1～4
	替米考星	≤8	16	≥32	4～16
喹诺酮类	恩诺沙星	≤0.5	1～2	≥4	0.12～1
	氧氟沙星	≤1	2	≥4	1～4
四环素类	多西环素	≤4	8	≥16	2～8
磺胺类	磺胺异噁唑	≤256	—	≥512	—
	甲氧苄啶/ 磺胺甲噁唑	≤2/38	—	≥4/76	≤0.5/9.5
糖肽类	万古霉素	≤4	8～16	≥32	1～4
双萜烯类	泰妙菌素	≤16	—	≥32	—
氯霉素类	氟苯尼考	≤2	4	≥8	2～8
氨基糖苷类	庆大霉素	≤4	8	≥16	4～16
唑烷酮类	利奈唑胺	≤2	4	≥8	1～4
林可酰胺类	克林霉素	≤0.5	1～2	≥4	4～16

注："—"表示没有相应判断标准。

表 7.13　弯曲杆菌对常见抗菌药物的折点判断标准和质控菌 MIC 范围

抗菌药物种类	抗菌药物	折点判断标准 （微克/毫升）			质控菌株 MIC 范 围（微克/毫升）
		S	I	R	ATCC 33560
喹诺酮类	环丙沙星	≤1	2	≥4	0.03～0.12
	萘啶酸	≤16	—	≥32	4～16
氨基糖苷类	庆大霉素	≤2	—	≥4	0.25～2

抗菌药物种类	抗菌药物	折点判断标准（微克/毫升）			质控菌株 MIC 范围（微克/毫升）
		S	I	R	ATCC 33560
四环素类	四环素	≤4	8	≥16	0.25～2
林可霉素类	克林霉素（空肠弯曲杆菌）	≤0.5	—	≥1	0.12～0.5
	克林霉素（结肠弯曲杆菌）	≤1	—	≥2	—
大环内酯类	红霉素	≤8	16	≥32	0.25～2
	阿奇霉素（空肠弯曲杆菌）	≤0.25	—	≥0.5	0.03～0.12
	阿奇霉素（结肠弯曲杆菌）	≤0.5	—	≥1	—
	泰利霉素	≤4	—	≥8	—
氯霉素类	氟苯尼考	≤4	—	≥8	0.5～2

注："—"表示没有相应判断标准。

三、细菌耐药性跟踪评价

细菌耐药性跟踪评价主要包括菌种分离和药物敏感性检测、评价目标与采样时间、采样和细菌分离数量、评价方法、记录及生物安全要求。

1. 菌种分离和药物敏感性检测　细菌的耐药性检测应选择指示菌进行评价，其中革兰氏阴性菌以大肠杆菌作为代表，革兰氏阳性菌以肠球菌作为代表。可根据需要，同时评价养殖场对两种细菌的耐药性水平，也可仅评价其中一种细菌。菌种的分离和药物敏感性检测参见前文。

2. 评价目标与采样时间

（1）相同养殖场不同养殖阶段的动物　对同一批次的动物，到了不同的养殖阶段，及时采样，分离鉴定菌种并保存结果。评价耐药性水平变化，采样间隔应超过半年。

（2）同一养殖场不同厂区的动物　在相同的时间，对同一养殖场不同厂区的动物进行采样。

（3）特定时期特定的动物　对于特定时期特定的动物进行耐药性水平评价，应及时采样，开展药物敏感性试验。

（4）不同养殖方案的动物　评价不同养殖方案下的动物细菌耐药性水平差异，采样时间和方案应完全一致。分离获得的菌株应保持相同。

3. 采样和细菌分离数量　对每个评价目标以每次采集 20～50 个肛拭子样品为宜，分离获得大肠杆菌或肠球菌应大于 20 个。若分离菌株低于 20 个，应立即补充采集样品数量。

4. 评价方法

（1）单一抗菌药物评价　评价单一的特定抗菌药物的耐药性水平变化，选择特定的细菌或特定的药物，获得药敏数据后，通过计算耐药率的方式比较。若耐药率降低，则认为耐药性水平降低。若耐药率无变化，则比较 MIC 分布，MIC 值低的则耐药性水平低。

（2）多个抗菌药物评价　评价多个抗菌药物的耐药性水平变化，方法同上，结果应表述为具体药物的耐药率降低或升高。

（3）整体水平评价　评价养殖场整体的耐药性水平，涉及大肠杆菌、肠球菌两种细菌和多个抗生素。对于有耐药折点的药物，计算耐药率。若测得若干种药物的耐药率，一半以上的药物耐药率低于对照组，则认为整体耐药水平降低或者较低。

出现既有耐药率升高也有降低的情况,若耐药率降低的药物大于升高的药物数目一倍,则判断整体药物耐药性水平降低,否则不能判断。

5. 记录　应建立采样记录管理程序。

应保留原始的细菌分离鉴定及药敏结果。耐药率计算和 MIC 分布结果不得涂改。记录应保留 3 年以上。

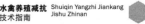

6. 生物安全要求　开展细菌分离鉴定与药敏试验等实验室管理应符合 GB 4789.1、GB 19489 生物安全要求，废弃物处理应严格按照 GB 19489 规定执行，菌株管理按照《动物病原微生物菌（毒）种保藏办理办法》执行。

第五节　产品质量安全与可追溯

一、质量安全标准体系

我国是世界水禽第一生产与消费大国，同时也是世界最大的水禽产品进出口贸易国。水禽产业已经成为我国畜牧业重要的组成部分，总产值超过 2 000 亿。水禽产品作为我国居民肉食品主要来源之一，其丰富的营养、独特的价值深受消费者青睐，市场前景广阔。随着水禽产业的快速发展，产业链条逐渐延伸，现代水禽产品产业链条涉及生产投入品、养殖、加工、包装储运、销售直到餐桌等一系列环节，质量安全控制难度加大，任一环节都可能会携带对人体健康不利的因素，造成食品安全危机，影响产业的可持续发展。因此，全面了解水禽产品的质量安全标准对加强水禽全产业链质量安全控制，减少风险隐患具有重要意义。

水禽产品质量安全标准属于畜产品质量安全标准范畴，畜产品质量安全标准体系涉及两方面，一个是畜产品质量安全方面的限量要求及检测方法，另一个是以保障人的健康、安全为目的的生产技术规范。

与水禽产品质量安全方面的限量要求及检测方法有关的标准体

系主要包括国家食品安全标准及其检测方法标准，以及农业农村部关于禁限用兽药公告。国家食品安全标准及其检测方法标准主要有：GB 31650 食品安全国家标准　食品中兽药最大残留限量，GB 2762 食品安全国家标准　食品中污染物限量，GB 29921 食品安全国家标准　食品中致病菌限量，GB 2761 食品安全国家标准　食品中真菌毒素限量，GB 2707 食品安全国家标准　鲜（冻）畜、禽产品，GB 2749 食品安全国家标准　蛋与蛋制品等；农业农村部禁限用兽药公告主要有：农业部公告第 1519 号、农业部公告第 2292 号、农业部公告第 2428 号、农业部公告第 2583 号、农业部公告第 2638 号、农业农村部公告第 194 号、农业农村部公告第 250 号等。

与水禽相关的，以保障人的健康、安全为目的的生产技术规范涉及养殖环境与养殖场建设，饲料及饲料添加剂质量安全，兽药等投入品安全合理使用，疫病防治与生物安全，产品质量安全等方面。见表 7.14。

表 7.14　水禽质量安全相关的技术规范

养殖环境与养殖场建设方面	NY/T 388—1999 畜禽场环境质量标准
	NY/T 682—2003 畜禽场场区设计技术规范
	NY/T 1167—2006 畜禽场环境质量及卫生控制规范
饲料及饲料添加剂质量安全方面	GB 13078—2017 饲料卫生标准
	饲料原料目录
	允许使用的饲料添加剂品种目录
	饲料药物添加使用规范
	农业农村部公告第 194 号
	NY 5032—2006 无公害食品　畜禽饲料和饲料添加剂使用准则
	NY/T 471—2018 绿色食品　饲料和饲料添加剂使用准则
兽药合理使用方面	中国兽药典
	兽用处方药品种目录
	NY/T 5030—2016 无公害农产品　兽药使用准则
	NY/T 472—2013 绿色食品　兽药使用准则

疫病防治与生物安全方面	GB/T 39915—2021 动物饲养场防疫准则
	高致病性禽流感防治技术规范
	家禽产地检疫规程
	跨省调运种禽产地检疫规程
	NY/T 5339—2017 无公害食品　畜禽防疫准则
	NY 5263—2004 无公害食品　肉鸭饲养兽医防疫准则
	NY 5260—2004 无公害食品　蛋鸭饲养兽医防疫准则
	NY 5266—2004 无公害食品　鹅饲养兽医防疫准则
	NY/T 473—2016 绿色食品　畜禽卫生防疫准则
	NY/T 3075—2017 畜禽养殖场消毒技术
	GB/T 36195—2018 畜禽粪便无害化处理技术规范
	NY/T 1168—2006 畜禽粪便无害化处理技术规范
	病死及病害动物无害化处理技术规范
产品质量安全方面	GB 12694—2016 食品安全国家标准　畜禽屠宰加工卫生规范
	NY/T 3741—2020 畜禽屠宰操作规程　鸭
	NY/T 3742—2020 畜禽屠宰操作规程　鹅
	GB 21710—2016 食品安全国家标准　蛋与蛋制品生产卫生规范
	GB 20799—2016 食品安全国家标准　肉和肉制品经营卫生规范
	GB 31605—2020 食品安全国家标准　食品冷链物流卫生规范
	GB/T 16569—1996 畜禽产品消毒规范
	NY/T 754—2012 绿色食品　蛋与蛋制品
	NY/T 1056—2021 绿色食品　贮藏运输准则

二、农产品质量安全可追溯体系建设

（一）农产品质量安全可追溯

质量安全可追溯是指在农产品出现质量问题时，能够快速有效地查询到出现问题的原料或加工环节，必要时进行产品召回，实施有针对性的惩罚措施。

农产品质量安全可追溯以现代流通方式为基础，以信息技术为手段，严格按照国家相关规定建设，实现了农产品从原料种植、养殖，最终到消费者手中的信息自动化，打通了生产、加工、流通整个流程，形成一个完善的来源可追溯、去向可查证、责任可追究的食品安全信息追溯闭环。

实现农产品质量安全可追溯性有两条途径：一是按产品链从前往后进行追踪，即从农场（生产基地）、批发商、运输商（加工商）到销售商。这种方法主要用于查找质量安全问题的原因，确定产品的原产地和特征；另一种是按产品链从后往前进行追溯，也就是消费者在销售点购买的农产品发现了质量安全问题，可以向前层层进行追溯，最终确定问题所在。这种方法主要用于问题农产品召回和责任的追溯。

农产品质量安全可追溯是一套非常有效监管农产品质量安全的路径，通过条码能追溯到产品的生产班组、时间、流程。它是通过追溯管理，对造成质量安全事故的责任人实行质量追究，从而强化生产经营者的质量安全意识。建立农产品质量安全可追溯制度，可以从根本上保证农产品质量安全。实施农产品可追溯制度，使农产品生产、运输、销售等所有环节的每一步都有记录，是保障农产品质量的有效手段之一。

（二）农产品质量安全可追溯体系的发展历程

在我国，2001年7月上海市颁发了《上海市食用农产品安全监管暂行办法》，提出在流通环节实施市场档案的可追溯，正式将可追溯制度应用于我国农产品质量安全领域。2003年，中国物品编码中心参照国际物品编码协会出版的相关应用指南，相继出版了《牛肉产品跟踪与追溯指南》《水果、蔬菜跟踪与追溯指南》和《食品安全追溯应用案例集》，并在国内建立了多个应用示范系统。同年，我国 863 数字农业项目中首次列入了数字养殖研究课题，一套基于远距离系统的 RFID 牛个体识别系统开始进入实用阶段。2004年，山东寿光开展以条形码为主的"无公害蔬菜质量追溯系统"的研究。随后，北京、南京、上海分别采用 IC 卡在蔬菜、畜禽产品的产地和批发、零售环节实施追溯。农业部农垦局也在农垦系统内开始实施农产品质量追溯工作。2006 年 6 月，农业部发布《畜禽标识和养殖档案管理办法》，为国家实施畜禽标识及养殖档案信息化管理，实现畜禽及畜禽产品可追溯提供了技术支撑；2012 年 3月，农业部发布《关于进一步加强农产品质量安全监管工作的意见》（农质发〔2012〕3 号），提出"加快制定农产品质量安全可追溯相关规范，统一农产品产地质量安全合格证明和追溯模式，探索开展农产品质量安全产地追溯管理试点"；2014 年 1 月，农业部发布《关于加强农产品质量安全全程监管的意见》（农质发〔2014〕1 号），提出"加快建立覆盖各层级的农产品质量追溯公共信息平台，制定和完善质量追溯管理制度规范，以点带面，逐步实现农产品生产、收购、贮藏、运输全环节可追溯"；2014 年 11 月，农业部发布《关于加强食用农产品质量安全监督管理工作的意见》（农质发〔2014〕14 号），提出"农业部门要按照职责分工，加快建立食用农产品质量安全追溯体系，逐步实现食用农产品生产、收购、销售、消费全链条可追溯"；2015 年 6 月 1 日，《中华人民共和国食品安全法》开始实施，正式以法律的形式明确了产品质量追溯和责任追溯。2015 年 12 月国务院办公厅发布《国务院办公厅关于加快推进重要产品追溯体系建设的意见》（国办发〔2015〕95 号），提出重要产品追溯体系建设主要目标，要求推进食用农产品追溯体系建设。根据国办发〔2015〕95 号要求，农业部于 2016 年 6 月发布《农业部关于加快推进农产品质量安全追溯体系建设的意见》（农质发〔2016〕8 号），提出建立全国统一的追溯管理信息平台、制度规范和技术标准的主要目标，做出建立追溯管理运行制度、搭建信息化追溯平台、制定追溯管理技术标准、开展追溯管理试点应用的统筹规划。通过建设的整体推进，已建立"国家农产品质量安全追溯管理信息平台"，2018 年 9 月农业农村部发布《关于全面推广应用国家农产品质量安全追溯管理信息平台的通知》，全面推进农产品质量安全追溯体系推广应用。例如，北京、上海、江苏、浙江、福建等地针对蔬菜、水果、水产和畜禽等重点产品，以不同方式，不同程度地建立了各自的追溯管理系统，取得可喜成绩；北京、南京、上海、山东、云南等应用 EAN. UCC 编码、IC 卡、RFID 射频识别电子标签、GPS 等先进技术和设备，建立了蔬菜质量安全追溯查询系统。国家农产品质量安全追溯管理信息平台建设和推广应用取得明显成效。平台上已有注册生产经营主体 18.6 万家，监管机构 3 717 家，检测机构 1 904 家，执法机构 2 004 家，优质安全规模化供应能力初步形成。

各地追溯模式在不断创新。有些地方积极探索"合格证＋追溯码"模式，将合格证打印与追溯平台数据库有效链接，"一码通用"，服务群众。追溯还在信用管理、项目挂钩、数字农业、金融保险等领域延伸，动力机制在不断完善。到目前为止，全国共有 20 个省级农业农村部门建有省级农产品追溯平台，纳入平台追溯管理的农业企业约 13 万家。率先开展质量追溯的全国农垦农产品质量追溯系统现有企业约 540 家。商务部门肉菜追溯系统覆盖了 58 个城市、约 1.5 万家企业、30 多万家商户，每天汇总有效追溯数据 420 万条，初步实现了试点范围内肉菜来源可追溯、去向可查证、责任可追究，有效提升了流通领域的肉菜安全保障能力。另外，一些大型商超、电商也建立了自己的农产品追溯系统。一些龙头企业和行业协会出于经营管理需要和企业整体形象，也建有内部追溯系统。

（三）农产品质量安全可追溯技术标准

目前国家已制订农产品质量安全可追溯技术标准，主要包括

水禽养殖减抗 Shuiqin Yangzhi Jiankang
技术指南 Jishu Zhinan

GB/T 38155—2019 重要产品追溯 追溯术语、NY/T 1430—2007 农产品产地编码规则、NY/T 1431—2007 农产品追溯编码导则、NY/T 1761—2009 农产品质量安全追溯操作规程 通则、NY/T 3817—2020 农产品质量安全追溯操作规程 蛋与蛋制品、GB/T 22005—2009 饲料和食品链的可追溯性体系 设计与实施的通用原则和基本要求、GB/Z 25008—2010 饲料和食品链的可追溯性 体系设计与实施指南、NY/T 3599.1—2020 从养殖到屠宰全链条兽医卫生追溯监管体系建设技术规范 第 1 部分：代码规范、NY/T 3599.2—2020 从养殖到屠宰全链条兽医卫生追溯监管体系建设技术规范 第 2 部分：数据字典、NY/T 3599.3—2020 从养殖到屠宰全链条兽医卫生追溯监管体系建设技术规范 第 3 部分：数据集模型、NY/T 3599.4—2020 从养殖到屠宰全链条兽医卫生追溯监管体系建设技术规范 第 4 部分：数据交换格式等。

参考文献

边文文，范芳芳，魏宁果，2019. 动物源性食品中氯霉素类药物残留量风险分析［J］. 农产品加工：59-61.

昌莉丽，李华坤，刘桂兰，2016. 中西药联用对鸭疫里默氏杆菌体外抑菌效果的研究［J］. 黑龙江畜牧兽医（14）：137-139.

陈翠腾，万春和，傅秋玲，等，2015. 樱桃谷肉鸭源鹅细小病毒的分离与鉴定［J］. 中国家禽，37（23）：47-49.

陈代文，郑萍，余冰，等，2012. 猪营养与营养源［J］. 动物营养学报，24（5）：791-795.

陈国宏，等，2013. 中国养鹅学［M］. 北京：中国农业出版社：570.

陈国宏，焦库华，2003. 科学养鸭与疾病防治［M］. 中国农业出版社.

陈国宏，王永坤，2011. 科学养鸭与疾病防治［M］. 北京：中国农业出版社.

陈浩，窦砚国，唐熠，等，2015. 樱桃谷肉鸭短喙长舌综合征病原的分离鉴定 [J]. 中国兽医学报，35 (10)：1600-1604.

陈少鸾，胡奇林，程晓霞，等，2001. 雏番鸭细小病毒病显微和超微结构研究 [J]. 中国预防兽医学报，23 (2)：105-107.

陈少鸾，胡奇林，程晓霞，等，2002. 鹅细小病毒弱毒株选育的研究 [J]. 中国预防兽医学报，24 (4)：286-288.

陈少鸾，胡奇林，程晓霞，等，2003. 番鸭细小病毒和鹅细小病毒二联弱毒细胞苗的研究 [J]. 中国兽医学报，23 (3)：226-228.

陈晓月，李雪梅，向华，等，2002. 番鸭细小病毒国内分离株主要结构蛋白基因的克隆和序列分析 [J]. 中国兽医学报，22 (3)：225-227.

程龙飞，张长弓，傅秋玲，等，2017. 检测水禽源细小病毒的胶体金试纸条的研制 [J]. 中国预防兽医学报，39 (09)：722-726.

程晓霞，陈少鸾，朱小丽，等，2008. 番鸭小鹅瘟病毒的分离与鉴定 [J]. 福建农业学报，23 (4)：355-358.

程晓霞，陈仕龙，陈少鸾，等，2013. 番鸭细小病毒和鹅细小病毒的抗原相关性研究 [J]. 福建农业学报，28 (9)：869-871.

程由铨，胡奇林，陈少鸾，等，2001. 番鸭细小病毒和鹅细小病毒生化及基因组特性比较 [J]. 中国兽医学报，21 (5)：429-433.

程由铨，胡奇林，李怡英，等，1996. 番鸭细小病毒弱毒疫苗的研究 [J]. 福建省农科院学报 (2)：31-35.

程由铨，胡奇林，李怡英，等，1997. 雏番鸭细小病毒病诊断技术和试剂的研究 [J]. 中国兽医学报 (5)：434-436.

刁有祥，2016. 鸭鹅病防治及安全用药 [M]. 北京：化学工业出版社.

刁有祥，2019. 鹅病图鉴 [M]. 北京：化学工业出版社.

丁何文，2018. 鸭疫里默氏菌病的诊治与体会 [J]. 兽医导刊，15：55.

方定一，1962. 小鹅瘟的介绍 [J]. 中国兽医杂志 (8)：19-20.

方晓明，丁卓平，2009. 动物源食品兽药残留分析 [M]. 北京：化学工业出版社.

傅秋玲，程龙飞，傅光华，2016. 福建省蛋鸭主要细菌感染检测及其生物学特性测定与分析 [J]. 中国兽医杂志，52 (11)：10-13.

傅秋玲，程龙飞，万春和，等，2017. 半番鸭胚中鹅细小病毒的分离鉴定及其基因组分子特征分析 [J]. 畜牧兽医学报，48 (11)：2148-2156.

傅秋玲，傅光华，万春和，等，2018. 红毛鸭胚源鹅细小病毒江西株的分离鉴定与 NS 基因的分析 [J]. 中国兽医杂志，54 (12)：6-9.

傅秋玲，黄瑜，程龙飞，等，2017. 不同养殖模式蛋鸭疫病的检测与分析

［J］．中国兽医杂志，53（3）：6-9.

傅秋玲，施少华，万春和，等，2013. 检测鹅细小病毒环介导等温扩增方法的建立及结果判定方法改进［J］．福建农业学报，28（1）：9-13.

甘孟侯，1999. 中国禽病学［M］．北京：中国农业出版社.

高玉时，2017. 家禽质量安全风险分析与对策建议［J］．中国禽业导刊：26-28.

高云航，幺乃全，徐凤宇，等，2012. 鸭疫里默氏菌的分离鉴定及病理组织学观察［J］．中国兽医杂志，48（5）：20-22.

呙于明，2004. 家禽营养［M］．2版．北京：中国农业大学出版社.

郭玉璞，王惠民，2009. 鸭病防治［M］．第4版．北京：金盾出版社.

国家畜禽遗传资源委员会，2011. 中国畜禽遗传资源志：家禽志［M］．北京：中国农业出版社：618.

何永明，郑秋婵，王敏儒，等，2008. 30味中药及其复方对鸭疫里默氏杆菌的体外抑菌作用［J］．安徽农业科学，36（6）：2351-2352.

胡奇林，陈少莺，林天龙，等，2001. 应用PCR快速鉴别番鸭和鹅细小病毒［J］．中国预防兽医学报，23（6）：447-450.

黄瑜，苏荣茂，傅光华，等，2016. 蛋鸭主要病毒病感染检测与分析［J］．福建农业学报，31（9）：908-911.

黄瑜，万春和，傅秋玲，等，2015. 新型番鸭细小病毒的发现及其感染的临床表现［J］．福建农业学报（5）：442-445.

简华锋，林世光，曹沛文，等，2020. 植物酵素的生理功能及其在畜禽生产中应用的研究进展［J］．中国畜牧杂志（11）：19-23.

江斌，林琳，吴胜会，等，2013. 鸡鸭疾病速诊快治［M］．福建：福建科学技术出版社.

姜晓宁，田家军，杨晶，等，2018. 导致雏鹅痛风新型鹅星状病毒的分离鉴定［J］．中国兽医学报，38（5）：871-877，894.

靳玲玲，2019. 探讨兽药残留对食品安全的影响［J］．食品安全导刊（24）：181.

李春，2021. 中草药防控禽大肠杆菌病的作用［J］．饲料博览（1）：80-81.

李永刚，2020. 鸭瘟的流行病学、临床症状、剖检变化及防控措施［J］．现代畜牧科技，1（61）：104-105.

林传星，张晓鸣，朱克峻，等，2015. 浅析我国饲料厂原料的接收工艺及质量管理［J］．广东饲料，24（5）：41-43.

刘金华，甘孟侯，2016. 中国禽病学［M］．北京：中国农业出版社.

柳增善，刘明远，任洪林，2016. 兽医公共卫生学［M］. 北京：科学出版社.

明宪起，2017. 肉鸭养殖和屠宰环节监管措施［J］. 中国畜牧业：71-72.

秦占国，2009. 国内外兽药残留与动物源食品安全管理研究［D］. 武汉：华中农业大学.

全辉，2019. 禽霍乱诊断和治疗［J］. 临床兽医科学（5）108-109.

苏敬良，黄瑜，胡薛英，2016. 鸭病学［M］. 北京：中国农业大学出版社.

谭权，孙得发，2018. 蛋白类抗营养因子的抗营养效应及其解决方案［J］. 中国畜牧杂志，54（11）：30-33.

万春和，潘异哲，陈红梅，等，2014. 区别鹅细小病毒和番鸭细小病毒的 PCR-RFLP 方法的建立［J］. 中国畜牧兽医，41（9）：56-59.

王洪海，胡薛英，苏敬良，等，2006. 商品肉鸭鸭瘟病毒的分离与鉴定［J］. 中国预防兽医学报，28（1）：105-108.

王继强，龙强，李爱琴，等，2008. 常见大宗饲料原料的质量控制［J］. 广东饲料，17（5）：40-42.

王娜，李斌，2016. 兽药污染的环境健康影响与风险评估技术［M］. 北京：科学出版社.

王树槐，2009. 兽药残留检测标准操作规程［M］. 北京：中国农业科学技术出版社.

王恬，2006. 鹅饲料配制及饲料配方［M］. 北京：中国农业出版社.

魏刚才，卜艳珍，2014. 鸭饲料配方手册［M］. 北京：化学工业出版社.

吴林海，王晓莉，尹世久，2016. 中国食品安全风险治理体系与治理能力考察报告［M］. 北京：中国社会科学出版社.

吴永宁，邵兵，沈建忠，2007. 兽药残留检测与监控技术［M］. 北京：化学工业出版社.

谢国莲，2019. 动物源性食品中兽药残留常用检测技术［J］. 畜牧兽医科学（电子版）（18）：90-91.

杨宁，2002. 家禽生产学［M］. 北京：中国农业出版社.

张日俊，2009. 现代饲料生物技术与应用［M］. 北京：化学工业出版社.

张文志，2015. 禽葡萄球菌病的中药治疗［J］. 畜禽业，4：83.

张亚男，陈伟，阮栋，等，2020. 蛋鸭营养研究进展［J］. 动物营养学报，32（10）：172-180.

中国兽药网，2015. 饲喂青年蛋鸭的注意事项［J］. 养殖与饲料：90.

朱小丽，陈少莺，程晓霞，等，2011. 小鹅瘟病毒单克隆抗体的制备及特

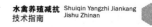

性鉴定［J］．中国动物传染病学报，19（6）：20-24.

朱小丽，陈少莺，程晓霞，等，2012. 番鸭小鹅瘟病直接荧光诊断试剂的研制［J］．畜牧兽医杂志，31（4）：1-3，7.

朱小丽，陈少莺，林锋强，等，2012. 应用胶乳凝集技术诊断番鸭小鹅瘟病［J］．中国预防兽医学报，34（9）：715-718.

Barber MR，Aldridge JR，Jr. ，Webster RG，et al，2010. Association of RIG-I with innate immunity of ducks to influenza［J］. Proceedings of the National Academy of Sciences of the United States of America，107 (13)：5913-5918.

Calenge F，Lecerf F，Demars J，et al，2009. QTL for resistance to Salmonella carrier state confirmed in both experimental and commercial chicken lines［J］. Animal Genetics，40（5）：590-597.

Chen H，Dou Y，Tang Y，et al，2015. Isolation and genomic characterization of a duck-origin GPV-related parvovirus from Cherry Valley Ducklings in China［J］. Plos One（10）：e0140284.

Chen S，Shao W，Cheng X，et al，2016. Isolation and characterization of a distinct duck-origin goose parvovirus causing an outbreak of duckling short beak and dwarfism syndrome in China［J］. Archives of Virology：1-10.

Fu Q，Huang Y，Wan C，et al，2017. Genomic and pathogenic analysis of a Muscovy duck parvovirus strain causing short beak and dwarfism syndrome without tongue protrusion［J］. Research in Veterinary Science，115：393-400.

Ji J，Xie QM，Chen CY，et al，2010. Molecular detection of Muscovy duck parvovirus by loop-mediated isothermal amplification assay［J］. Poult Sci，9（3）：477-483.

Le Gall-Recule G，Jestin V，1995. Production of digoxigeninlabeled DNA probe for detection of Muscovy duck parvovirus［J］. Molecular and Celluar Probes，9：39-44.

Leeson S，Summers J D，2008. Commercial poultry nutrition［M］. 3rd ed. Ontario：Nottingham University Press.

Lu Y，Lin D，Lee Y，Liao Y，et al，1993. Infectious bill atrophy syndrome caused by parvovirus in a co-outbreak with duck viral hepatitis in ducklings in Taiwan［J］. Avian Dis，37：591-596.

Lyall J，Irvine RM，Sherman A，et al，2011. Suppression of avian influenza transmission in genetically modified chickens [J] . Science, 331 (6014): 223-226.

Mateos GG, Serrano MP, 2013. 家禽饲料原料质量控制及应用 [J] . 中国家禽, 35 (12): 40-41.

Okada I, Bansho H, Yamamoto M, et al, 2008. Two-way selection of chickens for antibody titers to *Leucocytozoon caulleryi* under the condition of natural infection [J] . Japanese Poultry Science, 25 (6): 366-374.

Palya V, Zolnai A, Benyeda Z, Kovács E, et al, 2009. Short beak and dwarfism syndrome of mule duck is caused by a distinct lineage of goose parvovirus [J] . Avian Pathology Journal of the Wvpa (38): 175-180.

Peng Z, Wang X, Zhou R, et al, 2019. Pasteurella multocida: genotypes and genomics [J] . Microbiol Mol Biol Rev, 83 (4): e00014-19.

Roberts E, Card L E, 1935. Inheritance of resistance to bacterial infection in animals: a genetic study of pullorum disease [J] . Urbana ILL University of Illinois. Agricultural Experiment Station, 419.

Takehara K, Hyakutake K, Imamura T, et al, 1994. Isolation, identification, and plaque titration of parvovirus from Muscovy ducks in Japan [J] . Avian Dis, 38 (4): 810-815.

Wan C, Chen H, Fu Q, et al, 2016. Development of a restriction length polymorphism combined with direct PCR technique to differentiate goose and Muscovy duck parvoviruses [J] . J Vet Med Sci, 78 (5): 855-858.

Wan C, Fu Q, Chen C, et al, 2016. Complete genome sequence of a novel duck parvovirus isolated in Fujian, China [J] . Kafkas Univ Vet Fak Derg, DOI: 10. 9775/kvfd. 2016. 15454.

Wang C Y, Shieh H K, Shien J H, et al, 2005. Expression of capsid proteins and non- structural proteins of waterfowl parvoviruses in *Escherichia coli* and their use in serological assays [J] . Avian Pathol, 34 (5): 376-382.

Woolcock PR, Jestin V, Shivaprasad HL, et al, 2000. Evidence of Muscovy duck parvovirus in Muscovy ducklings in California [J] . Vet Rec, 146 (3): 68-72.

Yonash N, Bacon LD, Witter RL, et al, 1999. High resolution mapping and identification of new quantitative trait loci (QTL) affecting susceptibility to Marek's disease [J] . Animal Genetics, 30 (2):

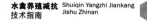
水禽养殖减抗 Shuiqin Yangzhi Jiankang
技术指南 Jishu Zhinan

126-135.

Zado ri Z，Stefarsik R，Rauch T，et al，1995. Analysis of the complete
    nucleotide sequence of goose and Muscovy duck parvoviruses indicates
    common ancestral origin with adeno-associated virus 2 ［J］. Virology，
    212 (2)：562-573.